经全国职业教育教材审定委员会审定
"十四五"职业教育国家规划教材

概 论

（第二版）

夏成满 主编

《人工智能概论》编写组 编

南京大学出版社

图书在版编目(CIP)数据

人工智能概论 / 夏成满主编. -- 2版. -- 南京：南京大学出版社，2025.1. -- ISBN 978-7-305-28840-1

Ⅰ.TP18

中国国家版本馆 CIP 数据核字第 202504CQ62 号

出版发行	南京大学出版社
社　　址	南京市汉口路 22 号　　邮　编　210093
书　　名	人工智能概论 RENGONG ZHINENG GAILUN
主　　编	夏成满
责任编辑	甄海龙　　　　编辑热线　(025)83305645
照　　排	南京私书坊文化传播有限公司
印　　刷	南京人文印务有限公司
开　　本	787mm×1092mm　1/16 开　印张　17.75　字数　400 千字
版　　次	2025 年 1 月第 2 版
印　　次	2025 年 1 月第 1 次印刷
ISBN	978-7-305-28840-1
定　　价	48.00 元
网　　址	http://www.njupco.com
官方微博	http://weibo.com/njupco
官方微信号	njupress
销售咨询热线	(025)84461646

* 版权所有，侵权必究

* 凡购买南大版图书，如有印装质量问题，请与所购图书销售部门联系调换

本书编写组

主　编　夏成满
副主编　徐　伟
编　委　贲道鹏　张跃东　王赛男　俞志友
　　　　　　蒋华平　王　进　谢留婉　谈李清
　　　　　　李　宁　戚　伟　胡宏飞　程曦浩
　　　　　　刘为玉　周生强　祁丽春　陈　磊
　　　　　　江　丽　王　欣　王莉莉　郭　伟
　　　　　　黄　智　宋　扬

前　言

作为引领新一轮科技革命与产业变革的战略性技术,人工智能正以前所未有的力量重塑世界经济结构、社会面貌乃至国家间的力量对比。从智能手机的语音助手到智慧城市的交通管理,从个性化的在线推荐到智能制造的自动化生产线,人工智能的应用已渗透到我们学习、工作和生活的各个角落,展现出巨大的潜力和价值。未来,人工智能将进一步与各行各业深度融合,持续催生新模式、新业态,重塑全球经济结构和社会面貌。

在这样的时代背景下,理解人工智能、掌握其基础知识与技能,不再仅是计算机专业学生的"专利",而是每一位面向未来的学习者提升自身竞争力、适应社会发展、实现个人价值的必备素养。无论你未来将投身哪个行业,了解人工智能的基本原理、应用场景及其发展趋势,都将为你打开一扇认知世界的新窗口,帮助你更好地理解我们所处的时代,把握未来的发展机遇。

正是基于这样的认识,我们精心编写并修订了这本《人工智能概论》。本书特别面向职业院校非计算机专业的广大学生,系统地介绍了人工智能的基础知识、发展历程、核心算法及其关键技术,广泛展示了人工智能在教育、智慧城市、商业零售、医疗健康、智能家居、现代制造等多个领域的丰富应用场景与实践案例,最后还对人工智能发展所面临的伦理困境与法律挑战进行了必要的探讨,旨在帮助学生掌握人工智能基础知识,了解行业发展前沿,提升科技素养。

本书具有以下特色:

1. 聚焦本土创新,彰显中国智慧

本书重点呈现中国人工智能发展的最新突破与创新成果,突出展现中国人工智能领域的创新成果与实践经验,引导学生透过具体应用场景理解技术原理,培养分析问题和解决实际问题的能力,让学生在鲜活的本土案例中感受中国智慧,增强科技自信。

2. 多元实训并举,强化知行合一

本书在每个任务单元末尾设置"测一测""练一练"栏目,设计形式多样的实践任务。对理论知识采用图示等可视化方式强化理解,对技术内容设计实操任务,有助于引导学生运用AI工具解决实际问题。理论与实践相结合的任务设计,也有助于培养学生的实践能力和创新思维,实现知行合一。

3. 理实交融并进，锚定应用导向

本书针对职业院校非计算机专业学生特点，适度简化技术原理，突出应用实例。一方面，在教育、城市治理、商业零售、医疗健康、智能制造等领域精选典型应用场景，通过具体实例阐释抽象概念；另一方面，采用"应用驱动、实践导向"的编写思路，帮助学生建立理论与实践的联系，提升职业能力。

本书在编写与修订过程中，充分参考和借鉴了中外学者的著作和研究成果，在此表示感谢！同时也对为本书编写提供指导和帮助的专家、学者表示感谢！我们衷心希望，通过本书的学习，同学们能够系统掌握人工智能的基础知识，了解行业发展的前沿动态，提升自身的科技素养与创新思维，为将来在各行各业中应用 AI、驾驭 AI，甚至参与 AI 创新打下良好的基础，成为适应并引领未来发展的高素质技术技能人才。

本书编写组

目　录

任务一　人工智能——开启未来的钥匙 ······················· 1
　1.1　无处不在的人工智能 ······································· 2
　1.2　人工智能的内涵 ·· 5
　1.3　人工智能的发展历程 ·· 8
　1.4　人工智能的主要流派 ······································· 11
　1.5　我国人工智能领域发展现状 ································· 13
　1.6　人工智能大模型技术概述 ··································· 19

任务二　大数据——人工智能发展的能量源 ······················ 25
　2.1　大数据是什么 ·· 26
　2.2　大数据的特征 ·· 27
　2.3　大数据的发展历程 ·· 29
　2.4　大数据的应用 ·· 31
　2.5　大数据促进人工智能发展 ··································· 34
　2.6　大数据与人工智能的前景 ··································· 36

任务三　人工智能——常见算法 ································· 40
　3.1　遗传算法 ·· 41
　3.2　蚁群算法 ·· 42
　3.3　线性回归算法 ·· 45
　3.4　决策树算法 ·· 47
　3.5　Transformer 模型 ··· 50

任务四　让机器能看会认 ······································· 54
　4.1　图像模式识别 ·· 55
　4.2　图像检测与分类 ·· 57
　4.3　机器视觉与图像处理 ·· 60
　4.4　智能图像识别技术 ·· 64
　4.5　图像识别技术的典型应用 ··································· 67

任务五 让机器能说会道 ·················· 73
- 5.1 语音识别系统 ·················· 74
- 5.2 语音控制系统 ·················· 80
- 5.3 语音交互系统 ·················· 83
- 5.4 智能翻译系统 ·················· 89
- 5.5 语音识别技术的典型应用 ·················· 94

任务六 让机器成为大师 ·················· 98
- 6.1 专家系统及其发展 ·················· 99
- 6.2 专家系统与知识工程 ·················· 101
- 6.3 专家系统的结构和特点 ·················· 106
- 6.4 经典的专家系统 ·················· 109
- 6.5 专家系统的局限性 ·················· 116

任务七 让机器自主学习 ·················· 118
- 7.1 机器学习 ·················· 118
- 7.2 数据采集与标注 ·················· 121
- 7.3 特征提取 ·················· 127
- 7.4 数据分类 ·················· 132
- 7.5 神经网络与深度学习 ·················· 136

任务八 人工智能助力教育变革 ·················· 144
- 8.1 创造更智慧的校园 ·················· 145
- 8.2 实现更高效的教学 ·················· 151
- 8.3 实现终身学习 ·················· 155

任务九 人工智能点亮现代城市 ·················· 158
- 9.1 智慧城市,塑造美好生活 ·················· 159
- 9.2 人脸识别,永不忘带的身份证 ·················· 162
- 9.3 物品识别,成就智能化时代 ·················· 165
- 9.4 交通精细管理,提升出行效率 ·················· 169
- 9.5 智能出行,享受每一次旅程 ·················· 174
- 9.6 智慧社区,让家更温暖 ·················· 181

任务十 人工智能驱动智慧商业变革 ·················· 187
- 10.1 人工智能重塑商业逻辑 ·················· 188
- 10.2 新零售的智能化转型 ·················· 191
- 10.3 商业机器人的应用与发展趋势 ·················· 196

任务十一　人工智能促进医疗腾飞 　　201
　11.1　人工智能助力疾病预防和诊断　　202
　11.2　医疗机器人　　207
　11.3　虚拟护士　　211
　11.4　智能康复设备　　214

任务十二　人工智能营造智能家居 　　219
　12.1　物联网与智能化生活　　221
　12.2　智能安防　　225
　12.3　智慧管家　　229
　12.4　打造自己的智慧家居　　234
　12.5　家庭智能化时代的展望　　241

任务十三　人工智能重塑现代制造业 　　244
　13.1　智能工厂　　245
　13.2　智能生产　　249
　13.3　工业机器人在制造业的广泛应用　　252

任务十四　人工智能的伦理困境与法律挑战 　　257
　14.1　人工智能的发展边界　　258
　14.2　AI伦理的核心问题　　261
　14.3　人工智能带来的法律挑战　　265
　14.4　全球治理框架与应对策略　　268

任务一
人工智能——开启未来的钥匙

【案例导读】

2025年春晚,创意融合舞蹈《秧BOT》,由杭州宇树科技有限公司提供的全尺寸电驱人形机器人,它们穿着小花袄、挥着红手绢,在舞台上翩翩起舞,不仅能丝滑扭腰、模仿人类踢腿等动作,还会丢手绢,动作灵巧,将传统文化与机器人技术融合得恰到好处。这再一次引发了全球对我国"人工智能"的关注。人们惊奇地发现,人工智能已在不知不觉中成长,其学习能力和智能化程度远超人们的想象。如今,在社会各领域,越来越多的人工智能技术被加以应用,深刻改变了产业形态、推动产业转型升级。

近年来,人工智能不再局限于科技领域与商业应用,越来越多的人工智能产品落地开花,走入人们的日常生活,为人们的衣、食、住、行带来便利。

在河北雄安新区,首家"无人超市"正式运营。顾客通过刷脸进店,商品上的价签都含有电子芯片,可以完成自动识别、自动结算。凭借人脸识别和行为抓取等技术,超市里基本实现了"0"工作人员,大大缩短了顾客的结账时间。

在北京国际图书城,占地30平方米的"新华生活+24小时无人智慧书店"是北京首家24小时无人值守的智慧书店。从读者刷脸扫码进门,到挑选商品,再到机器人扫码结算、读者离开,所有环节均无人值守。

在上海松江,全球首个无人驾驶清洁车亮相于此。从表面上看,它与普通的环卫清洁车并没有太大区别,但每天凌晨,车队会启动自动苏醒作业,从停车位缓慢出发进行清扫。由于车头、车身装有许多传感器,车辆在运行过程中能感知自己所在的位置、识别红绿灯,并在遇到障碍物、路人时自动绕开。同样是在上海,国内首家"无人银行"正式启用。走进这家银行,"机器人大堂经理"会主动接待,通过"自然语言交流系统"与客户交流互动,引导客户进入不同的服务区域。据悉,90%以上现金及非现金业务都能在无人银行通过机器办理,贵宾客户还可享受1对1专线在线视频咨询服务。

——《人工智能正在改变未来》,人民网,2025年2月20日,有删改

问题思考:

随着人工智能在各个领域的广泛应用,我们不禁要思考:人工智能的快速发展究竟会对人类社会的未来产生怎样的深远影响?

1.1 无处不在的人工智能

伴随智能语音助手的广泛使用、智能辅助驾驶的成功,深度学习在各领域取得突破性进展……人工智能正以前所未有的速度改变着世界。

抛开人工智能就是代替人们劳动的人形机器人的固有偏见,人工智能已无处不在。我们先来看看,生活中不可或缺的智能手机到底藏着多少人工智能:今日头条、淘宝等软件智能推送新闻、信息;智能相机自动成像,智能修饰照片人物、场景等效果;美图秀秀利用人工智能技术自动对照片进行美化,部分 App 还能基于我们拍摄的图片和视频进行"艺术创作";在人工智能的驱动下,小米、百度、搜狐等各种搜索引擎,早已提升到了智能问答、智能搜索的新阶段。以 DeepSeek 为代表崛起的新一代人工智能深度求索,为自然语言处理、大模型的开发,提供了更加开放高效的解决方案;使用滴滴出行、美团打车时,人工智能不但可以帮助我们选择司机,还能帮助优化路线,相信不远的将来,自动辅助驾驶技术还会提升我们智能出行、智能交通的水平,从而丰富智慧城市;天猫、京东等购物平台使用人工智能技术为我们推送适合的商品;先进的仓储系统和机器人物流系统,正帮助电子商务企业高效而准确地分发货物。这所有的应用,都意味着人工智能已经渗透到我们工作和生活的各个方面,人工智能无处不在。

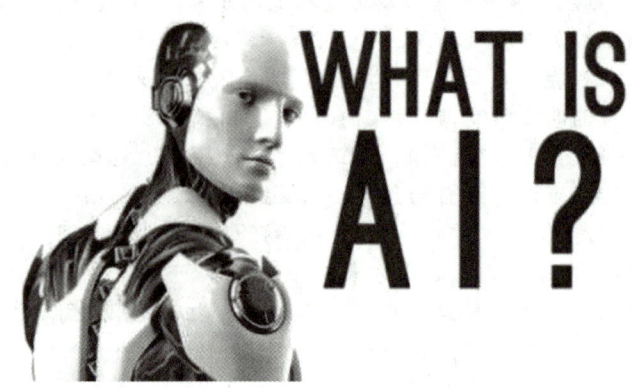

图 1-1 人工智能机器人概念图

那到底什么是人工智能呢? 美国尼尔逊教授对人工智能下了这样一个定义:"人工智能是关于知识的学科,是有关于怎样表示知识以及怎样获得知识并使用知识的科学。"而温斯顿教授则认为:"人工智能就是研究如何使计算机去做过去只有人才能做的智能工作。"两位教授的观点反映了人工智能学科的基本思想和基本内容,即人工智能是研究人类智能活动的规律,构造具有一定智能的人工系统,也就是说研究如何应用计算机的软硬件来模拟人类某些智能行为的基本理论、方法和技术。与很多自然科学不同的是,缺乏一个精确的、普遍接受的定义反而推动了人工智能的快速发展。人工智能的从业者、研究人员和开发者,大多是按照自己朦胧的方向感以及努力跟上发展形势的紧迫感在该领域探索。没有精确定义和明确边界的人工智能,发展过程中融合了统计学、神经科学信息论、控制论等多个学科的知识,并在专家系统、自然语言处理、计算机视觉、智能机器人等多个分支大放异彩。

1936年,计算机科学理论奠基人艾伦·麦席森·图灵向伦敦某权威数学杂志投去一篇论文,题为《论数字计算在决断难题中的应用》。在这篇开创性的论文中,图灵给"可计算性"下了一个严格的数学定义,并提出著名的"图灵机"(Turing Machine)的设想,他也因此被称为"人工智能之父"。20世纪50年代,图灵提出了著名的"图灵测试"(The Turing Test):测试者(一个人)在与被测试者(一台机器)隔开的情况下,通过一些装置(如键盘)向被测试者随意提问。进行多次测试后,如果机器让每个参与者平均做出超过30%的误判,那么这台机器就通过了测试,并被认为具有人类智能。图灵写于1950年的一篇论文《计算机器与智能》中,对2000年后的机器思考能力做出一种预测:2000年后,人类应该可以用计算机设备,制造出在测试中骗过30%以上成年人的人工智能机器。

图1-2 计算机科学理论奠基人艾伦·麦席森·图灵

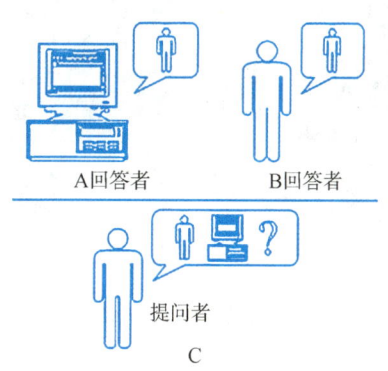

图1-3 "图灵测试"示意图

2014年6月8日,一台计算机(它并不是超级计算机,也不是电脑,而是一个聊天机器人,是一个电脑程序)成功地让人类相信它是一个13岁的男孩,成为有史以来首台通过"图灵测试"的计算机。这被认为是人工智能发展的一个里程碑事件。2015年11月,Science杂志封面刊登了一篇重磅研究成果:人工智能终于能像人类一样学习,并通过了"图灵测试"。测试的对象是一种AI系统,研究者向它展示书写系统中未见过的一个字符,让它写出同样的字符、创造相似字符等。结果表明,这个系统能够迅速学会写陌生的文字,同时还能识别出非本质特征(也就是那些因书写造成的细微变异),通过了"图灵测试",这也是人工智能领域的一大进步。

图灵奖得主马文·明斯基将人工智能定义为"让机器做本需要人的智能才能够做到的事情的一门科学";而人工智能另一位代表人物,图灵奖和诺贝尔奖双料得主赫伯特·西蒙认为智能是对符号的操作,而最原始的符号对应于物理客体。

1956年夏天,在美国达特茅斯学院召开了历时两个多月的会议,学者经过充分的讨论,首次提出了"人工智能"(Artificial Intelligence,AI)这一术语。斯坦福大学人工智能实验室的教授尼尔斯·约翰·尼尔森提供了一个可供参考的定义:"人工智能致力于使机器智能化,智能化是衡量实体在特定环境中反应和判断能力的定量指标。"从这个角度来看,如何定义AI取决于研究者更加看重软硬件系统的"反应"能力还是软件系统的"判断"能力。功能简单的计算机器计算速度比人脑快,而且从不出错,这能算是一种计算器智能吗？我们同尼尔森的观点一样，认为应当从多维谱系来看待智能。在我们看来，计算器和人脑之间的差异不是单一维度的，而是包括规模、速度、自治程度和通用性等多个维度。这种方法还可以用于比较其他设备的智能，比如智能语音识别软件、动物大脑、汽车的巡航控制系统、围棋程序、恒温器等。以我们宽泛的解释，可以把计算器放到智能频谱中，但是这种简单的设备和今天的AI并没有什么相似之处。AI的前沿进展日新月异，而计算器的功能即便在今天我们所使用的智能手机中，也只是众多功能里面的一个。

知识链接

马文·明斯基

图1-4 马文·明斯基

马文·明斯基(1927年8月9日—2016年1月24日)，出身于美国纽约的一个眼科医生家庭。他从小学就对电子学和化学情有独钟，高中毕业时他加入海军，退伍后进入哈佛大学深造，1950年进入普林斯顿大学攻读数学博士学位。在取得博士学位后，约翰·冯·诺依曼、诺伯特·维纳、克劳德·艾尔伍德·香农引荐他成为哈佛大学的助理研究员，并一举发明了激光共聚焦扫描显微镜。1956年，明斯基与麦卡锡、香农等人一起发起并组织了"达特茅斯会议"，提出"人工智能"概念。这一时期，他开始致力于使用"符号操作"方式研究人工智能，并写出了《迈向人工智能》(*Steps Toard Artificial Intelligence*)这一论文，论述了启发式搜索、模式识别、学习计划和感应等主题。1958年，他离开哈佛大学，进入麻省理工学院，之后不久，麦卡锡也由达特茅斯来到麻省理工学院与他会合，共同建立了世界上第一个人工智能实验室。在那里，马文·明斯基设计和建造了一个带有扫描仪和触觉传感器的14度自由机械手，可以像人一样搭积木。

马文·明斯基最早与他人联合提出了"人工智能"概念，是人工智能领域图灵奖的获得者；是世界上第一个人工智能实验室联合创始人；是虚拟现实的最早倡导者，影响了艾萨克·阿西莫夫的机器人三大定律；他的代表作《情感机器》(*The Emotion Machine*)构建了未来会思考的机器人的蓝图，影响了无数人工智能领域的专家、学者。

——根据相关资料整理

拓展资源

谭铁牛：人工智能的历史、现状和未来

> 测一测

单选题

1. 谁提出了"图灵机"模型，奠定了计算理论的基础？（ ）
   A. 约翰·冯·诺依曼　　　　　　B. 艾伦·麦席森·图灵
   C. 阿隆佐·邱奇　　　　　　　　D. 克劳德·艾尔伍德·香农

2. 什么是人工智能？谁被誉为"人工智能之父"？（ ）
   A. 人工智能是让机器模拟人类智能的技术，图灵被称为"人工智能之父"
   B. 人工智能是计算机编程技术，冯·诺依曼被称为"人工智能之父"
   C. 人工智能是机器人技术，艾伦·纽厄尔被称为"人工智能之父"
   D. 人工智能是自动化控制系统，约翰·麦卡锡被称为"人工智能之父"

3. 什么时候首次提出"人工智能"概念？（ ）
   A. 1940 年，德国，通过计算机理论提出
   B. 1956 年，美国达特茅斯会议，正式确立人工智能研究领域
   C. 1960 年，英国，因图灵测试而诞生
   D. 1970 年，日本，由机器人研究发展而来

1.2 人工智能的内涵

一、人工智能的内涵

人工智能是一门新兴的综合的技术科学。自 20 世纪 50 年代以来，学界和业界对人工智能的理解众说纷纭，科技和商业的多元化发展导致对人工智能的定义、发展方向以及表现形式的理解各异。用来研究人工智能的基础设备以及能够实现人工智能技术平台的机器就是计算机，人工智能的发展史是和计算机科学技术的发展史联系在一起的。除了计算机科学以外，人工智能还涉及信息论、控制论、自动化、仿生学、生物学、心理学、数理逻辑、语言学、医学和哲学等多门学科。人工智能学科研究的主要内容包括：知识表示、自动推理和搜索方法、机器学习和知识获取、知识处理系统、自然语言理解、计算机视觉、智能机器人、自动程序设计等方面。根据人工智能的内涵，人工智能可以分为类人行为（模拟行为结果，即弱人工智能）、类人思维（模拟大脑运作，即强人工智能）、泛智能（不再局限于模拟人，即超人工智能）。

让我们从以下两个方面总结和理解人工智能的内涵。

（一）结构方面

从结构上说，人工智能的内涵可分为三个层次：第一层主要是基础硬件和软件方面的研发，主要包括核心芯片、技术平台、数据中心、云计算服务系统、操作系统、网络运营商等；第二层主要是技术方面的研发，如计算机视觉、机器学习、深度学习、自然语言处

理、数据挖掘、人机交互等各类软件的开发;第三层主要是应用方面的开发,如智能家居、智能医疗、智能教育、电子商务、机器人、智慧金融等各个方面。

表 1-1 人工智能的结构内涵

层次	分类	主要内容	典型代表/案例
第一层 (基础支撑层)	硬件基础设施	核心芯片(CPU/GPU/TPU)、传感器、服务器	英伟达 A100 芯片、华为昇腾芯片
	软件基础设施	操作系统、技术平台、云计算服务系统	Linux、TensorFlow、AWS 云计算
	网络与存储	数据中心、网络运营商(5G/光纤)	阿里云数据中心、中国移动 5G 网络
第二层 (核心技术层)	感知智能技术	计算机视觉、语音识别	人脸识别(OpenCV)、语音助手(Siri)
	认知智能技术	机器学习、深度学习、自然语言处理(NLP)	GPT-4、DeepSeek、Transformer 模型
	数据与交互技术	数据挖掘、知识图谱、人机交互	推荐系统(淘宝)、智能客服(ChatGPT)
第三层 (应用场景层)	消费领域	智能家居、电子商务、娱乐(游戏/VR)	小米智能家居、淘宝推荐算法
	产业领域	智能医疗、智慧金融、智能制造	AI 辅助诊断(IBM Watson)、量化交易(高频算法)
	公共服务	智慧城市、智能交通、机器人(服务/工业)	自动驾驶(Tesla、巡检机器人大疆)

(二) 与人的关系方面

从人工智能与人的关系上说,人工智能的内涵包括机器主导、人主导和人机融合。现阶段,人工智能正在从专有人工智能向通用人工智能发展过渡,如互联网技术公司阿里云研发出的人工智能 ET(人工智能系统)。ET 基于强大的云计算能力,学习海量的人类大数据,正应用于工作、生活各个领域并不断进化,目前已具备智能语音交互、图像/视频识别、交通预测、情感分析等技能。ET 能实现直播实时字幕、看图说话、个性化推荐、体育视频分析,帮助人们更好地接收和处理各种格式的信息;还能提供包括智能客服、工业设备异常检测、法庭庭审速记、金融风控、电子商务恶意行为监测等企业解决方案,帮助企业降低成本,提高效率,降低风险;并实现了交通预测和社会公众趋势预测,提高社会公众服务和管理水平。

二、人工智能的任务

人工智能涵盖了感知、学习、推理、规划、语言理解与生成等各类能力,其核心是学习,即机器学习。没有机器学习,AI无法从数据中学习或适应新任务,仅能执行预设规则。人们通常将人工智能应用层任务划分为四大类。

(一)计算机视觉

计算机视觉主要是运用摄像头或电脑代替人眼功能,其主要任务包括:图像分类,为图片打上对应标签;物体检测,找到物体的位置并识别;语义分割,找到物体之间的关联;视频分析,识别视频中的内容。除此之外,计算机视觉技术还有人体姿态识别、目标跟踪、边缘检测、稠密运动等衍生任务。计算机视觉是目前应用最广泛的人工智能技术,如手机拍照中的人脸定位、银行中的人证比对、自动驾驶、安防、医疗影像辅助诊断等。

(二)自然语言处理

自然语言处理是指让计算机理解,或者假装理解人类的语言,并完成一系列与文字相关的任务。其主要功能包括:机器翻译,即通过计算机将一种自然语言转换成另一种自然语言;中文自动分词,即利用计算机自动对中文文本进行词语切分;问答系统,即能够自动回答问题的对话系统。除此之外,自然语言处理技术还有信息抽取、阅读理解、自动摘要、文本分类等功能。自然语言处理技术被广泛应用于翻译、舆情监控、数据分析、知识图谱构建等。

(三)语音任务

语音技术的主要功能包括:语音识别,即将人类的语音转换成文字;语音合成,即将文字信息转换成人类听得懂的语音;声纹识别,即识别说话者是谁。语音任务被广泛应用于需要用语言进行交流的领域,如语音输入、智能助理、智能音箱、机器人客服、语言测试等。

(四)知识、推理、推荐等复合型任务

知识图谱(Knowledge Graph),是指由节点和边组成的语义网络,可以将现实世界映射到数据世界,被应用于问答系统、数据挖掘、金融风控、医疗辅助诊断等各类应用中;推荐系统是一种信息过滤系统,其算法可以根据用户的历史行为、社交关系、兴趣点判断用户当前感兴趣的物品或内容,被广泛应用于广告、电商、线上社区等互联网应用中。

> **测一测**
>
> **单选题**
>
> 1. 根据人工智能的内涵,人工智能可以分为几类?( )
> A. 2类(弱人工智能、强人工智能)
> B. 3类(弱人工智能、强人工智能、超人工智能)
> C. 4类(反应式、有限记忆、心智理论、自我意识)
> D. 5类(按技术划分)
> 2. 人工智能涵盖哪些能力,其核心是什么?( )

A. 学习、推理、感知；核心是算法
B. 学习、推理、规划、语言、感知；核心是机器学习
C. 计算、存储、传输；核心是算力
D. 模仿、创新、情感；核心是认知建模

3. 语音技术的主要功能是(　　)。

A. 语音识别与合成　　　　　　B. 文本生成图像
C. 视频内容编辑　　　　　　　D. 数据库管理

1.3　人工智能的发展历程

一、世界人工智能的发展历程

人工智能，作为探讨人脑和心智原理的尖端科学和前沿性的研究，半个多世纪以来，经历了艰难曲折的发展过程，大致上可以划分为以下几个发展阶段。

（一）人工智能孕育期（1956年前）

早在1000多年前，人类就有了企图用机器代替人从事劳动的想法和实践，但因条件的限制，先驱们的种种尝试没有完全实现。进入20世纪后，英国科学家艾伦·麦席森·图灵于1936年提出了图灵机模型，1945年论述了电子计算机的设想，1950年提出了机器能思维的论述，为人工智能的发展作出了杰出贡献。

（二）人工智能概念的提出及第一次高发展期（1956—1974年）

在1956年的达特茅斯会议上，"人工智能"的概念被首次提出。在之后的几年内，人工智能迎来了发展史上的第一个小高峰，研究者们疯狂涌入，取得了一批瞩目的成就，比如1959年，第一台工业机器人诞生；1964年，第一台聊天机器人诞生。但是，由于当时计算能力的严重不足，在20世纪70年代，人工智能迎来了第一个寒冬。早期的人工智能大多是通过固定指令来执行特定的问题，并不具备真正的学习和思考能力，问题一旦变杂，人工智能程序就不堪重负，变得不智能了。

（三）人工智能发展第一次低谷期（1974—1980年）

20世纪70年代初，由于计算机运算能力遭遇瓶颈，无法解决复杂数型计算问题。研究者逐渐发现，虽然机器拥有了简单的逻辑推理能力，但遭遇到当时无法克服的基础性障碍，AI停留在简单的初级阶段，远达不到曾经预言的完全智能。神经元网络研究的学者遭遇冷落。此前的过于乐观使人们期待过高，当AI研究人员的承诺无法兑现时，公众开始激烈批评AI研究人员，许多机构不断减少对人工智能研究的资助，直至停止拨款。

(四) 人工智能第二次高发展期(1980—1987年)

1980年,卡内基梅隆大学设计出了第一套专家系统——XCON。该专家系统具有一套强大的知识库和推理能力,可以模拟人类专家来解决特定领域问题。从这时起,机器学习开始兴起,各种专家系统开始被人们广泛应用。美国、日本等国政府机构开始投入大量资金用于人工智能开发。与此同时,神经元网络研究的学者们研究出了新的算法,重新受到社会的关注。研究人员首次提出智能机器必须具有躯体,它需要有感知、移动以及交互的能力,这也促进了未来自然语言、机器视觉的发展。

(五) 人工智能发展第二次低谷期(1987—1993年)

好景不长,随着专家系统的应用领域越来越广,问题也逐渐暴露出来。专家系统应用领域有限,经常在常识性问题上出错,而且更新迭代和维护成本非常高。受到个人电脑的发展冲击,商业机构对人工智能追捧热度下降。日本人设定的"第五代计算机工程"最终也没能实现。人工智能研究再次遭遇了财政困难,迎来了第二个"寒冬"。

(六) 人工智能第三次高发展期(1994年至今)

在摩尔定律下,计算机性能不断突破。云计算、大数据、机器学习、自然语言和机器视觉等领域发展迅速,人工智能迎来第三次高潮。1997年,IBM公司的"深蓝"计算机战胜了国际象棋世界冠军卡斯帕罗夫,成为人工智能史上的一个重要里程碑事件。2005年,美国斯坦福大学开发的一台机器人在一条沙漠小径上成功地自动行驶了约211公里,赢得了美国国防部高级研究计划局(DARPA)举办的挑战赛的头奖。2006年,李飞飞教授意识到了专家学者在研究算法的过程中忽视了"数据"的重要性,于是开始带头构建大型图像数据集——ImageNet。图像识别大赛由此拉开帷幕。同年,由于人工神经网络的不断发展,"深度学习"的概念被提出,之后,深度神经网络和卷积神经网络开始不断映入人们的眼帘。深度学习的发展又一次掀起人工智能的研究狂潮,这一狂潮至今仍在持续。

知识链接

摩尔定律是英特尔创始人之一戈登·摩尔于1965年4月提出的,其核心内容为:集成电路上可以容纳的晶体管数目大约每经过24个月便会增加一倍。换言之,处理器的性能每隔两年翻一倍。摩尔定律并非数学、物理定律,而是对发展趋势的一种分析和预测,是经验之谈。因此,无论是它的文字表述还是定量计算,都应当给予一定的宽容度。摩尔定律问世已逾60年,人们不无惊奇地看到半导体芯片制造工艺水平以一种令人目眩的速度提高。从这个意义上看,摩尔的预言是准确而难能可贵的,所以才会得到业界人士的公认,并产生巨大的反响。

二、我国人工智能的发展历程

20世纪50—70年代,人工智能在西方国家得到重视和发展,在苏联却受到批判,被斥为"资产阶级的反动伪科学"。当时,我国受苏联批判人工智能和控制论的影响,几乎没有进行人工智能研究。20世纪六七十年代,人工智能在中国要么受到质疑,要么与"特异功能"一起受到批判,被认为是伪科学,这使中国的人工智能走过一段很长的弯路。20世纪70年代末至80年代,知识工程和专家系统在欧美发达国家得到迅速发展,并取得重大的经济效益。当时中国相关研究仍处于艰难起步阶段,但一些基础性的工作得以开展。

1978年3月,全国科学大会在北京召开,邓小平重申了"科学技术是生产力"这个马克思主义观点。改革开放的春风让广大科技人员出现了思想大解放,人工智能也在酝酿进一步的解禁。著名数学家吴文俊提出的利用机器证明与发现几何定理的新方法——几何定理机器证明,即"吴方法",获得1978年全国科学大会重大科技成果奖。

图 1-5　著名数学家、中国科学院院士吴文俊

自1980年起,中国大批派遣留学生赴西方发达国家研究现代科技,学习科技新成果,其中包括人工智能和模式识别等学科领域。1981年9月,中国人工智能学会(CAAI)在长沙成立,中国人工智能学会刊物《人工智能学报》在长沙创刊,成为国内首份人工智能学术刊物。

1984年1月和2月,邓小平分别在深圳和上海观看儿童与计算机下棋时,指示"计算机普及要从娃娃抓起"。此后,中国人工智能研究的境遇有所好转。20世纪80年代中期,中国的人工智能迎来曙光,开始走上比较正常的发展道路。

1984年,原国防科工委(已撤销,其大部分职能归于现在的工业和信息化部)召开了全国智能计算机及其系统学术讨论会,1985年又召开了全国首届第五代计算机学术研讨会。1986年起,我国把智能计算机系统、智能机器人和智能信息处理等重大项目列入国家高技术研究发展计划("863"计划)。

1989年,我国首次召开了中国人工智能联合会议。1993年起,我国把智能控制和智能自动化等项目列入国家科技攀登计划。进入21世纪后,更多的人工智能与智能系统研究课题获得国家自然科学基金重点和重大项目、国家高技术研究发展计划和国家重点基础研究发展计划("973"计划)项目、科技部科技攻关项目、工信部重大项目等各种国家基金计划支持,并与我国国民经济和科技发展的重大需求相结合,力求为国家做出更大贡献。

近两年来,中国的人工智能已发展成国家战略。国家领导人多次发表重要讲话,对发展中国人工智能和机器人学给予高屋建瓴的指示与支持。

> 测一测

单选题

1. 世界人工智能的发展经历了哪些阶段？（　　）
   A. 萌芽期→探索期→爆发期
   B. 萌芽期→探索期→低谷期→快速发展期→爆发期
   C. 理论期→应用期→成熟期
   D. 第一次 AI 寒冬→第二次 AI 寒冬→复兴期
2. 下列哪项是我国著名院士吴文俊的研究成果？（　　）
   A. 创立了数学机械化理论，并提出了"吴方法"，用于几何定理的机器自动证明，被国际人工智能界誉为自动推理领域的先驱之一
   B. 吴文俊公式（微分拓扑）
   C. 吴文俊神经网络
   D. 吴文俊算法（机器学习）

1.4　人工智能的主要流派

通过机器模仿实现人的行为，让机器具有人类的智能，是人类长期以来追求的目标。如果从 1956 年正式提出人工智能学科算起，人工智能领域的派系之争伴随人工智能的研究发展已有 70 多年的历史。这期间，不同学科背景的学者对人工智能做出了各自的解释，提出了不同的观点，由此产生了不同的学术流派。其中对人工智能研究影响较大的有符号主义、联结主义和行为主义三大流派，三大流派对人工智能的不同理解又延伸出了不同的发展轨迹。

一、人工智能三大主要流派

（一）符号主义

符号主义（Symbolism）是一种基于逻辑推理的智能模拟方法。其原理主要为物理符号系统假设和有限合理性原理，长期以来一直在人工智能研究中处于主导地位。符号主义曾长期一枝独秀，为人工智能的发展做出了重要贡献，对人工智能走向工程应用具有特别重要的意义。在人工智能的其他学派出现之后，符号主义仍然是人工智能的主流派别。

（二）联结主义

联结主义（Connectionism）的原理主要为神经网络及神经网络间的联结机制与学习算法。联结主义学派把人的智能归结为人脑的高层活动，强调智能的产生是大量简单的单元通过复杂的相互联结和并行处理的结果。它从神经元开始进而研究神经网络模型

和脑模型,开辟了人工智能的又一发展道路。

(三) 行为主义

行为主义(Actionism)是一种基于"感知—动作"的行为智能模拟方法。行为主义学派认为,人工智能源于控制论。该学派早期的研究重点是模拟人在控制过程中的智能行为和作用,并进行"控制论动物"的研制。到 20 世纪 60—70 年代,该流派播下智能控制和智能机器人的种子,并在 20 世纪 80 年代诞生了智能控制和智能机器人系统。20 世纪末,行为主义正式提出智能取决于感知与行为以及对外界环境的自适应能力的观点。至此,行为主义成了一个新的学派,在人工智能的舞台上拥有了一席之地。这一学派的代表作首推布鲁克斯的六足行走机器人,它被看作新一代的"控制论动物",是一个基于"感知—动作"模式模拟昆虫行为的控制系统。

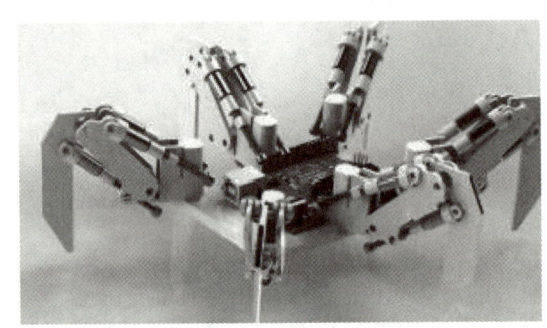

图 1-6　布鲁克斯的六足行走机器人

二、人工智能主流派系的发展

早在达特茅斯会议之前,艾伦·麦席森·图灵就提出过"图灵机"这样的人工智能前沿概念。在斗争之初的几十年间,联结主义派的论文引用率一直领先。在奉行"联结主义"的机器学习成为主流之前,"联结主义"者曾长期受到"符号主义"者的压制。

20 世纪 60 年代初,美国国防部高级研究计划局对人工智能领域进行了数百万美元的投资,人工智能也迎来了第一个黄金发展期。情况在 1969 年起了变化,"符号主义"代表人物马文·明斯基与其同事西蒙·佩珀特合写了一本名为《感知机:计算几何学》(*Perceptrons: An Introduction to Computational Geometry*)的书,在那一年,明斯基获得了图灵奖。不久,因计算力的匮乏,"符号主义"迎来了第一次寒冬。

20 世纪 70 年代中期,专家系统的出现将人工智能带入黄金时代。它其实就是一套计算机软件,能够模拟人类专家回答问题,不过它的智能仅局限在一个狭窄的领域。与此同时,"联结主义"也在悄悄发展,约翰·霍普菲尔德在 1982 年发现了具有学习能力的神经网络算法。就在"符号主义"春风得意的时候,Lisp Machine(专门被用来优化运行 Lisp 程序的计算机)的滞后让两派力量再次发生了逆转。20 世纪 80 年代,研究人工智能的学校都买入了这种机器,最后却发现用它们无法实现人工智能。后来 IBM PC 和苹果电脑出现了,比 Lisp Machine 便宜,运算力却更强。然而人工智能还是进入了第二次寒冬。

图 1-7 "联结主义"代表人物约翰·霍普菲尔德

20 世纪 80 年代中期,"联结主义"者找到了更简单的方法:支持向量机,因为它消耗的计算资源更少。之后,长短期记忆算法被提出,促使深度学习在学术界和工业界发展迅猛。从 2010 年开始,机器学习成了人工智能的行业主导。人工智能在机器学习的帮助下,取得了巨大成就,标志着人工智能的彻底复苏。如今最热的人工智能的概念均出自"联结主义"学派。近年来,计算机硬件的发展更是让"联结主义"如鱼得水,就连手机的计算力都能完成识图的任务,"联结主义"学派重新成了主流。

测一测

单选题

1. 人工智能的主要流派不包括以下哪一项?( )
   A. 符号主义 B. 联结主义
   C. 行为主义 D. 唯心主义
2. 联结主义的代表方法是( )。
   A. 专家系统 B. 支持向量机(SVM)
   C. 深度学习(如卷积神经网络 CNN) D. 贝叶斯网络
3. 行为主义的核心特点是( )。
   A. 通过符号逻辑和规则推理实现智能
   B. 依赖神经网络模拟人脑学习过程
   C. 通过与环境交互试错("感知—行动"循环)学习最优策略
   D. 基于统计概率模型进行预测

1.5 我国人工智能领域发展现状

随着经济的发展,人们对生活品质的要求越来越高,人工智能对大众生活产生的影响也越来越深刻,人工智能技术不断更新迭代,并向日益丰富的应用场景渗透。在人工智能如此火热的大背景下,各种观点不断涌现,有人认为人工智能发展到现在已经到了顶峰,很难再有突破,也有人开始对人工智能发展的前景表示担忧。那么我国当前的人工智能发展现状是什么呢?

一、我国人工智能行业发展优势

（一）政策大力扶持

伴随国务院颁布的《中国制造 2025》，社会聚焦到人工智能，人工智能在国内得到快速发展。国家陆续出台了相关扶持政策助力人工智能技术与产业的深度融合和落地应用。党的二十大报告指出："建设现代化产业体系。"现代化产业体系是现代化国家的物质支撑，是实现经济现代化的重要标志。当前，我国已迈上全面建设社会主义现代化国家的新征程。展望未来，人工智能技术引领的新一轮科技革命和产业变革浪潮，将成为未来世界经济和高端制造的主导技术，更会对中国现代化产业体系建设发挥无可替代的作用，所以我们要着眼未来发展，把握战略性新兴产业发展机遇和产业升级方向，在新一代信息技术、人工智能、生物技术、新能源、新材料、高端装备、绿色环保等领域构建新的增长引擎。国务院政府工作报告多次谈及人工智能的重要性，为人工智能如何赋能新时代指明方向。从 2017 年的"加快人工智能等技术研发和转化"，到 2018 年"加强新一代人工智能应用"，到 2019 年"深化大数据、人工智能等研发应用"，到 2020 年"人工智能大模型"等一系列关键词的出现，可以看出我国人工智能产业从初步发展步入了快速发展的阶段。

除上述政策外，为深入贯彻习近平总书记关于人工智能的系列重要指示精神，加快落实《国务院关于印发新一代人工智能发展规划的通知》的部署要求，有序开展国家新一代人工智能创新发展试验区建设，科技部制定了工作指引。国家新一代人工智能创新发展试验区是依托地方开展人工智能技术示范、政策试验和社会实验，在推动人工智能创新发展方面先行先试、发挥引领带动作用的区域。建设原则包括强化创新链和产业链深度融合、发挥地方主体作用、在体制机制等方面先行先试以及形成各具特色的发展模式等。布局建设 20 个左右试验区，形成一批人工智能与经济社会发展深度融合的典型模式等。重点是开展人工智能技术应用示范，探索促进人工智能与经济社会发展深度融合的新路径；开展人工智能政策试验，营造有利于人工智能创新发展的制度环境；开展人工智能社会实验，探索智能时代政府治理的新方法、新手段；推进人工智能基础设施建设，强化人工智能创新发展的条件支撑。科技部于 2019 年 8 月公布了最新一批国家新一代人工智能开放创新平台名单，覆盖自动驾驶、城市大脑、医疗影像、智能语音等多个领域的应用场景。从政策文件看，政策内容覆盖人工智能基础、经济、民生、行业、人才布局等方方面面。政策的密集出台，对推动人工智能在我国经济民生领域快速而有质量地发展具有重要的导向作用。

（二）数据资源优势

党的二十大报告指出："加快发展数字经济，促进数字经济和实体经济深度融合。"新一代信息技术与各产业结合形成数字化生产力和数字经济，是现代化经济体系发展的重要方向。大数据、云计算、人工智能等新一代数字技术是当代创新最活跃、应用最广泛、带动力最强的科技领域，给产业发展、日常生活、社会治理带来深刻影响。数据要素正在成为劳动力、资本、土地、技术、管理等之外最先进、最活跃的新生产要素,驱动实体经济在生产主体、生产对象、生产工具和生产方式上发生深刻变革,数字化转型已经成为全球经济发展的大趋势,世界各主要国家均将数字化作为优先发展的方向,积极推动数字经济发展。围绕数字技术、标准、规则、数据的国际竞争日趋激烈,成为决定国家未来发展潜力和国际竞争力的重要领域。

从目前人工智能的发展情况来看,数据、算力和算法是当前人工智能的三大核心要素,算法和算力已经基本不存在技术壁垒,只有通过大量的数据模拟训练才能得到更智能的产品。近些年,我国在基础建设中投入巨大,电信行业和电子产品的更新有了长足的发展。中国的基础数据量远远领先欧美,我国有14亿多人口,网民规模达11亿,拥有世界上最为完备的产业体系,制造业规模、货物出口规模等重要经济指标均位居世界前列,人力资源丰富且素质不断提高,超大规模市场带来的海量用户和丰富应用场景为数字经济发展提供了极为有利的条件。另外,我国数据来源渠道丰富,各种商业生产活动,包括移动支付、外卖送餐、共享单车、医疗诊断、汽车驾驶、银行理财、农业种植等均产生了大量的数据。我国已经成为世界上数据量大、数据类型最丰富的国家。

目前来看,中国和美国处于人工智能技术水平的第一梯队,中国和美国的AI企业数量占全球总量的50%以上,且覆盖全产业链。谷歌、Facebook、微软、腾讯、百度、阿里巴巴、华为、DeepSeek、宇树机器人等人工智能企业都在自己的领域取得了不俗的成果。我国的人工智能企业在语音识别、语言翻译、无人驾驶、图像识别等领域都处于世界领先地位。

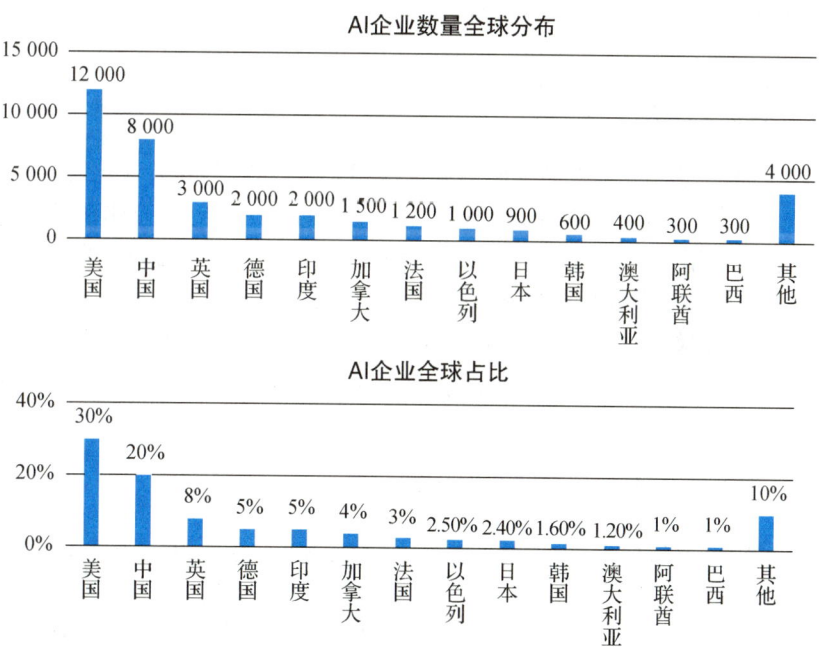

图 1-8　全球主要国家人工智能企业分布

(三) 应用场景优势

我国人工智能应用场景广泛,在向各行各业渗透的过程中,零售、交通、安防和金融行业的人工智能使用率最高,教育、医疗、制造、健康行业次之。AI领域内有很多行业和产品化的投资机会,出现了一大批人工智能领域的新兴科技企业,如小米科技、宇树科技、依图科技等公司。在各个应用场景下,人工智能得到快速发展。中国科技公司华为、阿里巴巴和腾讯已成为"人工智能的全球领导者"。中国政府大力扶持人工智能产业,将人工智能作为国家重点发展产业,预计2025年年内建设一个价值达到1500亿美元的人工智能产业集群。

(四) 人才培养优势

在扩大人才培养规模方面,人工智能已被纳入"国家关键领域急需高层次人才培养专项招生计划"支持范围,精准扩大人工智能相关学科高层次人才培养规模。2018年以来,教育部启动了多项促进AI教育的举措,这些举措包括建立AI研究中心、建设世界一流的在线课程以及制订师生培养计划。另外,我国高校积极响应国家政策,在专业设置与人才培养方案上,对人工智能方面的专业人才加大培养力度,提升人工智能领域青年人才培养水平,为我国抢占世界科技前沿、实现引领性原创成果的重大突破提供更加充分的人才支撑。

二、我国人工智能产业规模现状

(一) 我国人工智能产业规模

截至2024年8月,中国人工智能产业规模相关统计数据表明:人工智能核心产业规模接近6000亿元人民币,中国初步构建了较为全面的人工智能产业体系,相关企业超过4500家。据2025年4月26日发布的《中国人工智能区域竞争力研究报告》,2024年年底,中国人工智能(AI)产业规模突破7000亿元人民币,连续多年保持20%以上的增长率。根据工信部及第三方机构数据,目前我国人工智能产业规模占全球市场份额约30%,仅次于美国。若算上相关衍生业态(如智能化改造、AI+行业应用),整体市场规模可能超万亿元。

(二) 我国人工智能细分领域分布主要情况

基础层(芯片、算法框架):占比约15%,国产芯片(如昇腾、寒武纪)和深度学习框架(如百度、DeepSeek)逐步突破。

技术层(计算机视觉、自然语言处理):占比超40%,以商汤、科大讯飞等企业为代表。

应用层(智能制造、医疗、金融):占比45%,垂直行业落地加速。

国家"十四五"规划将AI列为前沿技术首位,地方配套政策(如北京、上海、深圳的AI试验区)推动产业集聚。

(三) 我国人工智能区域与企业格局

区域集群:长三角(上海—杭州—苏州),侧重芯片和自动驾驶;京津冀(北京—天津),高校资源密集,聚焦基础研发;粤港澳(深圳—广州),硬件制造和终端应用强。

企业梯队:龙头企业,华为、百度、阿里云、深度求索、腾讯(全栈布局);独角兽,商汤、云从、依图(垂直领域深耕);中小企业,超5000家,集中在长尾场景(如农业AI、物流机器人)。

三、人工智能与5G

如今,人工智能技术的应用,正在以惊人的速度,渗透到我们日常生活的方方面面,可以说人工智能无论在哪个行业中都被人们狂热地追逐。但是,在将焦点聚集在人工智能的同时,请不要忽略第五代移动通信技术(5th Generation Mobile Communication Technology,简称5G)在人工智能发展中所起到的重要作用。

图1-9 无人驾驶汽车

为什么一谈到5G,大家很容易想到的是人工智能、移动医疗、物联网等关键词?因为这些技术都是需要依托5G来实现的。人工智能具备机器学习能力,可以对数据进行过滤、整理以及深度分析,并从中汲取知识经验来加以提升。我国人口众多,互联网技术相对普及,网民规模大,产生了大量的数据信息。然而,在数据规模持续上升的同时,数据传输与存储的压力也会越来越大,特别是在人工智能技术应用过程中,对于数据传输和处理有着更为严格的要求。因此,5G技术对人工智能的发展十分重要。作为最新一代蜂窝移动通信技术,5G具有更大的带宽、更快的传输速度、更低的通信延迟、更高的可靠性等优势。人工智能在5G时代下,可以提供更快的响应速度、更丰富的内容、更智能的应用模式以及更直观的用户体验。可以说,5G不仅在表面上提升了网速,更重要的是解决了制约人工智能发展的短板,成为驱动人工智能发展的新动力。

传统上,大多数人工智能应用程序驻留在云端。而未来,由于这些设备产生的数据越来越多,周围的云计算机中的数据处理压力越来越大时,超低的数据传输延迟就会产生特别大的影响。例如:自动驾驶技术是否成熟,关键在于汽车制动或加速的性能能否在接近于零的延迟时间内完成，而 5G 的边缘计算极大地提高了数据传输速度，几乎达到零延迟的反应能力，这对应用自动驾驶技术而言是质的飞跃。

在 5G 技术推动人工智能发展的同时，人工智能也会对 5G 技术的自动化、智能化提供很有价值的帮助。随着 5G 网络设计的功能增强，其技术复杂程度明显增加，且参数配置更加灵活，这些都对运营商的网络规划、优化以及日常的运行维护提出了相当高的技术要求。人工智能技术在应对这些问题和挑战上扮演着重要角色。根据无线传播环境和用户业务使用行为等数据，利用人工智能技术，运营商可对未来的网络覆盖和容量需求进行准确预测，优化工作效率，降低运营成本。由此可见，基于人工智能技术的网络自动化将成为未来运营商网络运营的重要基础，能否充分掌握人工智能技术、发挥网络自动化的最大价值，将成为决定运营商 5G 技术能否成功的重要条件。

由此可见，人工智能和 5G 技术的关系是互相促进、互相作用、互相影响的。5G 技术可以称得上是基础设施，它为人工智能带来了更为高效可靠的传输速度；而人工智能，不仅是云端大脑，也是能够完成学习和演化的神经网络。人工智能将赋予机器人类的智慧，5G 技术将使万物互联变成可能。二者相结合，将会为未来整个社会生产、生活方式带来前所未有的发展。

人工智能始终处于计算机发展的最前沿，人工智能研究带来的理论和洞察力指引了计算技术发展的未来方向。现有的人工智能产品相对于即将到来的人工智能应用可以说微不足道，但是它们预示着人工智能的未来。未来，人工智能将成为社会发展的一个重要起点，但作为一个新兴领域，也面临一系列挑战，还有许多基础性的科技难题没有突破。在人工智能技术深入应用落地的过程中，伦理、安全、隐私等问题也愈发值得关注。

测一测

单选题

1. 下列哪一项不是我国人工智能行业发展优势？（　　）
   A. 政策与基础设施支持　　　　B. 海量数据与丰富场景
   C. 商业化落地能力　　　　　　D. 核心算法与基础理论
2. 下列关于我国人工智能细分领域分布主要情况表述不正确的是（　　）。
   A. 基础层（芯片、算法框架），占比约 15%
   B. 技术层（计算机视觉、自然语言处理），占比超 40%
   C. 应用层（智能制造、医疗、金融），占比 45%
   D. 基础层企业数量占比最高

拓展资源

1. 人工智能宣传片

2. Giiso 写作机器人，https://www.giiso.com/#/

1.6 人工智能大模型技术概述

人工智能大模型（Large Language Model，简称LLM）是指通过海量数据训练、具备强大参数规模（通常达数十亿至数万亿参数）和复杂语义理解能力的深度学习模型。其核心目标是模拟人类语言逻辑，实现自然语言处理（Natural Language Processing，简称NLP）、知识推理、内容生成等复杂任务。

一、大模型技术特点

（一）超大规模参数

大模型参数规模通常在数十亿到数千亿级（如GPT-3有1750亿参数，PaLM2达5400亿），通过深度神经网络（如Transformer架构）捕捉数据中的复杂模式。

（二）海量数据训练

使用互联网文本书籍、代码等多源数据（数据量达TB级），训练过程需消耗数千至数万GPU、TPU算力，耗时数周至数月。

（三）涌现能力（Emergent Abilities）

当模型参数规模超过临界值时，会突现"推理、规划、逻辑分析"等人类级能力，如数学解题、代码生成、多语言翻译等。

（四）通用型任务适配

无需针对单一任务单独训练，通过"提示词（Prompt）"即可实现问答、摘要、创作、推理等多种任务，具备"一通百通"的泛化性。

二、大模型核心技术

（一）Transformer架构

自注意力机制（Self-Attention）：让模型在处理序列数据时关注关键信息（如句子中词语的依赖关系），解决传统循环神经网络（RNN）的长距离依赖问题。

编码器—解码器（Encoder-Decoder）：典型结构如BERT（仅编码器）用于文本理解，GPT（仅解码器）用于文本生成。

（二）预训练—微调范式

预训练（Pre-Training）：在通用语料库上进行无监督学习，构建基础语义表征（如"理解词语含义及上下文关系")。

微调(Fine-Tuning):针对特定任务(如医疗问诊、法律文书)用小规模标注数据优化模型,降低训练成本。

(三)技术突破与优化

上下文窗口扩展:从最初的512 Token(如BERT)扩展至数万Token(如GPT-4支持3.2万Token,Claude3支持20万Token),可处理长文本(如书籍、论文)。

多模态融合:结合文本、图像、语音、视频等多类型数据,如GPT-4V(多模态版)、Google Gemini可理解图文混合内容。

思维链(Chain of Thought,CoT):通过"逐步拆解问题→分步骤推理→整合答案"的链式思考,提升复杂问题解决能力(如数学应用题、逻辑推理)。

三、主流大模型分类

这里主要从模态和开源情况两个角度进行分类。

表1-2 按模态分类

类型	代表模型	应用场景
文本大模型	GPT-4、Claude3、DeepSeek	对话、写作、代码生成
多模态大模型	GPT-4V、Gemini1.5、通义千问	图文理解、视频分析
代码大模型	Codex(GitHub Copilot)、DeepSeek-Coder	编程辅助、自动调试
科学计算模型	AlphaFold3、GNOME(Google)	蛋白质结构预测、材料发现

表1-3 按开源情况分类

类型	代表模型	特点
闭源商用	GPT-4、Claude3	高性能,但API收费
开源可商用	Llama3(Meta.)、DeepSeek-MoE	可本地部署,定制性强
研究专用	Bloom、Falcon	侧重学术探索

四、大模型典型应用场景

(一)内容生成

文本:写作(新闻、小说、代码)、营销文案、邮件自动生成。
多模态:图片生成(如DALL·E)、视频脚本创作、音乐编曲。

(二)智能交互

对话机器人:客服聊天、智能助手(如 Siri、小爱同学升级版本)。
实时翻译:支持多语言实时语音交互,打破语言壁垒。

(三)行业赋能

医疗:辅助诊断(分析病历、影像报告)、药物研发(分子结构预测)。
教育:个性化学习平台(根据学生水平生成定制化习题、解答)。
科研:文献综述生成、代码优化(如 GitHub Copilot)、气候模型预测。
企业服务:自动化报告生成、数据分析、供应链优化。
科学探索:数学定理证明(如 Leanprover 辅助系统)、蛋白质结构预测(AlphaFold 延伸应用)。

(四)主流大模型及应用场景

这里从国际、国内两个维度进行分析。

表1-4 国际模型及应用场景

模型/公司	核心技术	应用场景	特点
GPT-4(OpenAI)	Transformer-4、RLHF 优化	对话、编程、内容生成	多模态支持,逻辑推理强
Gemini(Google)	多模态混合专家(MoE)	搜索、办公助手	原生多模态设计
Claude3(Anthropic)	宪法 AI(安全对齐)	法律、金融文本分析	强调安全性与可控性

表1-5 国内模型及应用场景

模型/公司	核心技术	应用场景	特点
DeepSeek(深度求索)	千亿参数、长上下文窗口	科研、金融、编程	支持 128K 长文本处理
通义千问(阿里云)	多模态、行业微调	电商、云计算服务	与阿里云生态深度整合
文心一言(百度)	知识增强、ERNIE 架构	搜索、营销内容生成	中文语境优化
GLM(清华智谱)	通用语言模型框架	教育、科研	开源生态丰富

五、大模型技术挑战与风险

大模型的发展在近年来取得了显著进展(如 GPT-4、Palm、Llama、DeepSeek 等),但也面临诸多技术挑战,同时呈现出明确的演进趋势。以下是关键的技术挑战与未来趋势分析。

(一)算力与成本瓶颈

训练成本高昂:千亿参数模型的训练需要数千张 GPU/TPU,耗电量和资金投入巨大(如 GPT-3 训练成本超千万美元)。

推理部署成本:实时推理需要高性能硬件,商业化落地面临成本压力。

能效比优化:如何降低单位计算量的能耗是关键问题。

(二)数据依赖与质量

数据需求指数增长:模型性能与数据规模强相关,但高质量文本数据即将耗尽(据研究,2026 年可能面临公开数据枯竭)。

数据偏见与毒性:训练数据中的隐性偏见和有害内容难以彻底清洗,影响模型安全性。

(三)模型效率问题

长上下文处理:现有 Transformer 架构对长序列的计算复杂度仍不理想。

推理速度:自回归生成导致延迟高,流式响应场景体验差。

(四)可控性与安全性

幻觉:生成事实错误内容且难以自我纠正。

对抗攻击:通过特定输入诱导模型输出有害内容。

价值观对齐:跨文化、跨领域的价值观对齐缺乏统一标准。

(五)评估体系缺失

基准测试局限性:现有评测(如 MMLU、Helm)难以全面反映真实场景能力。

动态评估需求:开放域对话、复杂推理等任务缺乏自动化评估方法。

六、我国自主研发的知名大模型及发展趋势

(一)我国自主研发的知名大模型

截至 2025 年 6 月,我国已涌现出多款具有国际影响力的自主研发大模型,涵盖通用人工智能、垂直领域应用等方向。以下是当前国内知名的几款大模型及其特点。

(1)文心大模型:百度自主研发的产业级知识增强大模型,从单模态发展到跨模态,从通用基础大模型到跨领域、跨行业大模型。以创新性知识增强技术为核心,包括模型

层、工具与平台层,降低人工智能开发和应用门槛,广泛应用于互联网产品及多个行业。

(2) 星火大模型:由科大讯飞研发,2024 年 6 月 27 日发布 V4.0 版本,七大核心能力全面提升,整体超越 GPT-4Turbo,在 8 个国际主流测试中排名第一。具有语音识别、合成、翻译及自然语言处理等能力,应用于智能教育等领域。

(3) 智谱清言大模型:由清华大学和智谱共同研发的大型预训练语言模型,专注于语言理解和生成任务,提供高水平语言处理能力,应用于聊天机器人、内容审核等场景。

(4) 盘古大模型:华为研发,通过大规模预训练和多任务学习提升智能化水平,集成多种 AI 技术,应用于自然语言处理、计算机视觉和多模态数据处理等领域,有亿级以上参数量,利用 Ascend-AI 处理器提升计算效率,已发布多个行业大模型,支撑众多行业 AI 应用落地。

(5) 腾讯混元大模型:腾讯全链路自研的通用大语言模型,拥有超千亿参数规模,预训练语料超 2 万亿 Tokens,具有中文理解与创作、逻辑推理等能力,整合多种数据类型,采用先进硬件和算法优化,应用于多种腾讯产品。

(6) 思源大模型:由厦门大学自主研发,是多模态大模型,能处理多种数据类型,预训练语料达 1 万亿 Tokens,可轻量化、本地化部署,在科技部"智源 FlagEval"7B 模型榜单等评测中表现优异,技术应用于多个领域,服务数百家政企机构和上亿用户。

(7) Vidu:由清华大学联合北京生数科技有限公司共同研发的通用视频大模型,开放文生视频、图生视频两大核心功能,具有长时长、高一致性、高动态性特点,可生成高清视频及影视级特效画面。

(8) 极光天基大模型 JigonGPT:由中国科学院计算技术研究所智能计算机中心团队联合北京智源人工智能研究院、武汉大学研制,2.3 亿参数规模,基于智源 Aquila 大语言模型底座构建,实现图像解析、语义交互和指令生成等功能,并在卫星上实现入轨运行。

(9) SenseTime:商汤科技研发,主要应用于计算机视觉领域,在人脸识别、图像处理、视频分析等方面表现优异,应用于智能安防、医疗影像等领域。

(10) Megvii:旷视科技研发,面向消费物联网、城市物联网等核心场景提供 AIoT 软硬一体化解决方案,在人脸识别等领域有优势,应用于多个行业,助力智能化升级和商业化落地。

图 1-10 大模型运用场景推广

（二）我国大模型的发展趋势

当前国内大模型竞争已从参数规模转向场景落地能力和生态构建，同时政策支持（如《生成式 AI 服务管理办法》）推动行业规范化发展。未来，大模型主要发展方向有如下几个特点。

（1）模型轻量化：通过量化压缩（降低参数精度）、蒸馏（用大模型训练小模型）等技术，推动大模型在手机、边缘设备运行。

（2）多模态深度融合：开发"文本＋图像＋语音＋传感器数据"统一建模的大模型，实现更贴近人类认知的交互（如具身智能——机器人通过视觉＋语言完成任务）。

（3）增强可解释性：研究"注意力可视化""推理过程追踪"等技术，让模型输出可验证、可追溯。

（4）行业垂直化：针对金融、医疗、制造业等领域开发专用大模型，结合行业知识库提升专业性。

（5）生态化与标准化：发展开源模型，推动技术民主化，让模型服务成为主流商业模式；推动评估、伦理标准统一。

人工智能大模型正推动人类进入"通用智能"的新纪元，其技术突破既带来生产力革命，也伴随伦理、安全等挑战。未来竞争将聚焦于成本控制、安全可信和场景落地能力，技术创新需与监管、伦理建设同步推进，确保大模型成为普惠工具，而非加剧社会分化的风险源。大模型技术正处于从"规模驱动"向"效率驱动"和"价值驱动"转型的阶段，随着跨学科合作加深，大模型有望在科学发现、碳中和、老龄化等全球性议题中发挥关键作用，重塑人类文明的发展轨迹。

测一测

单选题

1. 下列哪个不属于我国的知名大模型？（　　）
   A. 文心一言（百度）　　　　　　B. 通义千问（阿里云）
   C. GPT-4（OpenAI）　　　　　　D. 星火认知（科大讯飞）

2. 大模型的核心技术基础是（　　）。
   A. 卷积神经网络（CNN）　　　　B. Transformer 架构
   C. 贝叶斯网络　　　　　　　　　D. 支持向量机（SVM）

3. 下列哪个不是大模型的技术特点？（　　）
   A. 海量参数（百亿/万亿级）　　　B. 依赖小规模数据集训练
   C. 基于 Transformer 架构　　　　D. 支持多任务泛化能力

习题答案

任务一习题答案

任务二
大数据——人工智能发展的能量源

【案例导读】

河南：大数据赋能精准抗旱　护航小麦灌浆期

  我们每天制造的数据，比从文明肇始到 2000 年的总和还要多。搜索引擎、科学实验和股市，这些采用空前复杂算法建立的庞大数据库，为我们带来了宝贵和大开眼界的见解。科学家们如何使用技术和创新来搜寻数据。从使用特殊算法来预测案件发生地的警察部门，能够预知病情的手机应用软件，到坐拥 30 亿美元避险资金的富豪雇佣宇宙学家、密码破译员和粒子物理学家为他制定决策，现在让我们一起走进迷人的大数据世界。"学习强国"平台上报道在河北省沧州市南皮县智慧农业大数据中心，智慧大屏上实时显示着全县冬小麦长势情况，技术人员根据分级显示来判断小麦生长状态强弱，为农业技术人员下田指导提供智力支撑。

图 2-1　河北南皮大数据护航 54 万亩小麦丰收

问题思考：

  在大数据如此迅猛发展的当下，大数据的广泛应用究竟会如何重塑我们的社会和生活？它是否会成为推动各行业发展的强大引擎，同时又是否会带来数据隐私、信息安全等新的挑战？

2.1 大数据是什么

大数据(Big Data)是指那些数据量巨大、种类繁多、增长快速且需快速处理以挖掘其高商业价值的海量数据集合及其相关处理技术和应用。大数据无法在一定时间范围内用常规软件工具进行捕捉、管理和处理的数据集合,是海量、高增长率和多样化的信息资产。

大数据技术的战略意义不在于掌握庞大的数据信息,而在于对这些含有意义的数据进行专业化处理。换言之,如果把大数据比作一种产业,那么这种产业实现盈利的关键,在于提高对数据的"加工能力",通过"加工"实现数据的"增值"。

从技术上看,大数据与云计算的关系就像一枚硬币的正、反面一样密不可分。大数据必然无法用单台的计算机进行处理,必须采用分布式架构。大数据的特色在于对海量数据进行分布式数据挖掘,但这必须依托云计算的分布式处理、分布式数据库和云存储、虚拟化技术。

随着云时代的来临,大数据也吸引了越来越多的关注。分析师团队认为,大数据通常用来形容一个公司创造的大量非结构化数据和半结构化数据,这些数据在下载到关系型数据库用于分析时会花费过多时间和金钱。大数据分析常和云计算联系到一起,因为实时的大型数据集分析需要像 MapReduce 一样的框架来向数十、数百甚至数千的电脑分配工作。

大数据需要特殊的技术,以有效地处理大量的数据。适用于大数据的技术,包括大规模并行处理(MPP)数据库、数据挖掘、分布式文件系统、分布式数据库、云计算平台、互联网和可扩展的存储系统。

> **知识链接**

数据赋能,上课不再"摸鱼"

大数据应用十分广泛,随着数据处理方式与工具的变革,数据对我们生活和学习的影响越来越大。

2024 年 3 月 14 日,新华社记者来到香山里学校,观摩了一堂别开生面的"爬行课"。在体育馆里,体育教师带着学生们模仿各种动物的爬行。一堂课下来,学生满头大汗,运动手环监测实时心率显示,全班所有学生平均心率达到 142,运动密度达到 87%。心率指标不达标和超标的学生,也会显示在屏幕上,体育教师可以进行有针对性的指导和调整。

图 2-2 运动数据

"过去有很多孩子在体育课上'摸鱼',现在我们通过科学的课程设计和科技手段,实现了小场地上的大密度,实现了高质量的体育课。"王剑宜说。数据会说话,云海学校两年前开始实行每周四节体育课,该校小学生《国家学生体质健康标准》优良率从2021年的45.39%提高到2023年的64.96%。

——《每天一节体育课,这样上!》,新华网,2024年3月14日,有删改

测一测

多选题

1. "大数据"是需要新处理模式才能具有更强的＿＿＿＿、＿＿＿＿和＿＿＿＿来适应海量、高增长率和多样化的信息资产。（　　）

   A. 决策力
   B. 洞察发现力
   C. 分析力
   D. 流程优化能力

2. 大数据需要特殊的技术,以有效地处理大量的数据。适用于大数据的技术,包括大规模并行处理(MPP)数据库、数据挖掘、＿＿＿＿、＿＿＿＿、＿＿＿＿、互联网和可扩展的存储系统。（　　）

   A. 分布式文件系统
   B. 分布式数据库
   C. 云计算平台
   D. PC计算机

2.2 大数据的特征

生活在信息社会,数据伴随每一个人。从人一出生,个人身份数据就会被采集记录,之后从上学到就业、生活、工作,各种数据不断产生、传送、接收和处理。信息技术迅猛发展的今天,人们在利用社交、教育、医疗、购物和金融等平台进行交流、学习,在购物和理财等活动的过程中产生了海量的数据,这些数据正在快速流动、急剧增加,深刻影响着人们的生活、学习和工作。例如,体质状况大数据服务于人们的健康,智能交通大数据有利于人们出行,环境资源大数据助力政府决策,教育教学大数据使我们的学习更加个性化。随着研究的不断深入,通常认为大数据具有"5V"特点(IBM提出):

容量(Volume):数据的大小决定所考虑的数据的价值和潜在的信息。

种类(Variety):数据类型的多样性。

速度(Velocity):获得数据的速度。

真实性(Veracity):数据的质量。

价值(Value):合理运用大数据,以低成本创造高价值。

> 知识链接

大数据为电动汽车充电站建设"出主意"

电动汽车充电桩建在哪里合适、建多少够用？近日，《长江日报》记者从国网湖北电科院获悉，由该院研发的充电设施运营优化与布局选址数据产品已投入应用，能帮助电动汽车充电站"用得好、建得对"。

图 2-3　工作人员正在运用大数据研究充电桩布局

4月3日，《长江日报》记者来到国网湖北电科院能源互联网技术中心，工作人员在大屏上打开数据分析平台，只见大屏上呈现出大小不一的红色圆圈。"这是车辆常驻地的地图，颜色越红、图标越大，就表示这一区域车辆常驻数量越多。"一位工作人员解释道。

"在电动汽车产业快速发展的同时，充电基础设施发展面临两个方面问题：一是存量充电基础设施运营质效有待提升，二是增量充电基础设施布局有待优化。"国网湖北电科院能源互联网技术中心大数据分析室专家李逸文表示。

"相当于请了一位充电设施运营优化与布局选址的'智慧管家'，为充电桩建设出主意。"李逸文说，为让充电基础设施建设与实际需求精准匹配，两年前，国网湖北电科院启动充电设施运营优化与布局选址数据产品的研发。该产品依托湖北省能源大数据中心，通过大数据技术融合车联网、营销、电动汽车监管平台、地图等数据，为未来充电站的科学选址提供了精准依据。同时，该数据产品还根据桩均充电量、服务费、有效充电次数等5个关键指标，构建了运营质效分析模型，将全省充电站划分为不同等级，可指导运营方对低效站点进行优化改造。

近期数据产品分析显示，目前，武汉市常青花园、汉口城市广场、古田四路等地区充电桩需求较为旺盛，仍有继续建设充电桩的空间。而在盘龙城、庙山、阳逻等地区，则趋于饱和。

李逸文介绍，未来将逐步完善该数据产品功能，进一步扩大其使用范围，通过向数据产品输入充电站计划选址等信息，便可得到充电站建设方案分析和运营建议。"不仅可以提升充电站的运营效率，还能避免资源浪费，实现充电基础设施的科学布局。"

——《电动汽车充电站建哪儿最好？大数据能"出主意"》，《长江日报》，2025年4月6日，有删改

> 测一测

多选题

大数据的"5V"特点是指(　　)。

A. Volume(容量)　　　　　　　　B. Velocity(速度)

C. Variety(种类)　　　　　　　　D. Value(价值)

E. Veracity(真实性)　　　　　　F. Complexity(复杂性)

2.3 大数据的发展历程

一、萌芽阶段(20世纪中期—20世纪90年代)

数据存储的雏形:20世纪50—60年代,计算机的诞生使电子化数据存储成为可能,但数据量极小(如磁带的KB级存储)。

数据库技术:20世纪60—70年代,层次数据库和网状数据库出现,主要用于结构化数据管理。20世纪70年代,关系型数据库(如IBM的System R和Oracle)诞生,SQL成为标准查询语言。

数据仓库概念:20世纪90年代,Bill Inmon提出"数据仓库"理念,企业开始整合多源数据用于分析(如OLAP)。

二、早期积累阶段(2000—2009年)

互联网数据爆发:Web2.0时代(社交媒体、电子商务)产生海量用户数据(如Google每日处理TB级数据)。移动设备普及,传感器数据开始积累。

技术瓶颈:传统数据库(如MySQL)难以处理非结构化数据和高并发需求。

理论突破:2003年,Google发布Google File System(GFS)论文,提出分布式文件系统。2004年,Google提出MapReduce编程模型,解决大规模数据并行计算问题。2006年,Doug Cutting基于GFS和MapReduce开发Hadoop开源框架(HDFS+MapReduce),成为大数据技术基石。

三、技术爆发阶段(2010—2019年)

Hadoop生态成熟:Hive(数据仓库工具)、HBase(NoSQL数据库)、Spark(内存计算框架)等工具涌现,完善了数据存储、处理和分析链条。

NoSQL数据库兴起:MongoDB、Cassandra等支持高扩展性和非结构化数据处理。

云计算推动:AWS、Azure等云平台提供弹性的大数据服务(如Amazon EMR),降低企业使用门槛。

开源社区繁荣：Apache 基金会(Kafka、Flink)、Cloudera 和 Hortonworks 等公司推动技术标准化。

数据科学崛起：Python/R 语言、机器学习库(如 TensorFlow)与大数据结合，推动 AI 应用。

四、成熟与应用扩展阶段(2020 年至今)

技术融合与创新：实时处理如 Flink、Kafka Streams 支持流数据处理。数据湖与湖仓一体如 Delta Lake、Snowflake 整合结构化与非结构化数据。AI/ML 驱动如大数据成为训练深度学习模型的基础。

行业渗透：医疗行业用于基因组学数据分析、疾病预测。物联网行业用于工业传感器数据优化生产流程。智慧城市用于交通、能源数据管理。

挑战与伦理问题：数据隐私(GDPR 等法规)、算法偏见、能源消耗(数据中心碳排放)引发关注。

> **知识链接**
>
> ### 大数据的一些发展往事
>
> 2014 年：大数据首次写入中国政府工作报告，引起了全社会对大数据的高度关注，为大数据产业的发展提供了政策层面的支持和引导，推动了大数据在各领域的应用探索。
>
> 2015 年：国务院印发《促进大数据发展行动纲要》，全面推进我国大数据发展和应用，明确了"加快政府数据开放共享，推动资源整合，提升治理能力"等任务，标志着大数据正式上升为国家发展战略，为大数据产业的发展提供了全面的战略指导和政策保障。
>
> 2016 年：工业和信息化部印发《大数据产业发展规划(2016—2020 年)》，中国大数据产业建设速度加快，形成了八大大数据综合试验区，建成 100 多个大数据产业园，推动了大数据产业的规模化和集聚化发展。
>
> 2018 年：10 月，《数据管理能力成熟度评估模型》发布实施，规范了各组织、机构数据管理和应用工作，对于提升国内数据管理和应用能力具有重要意义，有助于推动大数据产业的规范化和标准化发展。
>
> 2019 年：党的十九届四中全会指出要"健全劳动、资本、土地、知识、技术、管理、数据等生产要素由市场评价贡献、按贡献决定报酬的机制"，明确了数据作为生产要素的重要地位，为大数据产业的发展提供了理论支持和政策导向。
>
> 2021 年：11 月 30 日，工业和信息化部发布《"十四五"大数据产业发展规划》，提出到 2025 年大数据产业测算规模突破 3 万亿元，年均复合增长率保持在 25% 左右，为"十四五"期间大数据产业的发展提供了明确的目标和方向。
>
> 2022 年：中国大数据产业规模达 1.57 万亿元，同比增长 18%，成为推动数字经济发展的重要力量。同时，中国已建成全球最大的光纤网络，光纤总里程近 6000 万公里，千兆光网具备覆盖超过 5 亿户家庭的能力，数据中心总机架近 600 万标准机架，全

国 5G 基站超过 230 万个,均位居世界前列,为大数据产业的发展提供了坚实的基础设施支撑。

2023 年:中国大数据产业规模超过 2 万亿元,同比增长 10.45%。同年 5 月举办的 2023 中国国际大数据产业博览会,共举办 220 余场活动,线上线下参展企业 353 家,展出新产品、新技术、新方案 900 余项,发布国际国内领先科技成果 20 项,签约项目 71 个,投资金额 613 亿元,成为大数据领域的重要交流合作平台,推动了大数据技术和产业的创新发展。

图 2-4　2023 年全国数据产业规模

2024 年:我国年度数据生产总量达 41.06 泽字节,同比增长 25%。按照 20% 以上的年均增长率测算,2030 年我国数据产业规模将达 7.5 万亿元。

测一测

单选题

大数据成熟与应用扩展阶段是从什么时候开始的?(　　)
A. 20 世纪中期　　　　　　　　B. 2000—2009 年
C. 2010—2019 年　　　　　　　D. 2020 年至今

2.4　大数据的应用

随着 5G 时代的到来,大数据应用得到迅速的发展,并且得到很多人的关注。在大数据发展的时代中,大数据人才稀缺,所以现在大数据成了市场和行业中的热点。由于市场和行业中的稀缺,大数据人才在岗位中得到的薪资是非常可观的,掌握大数据的技术对提高薪资有很大的帮助。那么在大数据时代,你了解大数据吗?下面为大家介绍大数据的主要应用领域。

一、电商行业

电商行业是最早将大数据用于精准营销的行业,它可以根据消费者的习惯提前生产物料和进行物流管理,这样有利于美好社会的精细化生产。随着电子商务越来越集中,大数据在行业中的数据量变得越大,并且种类非常多。在未来的发展中,大数据在电子商务中有更多的应用，其中主要是预测消费趋势，分析区域消费特征、顾客消费习惯、消费热点和影响消费的一些重要因素。

二、金融行业

大数据在金融行业的使用是非常广泛的，主要使用在交易过程中。现在许多股权交易是使用大数据算法进行的。这些算法能够越来越多地考虑社交媒体和网站新闻，并且决定接下来的几秒内是选择购买还是出售。

三、生物技术

基因技术是人类未来挑战疾病的重要武器。科学家可以利用大数据技术，加速人类基因和其他动物基因的研究过程，使之成为人类克服疾病的重要武器之一。技术不仅可以改良作物，还可以利用遗传技术培育人体器官、消灭病菌等。

四、生活服务

目前大数据在生活服务方面的应用较为广泛，通过分析客户的爱好和消费行为及其趋势等，提供更为精准的服务。例如，电商网站会搜集客户的社交数据、浏览器的日志文本及各类传感器采集的数据，通过跟踪分析这些数据，针对客户的个人喜好和消费能力的统计，推荐不同的商品，引导消费，以实现针对客户的个性化服务。随着大数据与人工智能技术的紧密结合，企业以互联网为依托，线上服务、线下体验与现代物流深度融合，这种"新零售"方式正在给人们带来全新的购物体验。

五、智慧城市

大数据可以用来改善城市生活，提升城市管理水平，促进智慧城市建设。例如，目前很多城市在进行大数据的分析和应用试点。开发者利用大数据开发新的应用提供给不同需求的个人、企业和政府部门，形成一个新兴的产业。当智慧城市和产业结合起来，就可以形成健康良性的循环，推动智慧城市的可持续发展。智慧城市的创建已经成为今后市政规划与建设的重要方向。

六、医疗健康

大数据在医疗健康方面的应用改变了传统的医疗与健康服务模式，提高了服务的针对性。例如，健康类应用通过可穿戴设备采集数据，在对数据进行分析处理后，为患者提供针对性治疗建议，可让医生的诊断更为精确。通过大数据分析，可能以后服药将不再是通常的"成人每日三次，一次一片"的文字说明，而是自动检测并及时提醒。计算机科学与生命科学相结合,可以完成超大样本癌症基因的测序分析,能帮助人们解开疾病成因的秘密,辅助科学家攻克医学领域的难题,将对今后的健康与医疗环境产生深远的影响。

大数据作为一种重要的资源,它在推动经济发展、完善国家治理、提升政府服务和监管能力等方面具有重要意义。为了能更好地发挥大数据的价值,就需要建立"用数据说话、用数据决策、用数据管理、用数据创新"的管理机制,以实现基于数据的科学决策。

大数据深刻改变着人类的思维、学习、生活和生产方式,引领着生活新变化,孕育着发展新思路。大数据涉及每个人、每个企业,乃至整个国家。随着我国大数据战略的实施,基于大数据的智慧生活、智慧企业、智慧城市将越来越普及。

知识链接

明察秋毫的"教师助手"

寒假期间,吉林大学计算机科学与技术学院教授徐昊熟练操作着电脑上的"知新"教育评价大模型,阅读他专属的教学评价报告。

"您讲授的'人工智能与人类生活'课程质量很高,但您的口头语比较频繁……"报告共有教学内容、教学方法、师生行为等28项指标,还会针对提升教学质量给出合理建议。

"比如它提醒,我在其中一页PPT停留了10分钟,表明这部分内容较难理解,建议增加互动环节。"作为"知新"教育评价大模型项目开发负责人,徐昊感到自己更是大模型的受益者。

大模型诞生不到一年,已对全校6000多门课程进行"学习",并成功扮演了"教师助手"的角色,提供了宝贵的教学反馈和建议。

"下一步我们将继续训练大模型,让它'学习'图书馆内千万册书籍和期刊论文,为师生提供更多学术助力。"徐昊说。

根据学习习惯、能力水平以及兴趣偏好,为每位学生定制个性化学习计划;智能辅导系统模拟教师角色,随时答疑解惑;通过"学习"大量教学资料形成智能化教案,供教师参考;打破时间和空间限制,提供远程教育促进教育公平;对于视力或听力障碍的学生,提供语音或图像识别技术辅助学习……充分发挥人工智能优势,持续催生新应用场景,"人工智能+教育"将加快发展成伴随每个人一生的教育、平等面向每个人的教育、适合每个人的教育、更加开放灵活的教育。

——《"人工智能+",打开新生活——人工智能赋能高质量发展观察之二》,求是网,2025年2月15日,有删改

测一测

多选题

下列应用属于大数据应用的是(　　)。

A. 智慧城市　　B. 医疗健康　　C. 智能社区　　D. 电商行业

2.5　大数据促进人工智能发展

大数据与人工智能的协同发展已成为推动科技进步和产业变革的核心动力。

一、技术融合：AI 与大数据的边界模糊化

大数据为 AI 提供海量训练资源，如人脸识别需数亿张图像训练模型。深度学习依赖大规模数据提升准确率（如计算机视觉准确率从 70% 提升至 95%）。生成式 AI（如 GPT-4）通过大数据生成个性化内容，推动推荐系统和自动化内容创作的普及。

边缘计算将数据处理下沉至终端设备，减少云端延迟。例如，智能工厂通过本地化分析将故障响应时间缩短至毫秒级，提升设备利用率至 95%；智慧交通系统实时调度路况，降低城市拥堵率 30%。Apache Flink、Kafka 等流处理框架支持实时决策，推动企业从"事后分析"转向"即时响应"。

自然语言交互工具（如语音指令生成可视化报告）使非技术人员能快速分析数据，提升运营效率 25%。AI 辅助的数据清洗和特征提取技术进一步简化数据处理流程。

二、应用场景：垂直领域深度渗透

AI 整合基因组数据、电子病历和实时监测信息，实现疾病预测与精准治疗。例如，AI 辅助诊断系统覆盖 80% 三甲医院，平均诊断时间缩短 50%，个性化治疗方案效率提升 50%。

工业大数据优化生产流程，某汽车企业通过设备数据分析实现零配件损耗预测，年成本节约超 2 亿元。能源行业利用大数据优化电网调度，可再生能源利用率提高 15%。

金融领域通过 AI 实时分析交易数据，反欺诈系统准确率提升至 99% 以上。智慧城市中，交通管理系统通过边缘节点实时处理车流数据，响应速度达毫秒级。

三、数据技术革新：小数据与合成数据的崛起

在 B2B 场景中，小数据模型（如微调后的 Llama 2）通过少量高质量数据实现优于大型模型的性能，同时降低训练成本。例如，医疗诊断中精准采集高价值信息优化模型效率。

合成数据通过算法生成模拟数据，解决隐私与数据不足问题。自动驾驶和金融风控领域利用合成数据补充真实数据，但长期依赖可能导致模型性能下降（"情境性营养不良"）。

生成式 AI 推动非结构化数据（如文本、图像）的利用，企业通过大语言模型（LLM）为非结构化数据赋予结构，提升分析价值。IDC 预测，未来非结构化数据的分析需求将激增。

四、安全与合规:技术突破与政策双轨并行

联邦学习(Federated Learning)、同态加密(Homomorphic Encryption)实现"数据可用不可见"。例如,银行通过加密算法完成跨机构反欺诈合作,风险识别率提升35%。

《中华人民共和国数据安全法》与欧盟《通用数据保护条例》(General Data Protection Regulation,简称GDPR)联动,将企业违规成本升至年营收的5%,推动全生命周期合规体系建设。

五、政策与资本驱动产业生态完善

中国将大数据写入"十四五"规划,设立专项资金推动数据资源共享;美国通过《大数据研发倡议》投入2亿美元强化技术研发。2025年中国大数据市场规模预计达2.5万亿元,全球超2000亿美元。

数据安全、工业大数据等领域融资规模同比增长45%,AI芯片(如GPU、NPU)市场快速增长,推动算力提升70倍。

> **知识链接**
>
> ### 有AI的地方都涉及大数据
>
> 近几年,人工智能技术在各行各业的应用已随处可见。生产制造业中,自动视觉检测、机器参数调整、产量优化、维护预测等技术的应用极大地提高了生产效率;服务型机器人深入翻译、会计、客服等领域,服务业正在发生重要变革;此外,金融、医疗等领域,也因人工智能技术的加入而更加繁荣。某种意义上,人工智能为这个时代的经济发展提供了一种新的能量。人工智能的飞速发展,背后离不开大数据的支持。而在大数据的发展过程中,人工智能的加入也能使更多类型、更大体量的数据得到迅速的处理与分析。
>
> 目前,人工智能发展所取得的大部分成就和大数据密切相关。人们通过数据采集、处理、分析,从各行各业的海量数据中,获得有价值的洞察,为更高级的算法提供素材。腾讯CEO马化腾在清华大学洞见论坛上表示,"有AI的地方都必须涉及大数据,这毫无疑问是未来的方向"。李开复也曾在演讲中谈道:"人工智能即将成为远大于移动互联网的产业,而大数据一体化将是通往这个未来的必要条件。"人工智能离不开深度学习,通过大量数据的积累探索,在任何狭窄的领域,如围棋博弈、商业精准营销、无人驾驶等,人类终究会被机器所超越。而AI技术要实现这一跨越式的发展,把人从更多的体力劳动中彻底解放出来,除了计算能力和深度学习算法的演进,大数据更是其中的关键。
>
> 与此同时,人工智能的出现也提高了可利用数据的广度。大数据分为结构化数据与非结构化数据。结构化数据记录了生产、业务、交易和客户信息等;但大部分的数据,约有85%以上是非结构化数据。在互联网时代,随着社交媒体的兴起,非机构化数据的增长更为惊人。然而,大数据爆炸的时代不允许个人在研究的过程中读懂每一篇论文,了解所有的观点。因此这就对高级算法提出了要求,如何快速寻找真正适合、有效的信息。

例如，专业团队可以根据传统的欺诈类型设计成千上万不同的算法，用于专业人员处理不同类型的欺诈行为。然而，现实中还存在一个"观察者效应"，也就是说如果这个人知道有别人在观察他，他就会不自主地改变自身的行为，直接导致被观察对象的行为与其真实表现的差异性，但这一点没有办法通过传统的建模方法进行行为检测。所以这就需要更为高级的人工智能手段和更加先进的调查方法来进行解决，去建模未来可能发生欺诈的行为。

> **测一测**
>
> **多选题**
> 大数据推动人工智能发展的哪些趋势？（　　　）
> A. AI与大数据的边界模糊化
> B. 智能手机的普及
> C. 小数据与合成数据的崛起
> D. 技术突破与政策双轨并行
> E. 政策与资本驱动产业生态完善
> F. 垂直领域深度渗透

2.6 大数据与人工智能的前景

大数据与人工智能的前景十分广阔，大数据与人工智能将深度融合，形成相互促进的生态。大数据为人工智能提供丰富的数据滋养，使其模型不断优化和精准；人工智能则利用先进的算法和模型，对大数据进行高效分析和挖掘，实现数据价值的最大化。随着技术发展，人工智能模型将能够更有效地处理图像、文本、语音、视频等多模态数据，使应用场景更加贴近真实世界的复杂环境，如智能安防系统可同时利用视频监控、音频检测和环境数据进行综合分析和预警。边缘计算与人工智能结合将更加紧密，在靠近数据源的边缘设备上实现数据处理和智能分析，减少数据传输延迟，提高实时响应能力，如自动驾驶汽车可在本地快速处理传感器数据并做出决策。

一、应用场景拓展

医疗领域：通过整合电子病历、医学影像、基因数据等多源大数据，人工智能可辅助医生进行疾病的早期筛查、精准诊断和个性化治疗方案制定，还能用于药物研发，加速新药的发现和临床试验过程。

金融领域：利用大数据和人工智能进行风险评估、信用评级、投资决策等。例如，通过分析海量的客户交易数据和行为数据，精准识别金融欺诈行为，为金融机构提供更安全的运营环境。

交通领域：基于交通流量、路况、气象等大数据，人工智能可实现智能交通调度、实时路况预测、自动驾驶等，优化城市交通拥堵，提高出行效率和安全性。

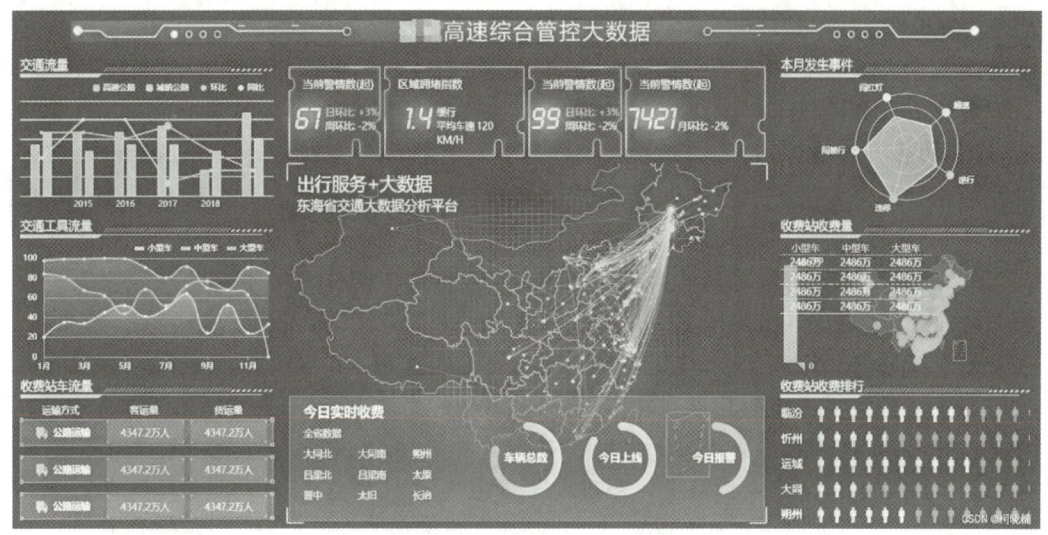

图 2-5 高速综合管控大数据

教育领域：实现个性化学习，根据学生的学习进度、知识掌握情况、兴趣爱好等数据，为学生定制专属的学习路径和教学内容，提高教育质量和学习效果。

工业领域：在工业制造中，通过对生产设备运行数据、供应链数据等进行分析，实现设备故障预测与维护、生产流程优化、质量控制等，提升工业生产的效率和竞争力。

农业领域：借助传感器收集的土壤、气象、作物生长等大数据，结合人工智能算法进行精准农业生产，如智能灌溉、病虫害监测与防治、作物产量预测等，提高农业生产的精细化管理水平和农产品产量。

二、市场与产业发展

市场规模增长：随着各行业对数字化转型的需求不断增加，大数据与人工智能市场规模将持续扩大，带动相关产业的快速发展，创造更多的就业机会和经济价值。

产业生态完善：形成涵盖数据采集、存储、处理、分析，人工智能算法研发、模型训练、应用开发等环节的完整产业生态，产业链上的企业将加强合作，共同推动技术创新和应用落地。

催生新的商业模式：如基于大数据和人工智能的共享经济、零工经济等新型商业模式将不断涌现，为社会经济发展注入新的活力。

> **知识链接**
>
> ### 《琅琊榜》看大数据
>
> 要理解大数据智能，首先要真正搞明白大数据是什么。怎么认识和理解大数据？笔者不想再向大家啰唆4V还是5V，而是来谈谈豆瓣排行榜第一的武侠剧《琅琊榜》。为什么叫《琅琊榜》，是因为有一个高端神秘的大数据公司——琅琊阁，每年都会发布武术高手排行榜，并为各方提供及时的情报服务。而最神秘的琅琊阁CEO梅长苏，自然华丽

丽地占据榜首。所谓"琅琊榜首,江左梅郎"是也。当然琅琊榜单和麒麟才子梅长苏只是琅琊阁这家大数据公司的对外宣传而已,甚至打出了"得麒麟之才者得天下"的口号。

要理解大数据技术那就得理解琅琊阁的这些榜单到底是怎么排出来的,我们都知道,现代的各种排行榜,都是以海量数据作为基础进行统计分析。片头青山绿水之间的琅琊阁地宫就是座海量大数据中心(分布式存储),江左盟广布天下的分站和盟员就是数据采集端(手机、网站、传感器),而飞鸽传书就是高速的数据传输通道(物联网、移动互联网)。当然琅琊阁还有帮隐秘的数据科学家(智能预测建模),所以才能成就广为人知的麒麟之才——梅长苏(琅琊阁CEO),"得麒麟之才者得天下"的关键不在于梅长苏个人,而是他背后的神秘大数据公司琅琊阁(董事长是老阁主)。

其实只要掌握足够的数据和信息,就能对事物的本质,对时局和对手有足够的认识,足不出户而知天下事,见微知著。大数据时代更是这样,我们每个人的一切都在加速数字化,吃穿住行用,还有我们的身体和思想本身在各大机构的数据中心里都能找到对应的数字副本,只要能集中这些数字副本,就能从多个层面Copy或Hack任何一个人。万物互联和数字化的世界,控制了信息流就能控制一切,从广义上讲,大数据崇拜的本质是希望垄断信息权的控制。当然除了数据,还有对人心的把握、时机的掌控等等,这一系列智能模型之外的因素也必须加以考量。《琅琊榜》看大数据,历史就是大数据,观历史可知未来。有人先知先觉,有人后知后觉,有人不知不觉,关键取决于对大数据智能的应用和把握!

测一测

多选题

大数据应用场景有哪些?(　　)
A. 中国移动　　　　　　　　B. 金融领域
C. 工业领域　　　　　　　　D. 医疗领域

练一练

小组讨论:在我国很多城市,共享单车成为解决短距离出行不便问题的新选择。尝试分析这个共享单车是大数据背景下的产物,那大数据是如何采集的,又是如何存储和传输的?

1. 实训目的

在开始本实训之前,请认真阅读相关内容。

(1)熟悉"互联网+""大数据"的概念。

(2)熟悉共享单车的使用方法,并体验共享单车的使用过程。

(3)讨论共享单车对人类生活的影响。

2. 实训内容与步骤

开展头脑风暴小组讨论:共享单车给我们带来了生活的便利,我们如何理解"共享单车是大数据背景下的产物"这个命题?画出"共享单车是大数据背景下的产物"思维导图。

记录小组讨论的主要观点,推选代表在课堂上简单阐述观点。

【实训总结】

_____
_____
_____
_____

【教师对实训的评价】

_____
_____
_____
_____

习题答案

任务二习题答案

任务三
人工智能——常见算法

【案例导读】

人工智能算法是模拟人类智能行为的核心工具,通过数据规律挖掘实现预测、决策与识别等任务。其技术体系包含三大类:优化算法(如遗传算法、蚁群算法),旨在高效寻找全局最优解;机器学习算法(如线性回归、决策树),通过特征分析直接推导结论;深度学习算法(如 Transformer、卷积神经网络 CNN),模拟人脑神经元机制,自动学习复杂特征。近年来,深度学习中的 Transformer 架构成为研究焦点,其通过自注意力机制实现语言全局关联性理解,广泛应用于 DeepSeek、通义千问、ChatGPT 等大模型,在文本生成、编程等领域展现类人能力。

以"学习强国"平台报道的赣州好朋友科技为例,其 AI 智能选矿技术采用 X 射线透射与深度学习算法融合方案,成功区分钨、锡、铅等 40 余种矿石,填补国内技术空白。该技术通过人工智能算法实现矿石密度特征提取与多分类识别,结合优化算法提升分选精度,彰显人工智能在工业场景中的创新价值。

图 3-1 江西赣州经开区 AI 算法智能选矿

问题思考:

在人工智能算法不断拓展应用边界、展现强大能力的同时,这些复杂多样的算法究竟是如何在不同场景中发挥独特作用的?它们各自的优势与局限是什么,又如何相互配合以解决复杂的实际问题?

3.1 遗传算法

一、什么是遗传算法

遗传算法(Genetic Algorithm,简称 GA)由美国学者 J. Holland 于 1975 年提出,其核心思想源于达尔文生物进化论和孟德尔遗传学原理,通过模拟"自然选择""优胜劣汰"的机制,在复杂问题空间中逐步逼近最优解。

遗传算法擅长解决复杂优化问题,如路径规划、资源调度、机器人控制、图像处理等,具有全局搜索能力强、对初始解依赖性低等优势。

二、遗传算法基本流程

1. 编码与初始化:将问题的可能解转化为数字编码(如二进制或向量),并随机生成一组初始解作为"种群"。
2. 适应度评估:通过设定"适应度函数"(即评估标准)筛选优质解,淘汰低效解。
3. 选择操作:保留高适应度个体作为"父母"。
4. 交叉操作:模拟生物基因重组过程,通过组合高适应度个体的特征生成新个体,保留优质解的特性,像基因重组一样组合父母特征生成新个体。
5. 变异操作:以小概率随机改变个体部分基因,增加多样性。
6. 迭代优化:重复上述过程,逐步逼近最优解。

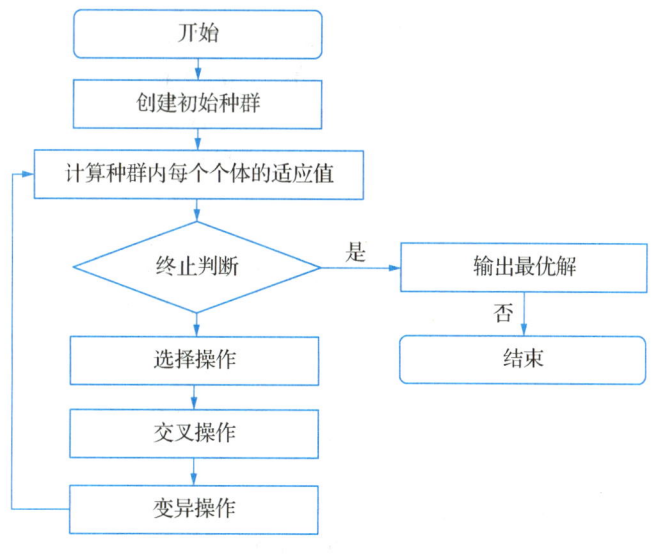

图 3-2 遗传算法运算流程

> **知识链接**

最优解和满意解

在探索答案的过程中,一种思路是寻求解决问题的最优方案,另一种思路是寻求根据自己需要而设定一个满意方案。

满意解不一定是最优解,在处理实际系统优化过程中,由于人们对系统结构、状态、参数了解不充分,或对于系统信息掌握不完备,或者最优解思路计算量大,相对复杂、烦琐,要求得最优解不现实或不必要,在实际工作中只要在可行解集合中找到一个决策者满意的解就可以了,这种解就泛称为满意解。

三、遗传算法的特点

遗传算法与传统的优化算法相比,具有如下优点:

1. 用编码作为运算对象,借鉴了生物学的基因遗传概念,模仿了大自然物竞天择的进化原理。

2. 用概率搜索技术,能够普遍求解数值问题,对目标函数的要求低,可用极大概率来找到最优解。

3. 用适应度作为搜索信息的依据,无需求导,也不需要对问题进行深入的分析,确定问题的决策变量编码后,就可以得到满意解。

> **测一测**

单选题

1. 遗传算法的核心思想主要借鉴了以下哪一理论?(　　)
   A. 牛顿力学　　　　　　　　B. 达尔文生物进化论与孟德尔遗传学原理
   C. 量子力学　　　　　　　　D. 经典经济学供需理论
2. 遗传算法中,以下哪一操作最直接用于增加种群多样性?(　　)
   A. 编码与初始化　　　　　　B. 适应度评估
   C. 交叉操作　　　　　　　　D. 变异操作

3.2 蚁群算法

一、蚁群算法的概念

蚁群算法(Ant Colony Optimization,简称ACO)是一种用于解决组合优化问题的群体智能算法。它模拟了蚂蚁在寻找食物和建立路径时的行为,自然界蚂蚁群体在寻找食物的过程中,通过一种被称为"信息素"的物质实现相互的间接通信,从而能够合作发现从蚁穴到食物源的最短路径。蚁群算法通过大量模拟的"蚂蚁"在问题空间中搜索解决方案,并借助信息素的释放和更新来引导搜索过程,最终找到问题的最优或近似最优解。

图 3-3 蚁群觅食

蚁群算法是一种源于大自然的仿生进化算法,具有分布计算、信息正反馈和启发式搜索的特征。蚁群算法广泛应用于旅行商问题、车辆路径规划、网络路由、任务调度、图着色问题等优化。

二、蚁群算法的基本原理

1. 蚂蚁在寻找食物时会在路径上释放一种叫作"信息素"的物质。
2. 其他蚂蚁会根据信息素的浓度选择路径,信息素越浓的路径被选择的概率越大。
3. 随着时间推移,较短路径上的信息素会越来越浓(因为蚂蚁走得多),而较长路径上的信息素会逐渐挥发。
4. 最终,蚂蚁群体能够找到从食物源到巢穴的最短路径。

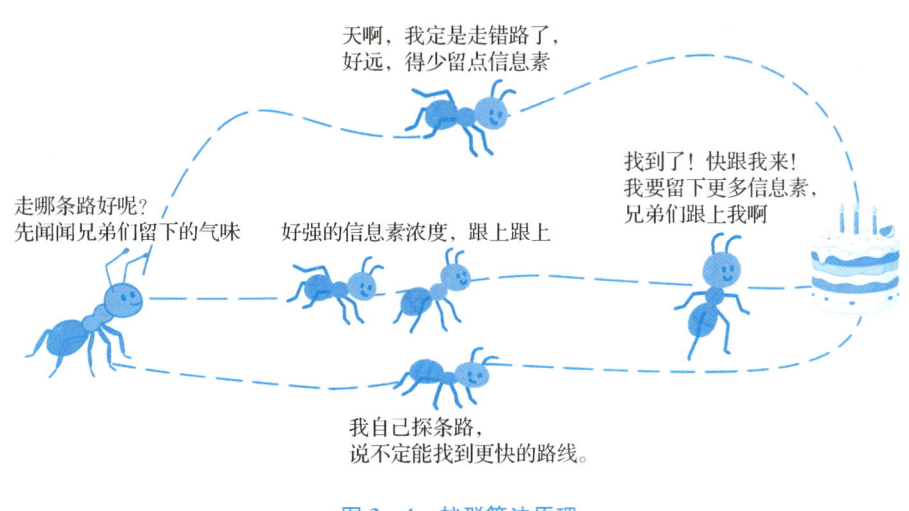

图 3-4 蚁群算法原理

任务三 人工智能——常见算法

> 知识链接

旅行商问题

旅行商问题(TSP)是给定一系列城市和每对城市之间的距离,求解访问每一座城市一次并回到起始城市的最短回路。

图 3-5　旅行商线路图示

三、蚁群算法基本流程

蚁群算法基本流程,以旅行商问题为例,开始时,各城市之间的连接路径上信息素浓度相同。每只人工蚂蚁对于已经去过的城市就不再访问,并在路径上增加信息素,人工蚂蚁按一定概率选择线路,通过蚁群算法来找出最佳路径。

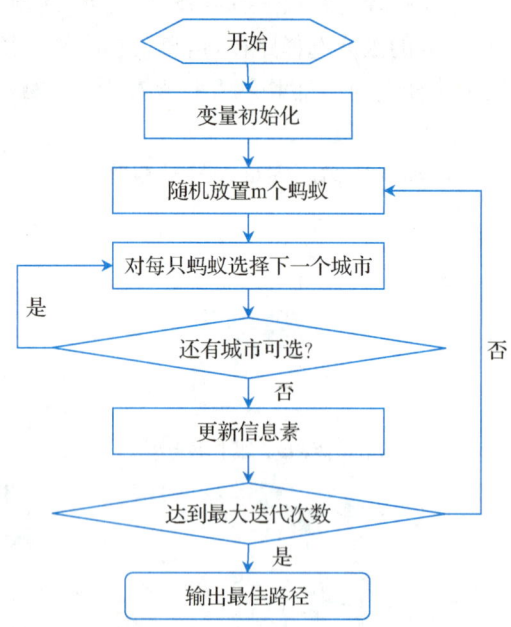

图 3-6　蚁群算法基本流程

四、蚁群算法的主要特点

1. 正反馈机制：通过信息素的积累引导搜索方向。
2. 自组织性：蚁群算法的组织来自系统内部，在获取空间、时间的过程中，不受外界的影响。
3. 随机性与并行性：多个"蚂蚁"同时探索不同路径，提高了搜索效率。
4. 适应性强：可以用于动态变化的问题环境。

测一测

单选题

1. 蚁群算法（ACO）模拟了蚂蚁在寻找食物过程中释放哪种物质来引导其他蚂蚁选择路径？（　　）

　　A. 激素　　　　　B. 信息素　　　　C. 酶　　　　　D. 抗体

2. 蚁群算法最常用于解决哪类问题？（　　）

　　A. 图像识别问题　　　　　　　B. 组合优化问题
　　C. 自然语言处理问题　　　　　D. 数据库查询优化问题

3. 以下哪个不是蚁群算法的特点？（　　）

　　A. 正反馈机制　　　　　　　　B. 自组织性
　　C. 单一路径搜索　　　　　　　D. 适应性强

3.3　线性回归算法

一、线性回归算法的概念

在机器学习中，线性回归是一种用来预测"连续数值"的方法。比如说，你想根据一个人的身高来预测他的体重，或者根据广告投入金额来预测销售额，这时候就可以用线性回归。

一元线性回归：只有一个自变量，如广告投入与销售额的关系。

多元线性回归：有多个自变量，如房价受面积、楼层、地理位置等多个因素影响。

二、线性回归算法的特点

1. 简单易懂：只需要一条直线或平面，就能描述变量之间的关系，非常适合入门。
2. 计算速度快：因为结构简单，所以训练速度快，适合小数据集。
3. 可解释性强：能清楚地知道每个因素对结果的影响有多大。
4. 要求变量之间有线性关系：也就是说，输入变量和输出变量之间的关系要接近一条线或面,否则效果会不好。

5. 容易受异常值影响:如果有几个特别离谱的数据点,可能会让模型变得不准。

三、线性回归算法的应用

线性回归算法在生活中有很多实际应用,比如:根据房子的面积、楼层、位置等因素预测房子价格;根据广告投放金额、促销力度等预测商品销售量;根据年龄、身高、运动量等对健康进行评估,预测一个人的体重或血压;根据学生的学习时间、作业完成情况预测考试成绩,等等。

> **知识链接**
>
> ### 线性回归:人工智能中的"数学积木"
>
> 线性回归是人工智能中最基础的算法之一,它像一块"数学积木",虽然简单,却是理解更复杂算法的基础。掌握线性回归就像学会"解方程"一样,是迈入人工智能大门的第一步。
>
> #### (一)线性回归算法可以给模型"戴紧箍咒"
>
> 当数据中有很多无关特征时,比如用头发颜色预测身高,模型可能会被干扰。就可通过线性回归算法强制让不重要的特征权重变为零,自动筛选关键因素,或限制所有特征的权重幅度,防止模型过度依赖某个变量。
>
> #### (二)线性回归算法与深度学习的联系
>
> 神经网络的全连接层本质是线性回归的扩展,只是通过叠加多层非线性激活函数来处理复杂问题。例如,卷积神经网络的卷积操作可视为对局部区域的线性回归,再通过非线性函数提取图像特征。

> **测一测**
>
> **单选题**
>
> 1. 关于线性回归算法的分类,以下说法正确的是( )。
>   A. 一元线性回归包含多个自变量　　B. 多元线性回归仅有一个自变量
>   C. 一元线性回归只有一个自变量　　D. 线性回归无法用于预测连续数值
>
> 2. 以下哪项是线性回归算法的特点?( )
>   A. 计算速度慢,适合大数据集　　B. 可解释性强,能明确各变量影响
>   C. 不依赖变量间的线性关系　　D. 对异常值不敏感
>
> 3. 线性回归算法的典型应用场景是( )。
>   A. 根据学生学习时间预测考试成绩
>   B. 对文本进行情感分类
>   C. 识别图像中的物体
>   D. 生成对抗网络训练

3.4 决策树算法

一、决策树算法概念

决策树(Decision Tree),又称判断树,它是一种以树形数据结构来展示决策规则和分类结果的模型。作为一种归纳学习算法,其重点是将看似无序、杂乱的已知实例,通过某种技术手段将它们转化成可以预测未知实例的树状模型,每一条从根结点到叶子结点的路径都代表一条决策的规则。通俗地讲,决策树就像一个"选择迷宫",通过一步步提问将数据分成不同类别。

它的结构像一棵倒长的树:

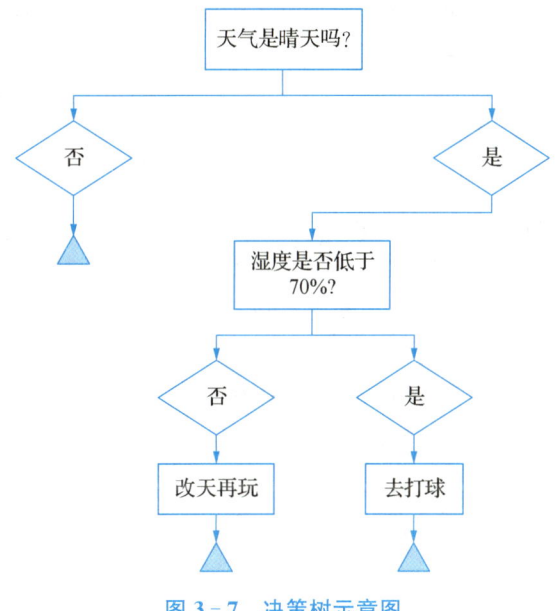

图 3-7　决策树示意图

根节点:第一个问题(如"天气是晴天吗?")→决定后续分支方向。
内部节点:中间问题(如"湿度是否低于70%?")。
叶子节点:最终结论(如"去打球""改天再玩")。

二、决策树算法的特点

(一) 主要优点

1.像流程图一样清晰。决策树的结构就像"选择游戏",每个问题对应一个分支,最终指向明确结论。这种可视化方式让人一眼看懂分类逻辑。

2. 数据"脏"也能用。即使数据有缺失（比如漏掉某次考试成绩），或数据出现异常（比如某位潜力生突然考了满分），决策树也能正常工作，不需像其他算法那样严格清洗数据。

3. 自动找出"关键先生"。它会自动筛选出对结果影响最大的特征。例如在预测成绩时，可能发现"作业完成率"比"课堂提问次数"更重要，帮你抓住核心问题。

（二）主要缺点

1. 容易"死记硬背"。这是指决策树的过拟合问题，如果树太深，分支太多，它会把训练数据中的细节和噪声都记住，就像学生死记硬背考题却不会举一反三，导致对新数据效果差。

2. 对数据"敏感"。数据稍微有点变化，比如换一批学生数据，生成的树可能完全不同，就像一有风吹草动就推倒重来，稳定性差。

3. 抓不住复杂关系。如果问题需要结合多个变量，比如"既要成绩好又要出勤率高才能评优"，决策树可能只关注单个变量，像考试时只看一道题而忽略整体逻辑。

三、决策树算法的应用

决策树算法因其直观性和可解释性，在多个领域得到广泛应用。在金融领域，它通过分析历史数据构建可视化模型，帮助金融机构进行风险控制和制定精细化投资策略，如客户流失预测、信用评估；在医疗诊断中，决策树根据患者的年龄、病史等特征预测疾病类型或患病风险，通过特征选择和剪枝优化模型精度；在教育领域，可用于学生成绩分类与预测，如判断优秀、及格、不及格，通过作业完成率、课堂参与度等特征生成清晰的决策规则。此外，它还被用于数据挖掘中的客户行为分析，如邮政金融客户流失预测，能够将复杂数据转化为类似"流程图"的分支逻辑，便于人工决策与策略调整。

> **知识链接**
>
> ### 随机森林
>
> 随机森林可以看作是由多个决策树组成的一个"班级"，而单棵决策树则是这个班级中的一名"学生"。决策树通过一步步对数据特征进行提问，例如"作业完成率高吗"，从而将数据划分到不同的类别中。但单棵决策树容易因为过度学习训练数据中的细节而出现过拟合现象，导致在新数据上的表现不佳。
>
> 随机森林通过引入"投票机制"，将多棵决策树的预测结果进行整合，就像班级成员经过讨论后达成共识一样，能够显著降低单一决策树带来的偏差和方差。其核心思想是"三个臭皮匠，顶个诸葛亮"——即使其中一些决策树判断出现偏差，整体的结果仍然可以保持稳定和准确。
>
> 随机森林是机器学习中集成学习的代表算法，作为决策树的升级版，它体现了机器学习的核心思想——从数据中自动学习规律并做出决策，同时通过多模型协作克服单一

模型的局限性。

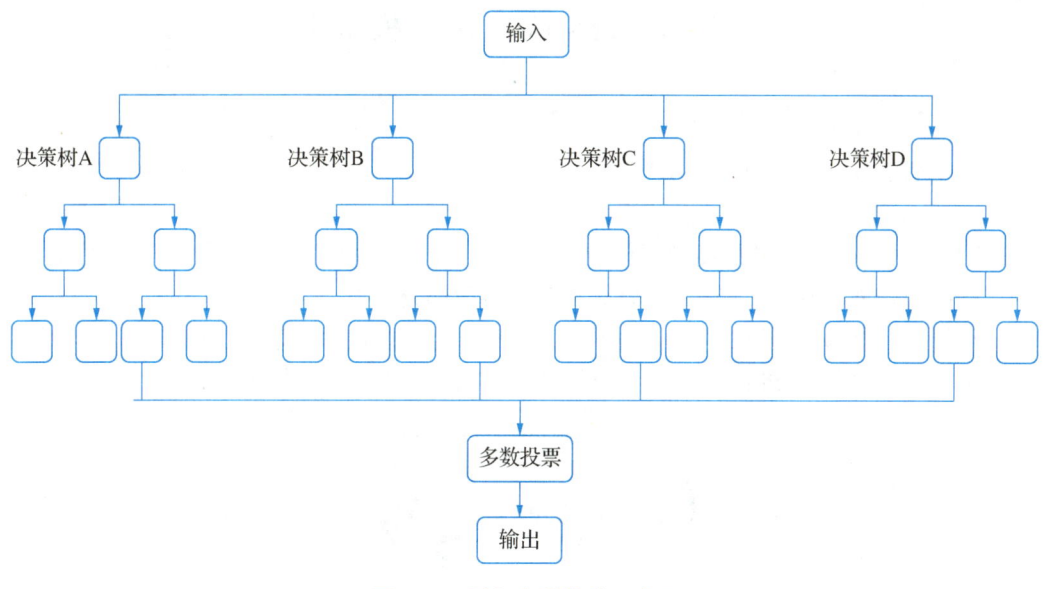

图 3-8 随机森林算法示意图

测一测

单选题

1. 决策树的基本结构包含以下哪一组节点？（　　）
   A. 根节点、父节点、子节点　　　　B. 根节点、内部节点、叶子节点
   C. 开始节点、中间节点、结束节点　D. 输入节点、处理节点、输出节点

2. 决策树的优点之一是其对数据缺失或异常值的容忍度较高，这体现了以下哪项特点？（　　）
   A. 自动特征选择能力　　　　　　　B. 强大的非线性建模能力
   C. 对数据清洗要求低　　　　　　　D. 模型可解释性强

3. 决策树容易出现"死记硬背"的问题，这主要指的是哪种现象？（　　）
   A. 计算效率低下　　　　　　　　　B. 模型过拟合
   C. 特征选择偏差　　　　　　　　　D. 分类结果不稳定

4. 在以下应用场景中，哪一项最适合作为决策树的应用案例？（　　）
   A. 预测股票价格的连续波动
   B. 根据学生特征分类成绩等级（优秀、及格、不及格）
   C. 生成复杂的文本摘要
   D. 实时翻译多语言对话

5. 决策树的以下缺点中，哪一项与模型稳定性直接相关？（　　）
   A. 对复杂关系建模能力弱　　　　　B. 需要大量计算资源
   C. 对训练数据变化敏感　　　　　　D. 无法处理离散特征

3.5 Transformer 模型

一、什么是 Transformer 模型

Transformer 是一种深度学习模型架构,专门用于处理像句子、图像这样的"序列数据"(按顺序排列的数据)。它由编码器和解码器两部分组成。

编码器:把输入数据(如一句话)转化为计算机能理解的数学表示。

解码器:根据编码器的输出生成目标结果,例如将中文翻译成英文。

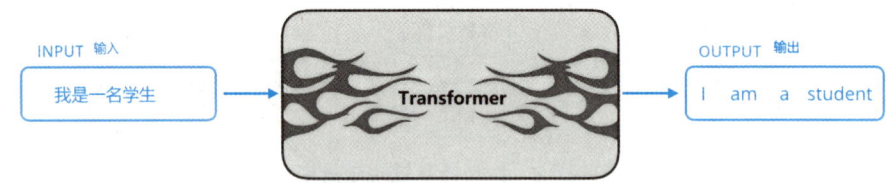

图 3-9 Transformer 将中文翻译为英文

Transformer 不需要逐字逐句地处理数据,而是通过一次性理解整个序列内容,如同人类阅读时能够瞬间把握整句话的含义。这种设计显著提升了处理长序列数据的效率和准确性。

二、Transformer 的核心特点

(一) 自注意力机制

自注意力机制是 Transformer 的核心技术,能够自动识别序列中最具关键性的部分。以句子"小明喜欢打篮球,因为他觉得运动很有趣"为例,模型能够准确识别"他"指代的是"小明",而非其他无关信息。

(二) 并行计算能力

并行计算能力是 Transformer 的另一大优势。传统模型按顺序逐字处理,如同流水线作业,而 Transformer 能够同时分析整个序列中的所有词汇,显著提升处理速度,这使 Transformer 更适合处理大规模数据。

(三) 可扩展性

Transformer 架构具有高度可扩展性。其结构能够灵活适配更大规模的模型和复杂任务,例如生成长篇文章或处理超大规模数据集。这种特性使其在自然语言处理、计算机视觉等领域展现出强大的适应能力,成为当前深度学习的主流框架之一。

> 知识链接

管窥"卷积神经网络"与"Transformer"

卷积神经网络(CNN)就像一个"显微镜观察者",它通过卷积层逐块扫描图像,提取边缘、纹理等局部特征,再通过采样层压缩数据,保留关键信息。例如,识别猫的图片时,CNN 会先找到耳朵的轮廓,再逐步组合成整只猫的特征。

Transformer 则像"全景相机",它通过自注意力机制,一次性分析整个序列(如一张图)中所有元素的关系。比如翻译"他喜欢篮球"时,Transformer 会直接关联"他"和"篮球",而非逐字处理。简而言之,CNN 是"细节专家",适合图像局部特征提取;Transformer 则是"全局大师",擅长复杂语义关联。

近年来,AI 研究出现混合架构,先用 CNN 提取局部特征,再用 Transformer 建模全局关系。例如,在医学图像分析中,CNN 定位病灶区域,Transformer 判断整体病情。

三、Transformer 模型的应用

Transformer 在多模态人工智能模型中扮演核心角色,其核心优势在于能够统一处理文本、图像、语音等多种模态数据,并通过自注意力机制实现跨模态的信息融合与交互。例如,多模态模型通过结合自然语言处理与计算机视觉能力,可实现图文生成、视觉常识推理等复杂任务,显著提升模型对多模态信息的综合理解能力。

在自然语言处理领域,Transformer 的自注意力机制显著提升了中英文翻译的效率和准确性。例如,讯飞翻译、百度翻译等工具均基于 Transformer 架构,通过捕捉长距离依赖关系优化翻译结果。

图 3-10 讯飞翻译平台

以中国大模型通义千问(Qwen)为例,其依托 Transformer 架构的统一多模态能力,在图文生成、语音识别及视觉常识推理等任务中展现出强大潜力。例如,2024 年,Qwen2 衍生模型数量已突破 10 万,稳居全球大开源模型榜首;而 2025 年,Qwen3 更是通过统一提示编码器实现了对语言、图像、视频等多模态指令的协同处理,为构建通用人

工智能(AGI)提供了重要支撑。

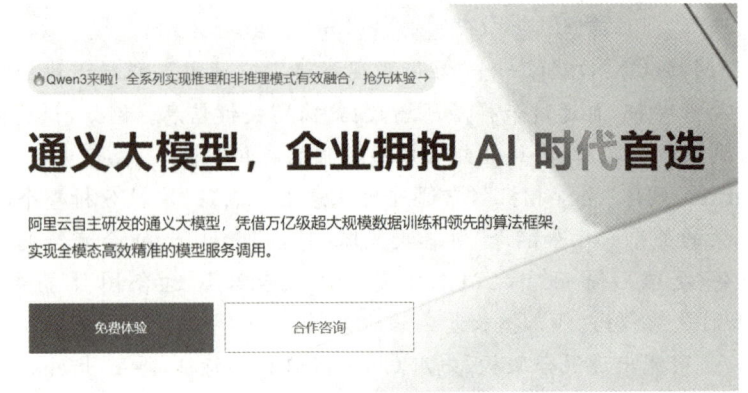

图 3-11 通义大模型

　　Transformer 正推动多模态统一,通过自注意力机制,同时处理文本、图像、语音,实现图文生成、视频理解等复杂任务,让 AI 更接近人类理解世界的方式。中国的通义千问(Qwen3)、豆包、智谱清言等模型正是这一趋势的典型代表。这些中国人工智能技术的突破不仅体现了中国科技企业在 AI 领域的自主创新实力,更彰显了国产大模型在全球竞争中的战略意义。以通义千问、DeepSeek 为代表的国产模型通过底层算法优化与多模态融合,打破了国外技术垄断,为我国在人工智能时代抢占科技制高点提供了核心支撑。作为新时代青年,我们应认识到 AI 技术对国家发展的重要性,积极学习前沿科技知识,为祖国的发展贡献力量!

测一测

单选题

1. 关于 Transformer 架构的组成,以下说法正确的是(　　)。

　A. 仅包含编码器

　B. 仅包含解码器

　C. 由编码器和解码器两部分组成

　D. 由卷积层和循环层组成

2. Transformer 的核心技术是(　　)。

　A. 卷积神经网络　　　　　　　　B. 自注意力机制

　C. 递归神经网络　　　　　　　　D. 决策树

3. 以下哪项是 Transformer 的并行计算能力带来的优势?(　　)

　A. 逐字处理数据

　B. 同时分析整个序列中的所有元素

　C. 依赖循环神经网络

　D. 仅适用于短序列数据

4. Transformer 的可扩展性体现在(　　)。

　A. 仅能处理文本数据

B. 无法适应大规模模型
C. 灵活适配更大规模模型和复杂任务
D. 仅适用于固定长度序列

5. 以下哪项是 Transformer 在实际应用中的典型场景？（   ）
A. 图像分类（如 ResNet）
B. 自然语言处理（如机器翻译）
C. 传统信号处理
D. 简单数据存储

> **练一练**

小组讨论：智能交通信号灯如何利用 AI 算法优化城市拥堵？分析遗传算法模拟车流进化、Transformer 分析路口流量。

1. 实训目的

在开始本实训之前，请认真阅读相关内容。

（1）理解遗传算法、Transformer 等 AI 技术对智能交通的作用。

（2）观察交通红绿灯调整规律。

（3）讨论 AI 优化交通对环保、通勤效率的社会价值。

2. 实训内容与步骤

开展头脑风暴小组讨论：传统固定时长信号灯的缺点有哪些？遗传算法如何通过"优胜劣汰"迭代出最佳红绿灯方案？Transformer 如何分析路口流量？使用思维导图绘制出"AI 赋能智能交通"对环保、通勤效率的社会价值。

记录小组讨论的主要观点，推选代表在课堂上简单阐述观点。

【实训总结】

【教师对实训的评价】

> **习题答案**

任务三习题答案

任务四
让机器能看会认

【案例导读】

图4-1 人形机器人进厂"打工"

"人形机器人进厂'打工'",身高172厘米,通体银色,一台台人形机器人在生产线上分拣物料、搬运料箱、安装零件……科幻电影里的场景照进现实。一款Walker S1工业人形机器人,现已进入位于浙江宁波前湾新区的吉利汽车极氪5G智慧工厂"打工"。一台身高135厘米的工业版人形机器人Walker S Lite正担任着搬运工,除了搬运,Walker S1还化身"质检员",凭借智能摄像头与深度学习模型,对车标及车灯实施毫米级无损伤检测,准确率超过99%,还可实时反馈检查结果。灵巧手,是人形机器人与外界交互的"最后1厘米"。依托高精度感知与自适应控制技术,Walker S1的五指灵巧,操作小尺寸且易变形的柔软薄膜物体,可以实现精密装配。2024年下半年以来,Walker S1陆续走进多家企业的车间,在多种生产场景下锤炼"打工"技能。

——胡健、程远州:《人形机器人进厂"打工"记》,"学习强国"平台,2025年4月23日,有删改

问题思考:

Walker S1工业人形机器人在多种复杂生产场景中展现出强大的适应性和高效性,它不仅能够精准搬运物料,还能进行毫米级的无损伤检测。那么,究竟是什么样的技术支撑了它在视觉识别和精密操作方面的卓越能力?它所依赖的图像识别模型和感知技术是如何实现如此精准的检测和操作的?

4.1 图像模式识别

让机器能看会认,离不开图像识别技术。目前,图像识别技术已广泛应用于金融、司法、军队、公安、边检、政府、航天、电力、工厂、教育、医疗等众多领域。随着技术的进一步成熟和社会认同度的提高,这一技术还将应用在更多的领域。下面我们将揭开机器是怎么实现能看会认的神秘面纱。

一、图像模式识别概述

模式识别原本是人类的一项基本智能,是指对表征事物或现象的各种形式的(数值的、文字的和逻辑关系的)信息进行处理和分析,以对事物或现象进行描述、辨认、分类和解释的过程,是信息科学和人工智能的重要组成部分。计算机图像模式识别是指利用计算机算法对图像中的模式进行自动检测、描述、分类和理解的技术。其核心目标是从图像中提取有意义的信息,分析和理解视觉信息。

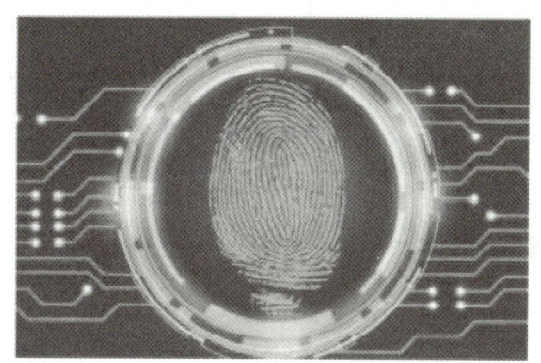

图4-2 计算机图像模式识别

应用计算机对一组事件或过程进行鉴别和分类,所识别的事件或过程可以是文字、声音、图像等具体对象,也可以是状态、程度等抽象对象。这些对象与数字形式的信息相区别,被称为模式信息。

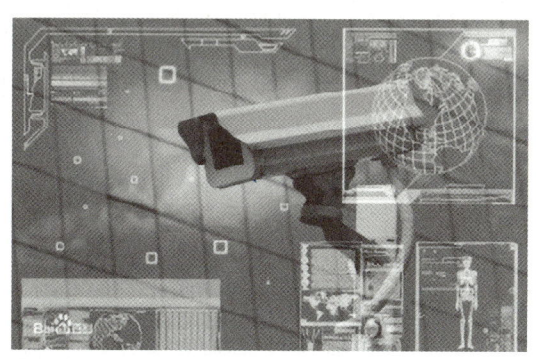

图4-3 视频监控系统中的模式识别

如图4-3视频监控系统中的模式识别,广泛用于安防、交通管理、智慧城市等领域,而模式识别技术是其智能化的核心。它能够自动分析视频内容,检测异常行为,识别目标物体或人员,并触发预警机制。

二、图像模式识别的应用

图像模式识别是人工智能领域的重要分支,通过算法对图像数据进行特征提取、分析和分类,广泛应用于多个行业。

(一) 安防与监控领域

图像模式识别在安防领域的应用旨在实现对人员、物体和场景的实时监测、识别和预警,提升公共安全和防范能力。如人脸识别、人员身份识别、可疑行为分析预警等。

(二) 医疗健康领域

在医疗领域,图像模式识别技术帮助医生更精准地解读医学影像,提升诊断效率和准确性,推动精准医疗的发展。如医学影像分析、病理切片分析等。

(三) 交通与智能驾驶领域

图像模式识别是智能驾驶的核心技术之一,用于环境感知、目标检测和路径规划,推动辅助驾驶向自动驾驶发展。如智能驾驶中的车辆实时感知道路环境、车道保持、自动避障与变道;智慧城市交通管理、停车场自动收费、高速公路 ETC 无感通行等。

(四) 工业与制造业领域

在工业场景中,图像模式识别技术用于生产过程的质量控制、自动化检测和设备维护,提升生产效率和产品质量。如工业产品视觉检测与缺陷识别、物流与仓储自动化方面等。

(五) 农业与环境监测领域

在农业和环境领域的应用旨在实现精准农业管理、作物监测和生态保护,推动可持续发展。如无人机航拍农田,分析作物生长状态;卫星图像分析森林砍伐、河流污染,红外相机监测野生动物活动等。

(六) 金融与零售领域

在金融和零售行业,图像模式识别技术用于提升用户体验、优化营销策略和防范风险。如金融风控与反欺诈,人员身份验证活体检测防止身份冒用;货架商品识别、顾客行为分析、虚拟试妆/试衣等。

图像模式识别技术正随着深度学习、传感器技术的发展不断突破,从"识别"迈向"理解"。未来,其与物联网、5G、边缘计算的结合将进一步拓展应用边界,例如智能家居中的实时环境感知、灾害救援中的废墟生命探测等。

> 测一测

一、单选题

1. 模式识别原本是(　　)一项基本智能。
   A. 人类　　　　B. 动物　　　　C. 计算机　　　　D. 人工智能
2. 下列哪项不属于图像模式识别在金融与零售领域的应用?(　　)
   A. 货架商品识别　　B. 顾客行为分析　　C. 医学影像诊断　　D. 虚拟试衣/试妆

二、判断题

3. 模式识别技术可以用于医学诊断,例如通过分析医学影像来辅助疾病检测。(　　)
4. 图像模式识别技术仅能应用于安防监控领域,无法在医疗健康或农业等其他领域发挥作用。(　　)

三、填空题

5. 在智能驾驶领域,图像模式识别技术主要用于_____、目标检测和路径规划,推动辅助驾驶向自动驾驶发展。
6. 图像模式识别技术在医疗健康领域的典型应用包括_____和病例切片分析,帮助医生提升诊断效率。

4.2　图像检测与分类

人工智能对图形识别和文本处理方面的需求尤为突出,且已经应用到我们的日常生活中,如人脸识别、车牌识别、城市智慧大脑项目中的目标检测和目标分类等。图4-4所示为交通路口图像中对各种车辆以及行人的识别分类。

图4-4　交通路口行人、车辆图像分类

图像检测与分类是机器视觉的核心任务,旨在自动识别图像中的目标物体并确定其类别。该技术首先通过特征提取(如边缘、纹理、颜色或深度学习生成的高维特征)分析图像内容,随后利用分类算法对目标进行类别判定。

图像检测的目标是将不同的图像,划分到不同的类别,实现最小的分类误差。总体来说,对于单标签的图像分类问题,它可以分为跨物种语义级别的图像分类、子类细粒度图像分类与实例级图像分类三大类别。

一、跨物种语义级别的图像分类

所谓跨物种语义级别的图像分类,是指在不同物种的层次上识别不同类别的对象,比较常见的如猫、狗分类等。这样的图像分类,各个类别之间因为属于不同的物种或大类,往往具有较大的类间方差,而类内则具有较小的类内误差。

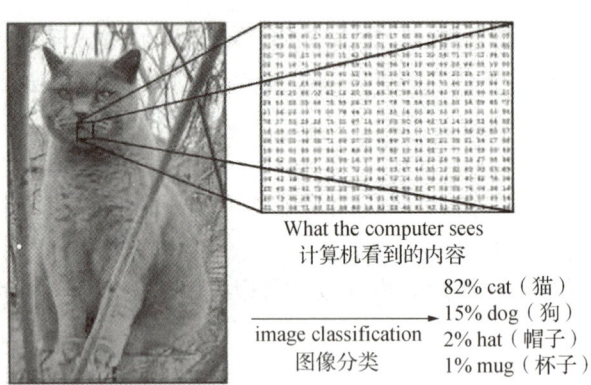

图 4-5　计算机视觉分析图像数据

二、子类细粒度图像分类

细粒度图像分类,相对于跨物种的图像分类,级别更低一些。它往往是同一个大类中的子类的分类,如不同鸟类的分类、不同狗类的分类、不同车型的分类等。

下面以不同鸟类的细粒度分类任务——加利福尼亚理工学院鸟类数据库 2011,即 Caltech UCSD Birds 200 2011 为例。这是一个包含 200 类、11 788 张图像的鸟类数据集,同时每一张图提供了 15 个局部区域位置,1 个标注框,还有语义级别的分割图。在该数据集中,以啄木鸟为例,总共包含 6 类,即三趾啄木鸟、毛啄木鸟、红腹啄木鸟、红冠啄木鸟、红头啄木鸟、绒毛啄木鸟,我们取其中两类各一张示意图查看,如图 4-6 所示。

图 4-6　两只非常相似的鸟的图像分类

从图 4-6 可以看出,两只鸟的纹理形状都很像,要想区分只能靠头部的颜色和纹理,所以要想训练出这样的分类器,就必须能够让分类器识别到这些区域,这是比跨物种语义级别的图像分类更难的问题。

三、实例级图像分类

如果我们要区分不同的个体,而不仅仅是物种类或者子类,那就是一个识别问题,或者说是实例级别的图像分类,最典型的任务就是人脸识别。

在人脸识别任务中,需要鉴别一个人的身份,从而完成考勤等任务。人脸识别一直是计算机视觉里面的重大课题,虽然经历了几十年的发展,但仍然有很大的提升空间,它的难点在于遮挡、光照、大姿态等经典难题,读者可以参考更多资料去学习。

> **知识链接**
>
> 人脸识别技术的应用
>
> 人脸识别技术在不同领域的应用已经变得日益广泛,其高效、准确的特性使它在安全监控、身份验证、社交媒体和客户服务等多个领域都发挥了重要作用。
>
> 在安全监控领域,人脸识别技术被广泛应用于公共场所的监控系统中。通过在监控设备中嵌入人脸识别算法,系统能够自动检测和识别出入人员的人脸特征,并与数据库中的人员信息进行比对。这有助于及时发现异常行为和潜在的安全隐患,提高公共场所的安全性和管理效率。在身份验证领域,人脸识别技术为各种场景提供了更加便捷和安全的身份验证方式。例如,在金融领域,银行、支付机构等通过人脸识别技术实现远程开户、支付验证等功能,提高了金融服务的便捷性和安全性。在门禁系统中,人脸识别技术也取代了传统的钥匙和门禁卡,使得进出更加便捷和安全。在社交媒体领域,人脸识别技术为用户提供更加个性化的体验。通过识别用户的人脸特征,社交媒体平台可以为用户推荐更加符合其兴趣和喜好的内容,提高用户黏性和活跃度。同时,人脸识别技术还可以用于用户身份验证,防止虚假账号和恶意行为的发生。在客户服务领域,人脸识别技术也发挥了重要作用。通过识别客户的人脸特征,企业可以为客户提供更加个性化的服务,如智能推荐、定制化营销等。同时,人脸识别技术还可以用于客户身份验证,提高客户服务的安全性和效率。
>
> 然而,人脸识别技术的广泛应用,也引发了一些隐私和伦理问题。因此,在应用人脸识别技术时,需要严格遵守相关法律法规和伦理规范,确保用户的数据安全和隐私得到保护。

图 4-7 人脸识别技术

> 测一测

一、单选题

1. 下列哪一项不属于图像检测与分类的核心任务？（　　）
   A. 特征提取　　　　　　　　　B. 目标物体识别
   C. 图像压缩存储　　　　　　　D. 类别判定

2. 在细粒度图像分类任务中，最大的挑战是（　　）。
   A. 需要区分完全不同的大类
   B. 依赖颜色特征即可完成分类
   C. 需要识别细微的局部特征差异
   D. 所有类别的图像背景完全一致

二、判断题

3. 跨物种语义级别的图像分类（如猫、狗分类）的难度高于细粒度分类（如不同鸟类分类）。（　　）

4. 人脸识别的挑战仅来源于图像分辨率不足。（　　）

三、填空题

5. 图像检测与分类首先通过_____（如边缘、纹理、颜色或深度学习生成的高维特征）分析图像内容。

6. 对于单标签的图像分类问题，它可以分为_____图像分类、_____图像分类以及实例级图像分类三大类别。

4.3　机器视觉与图像处理

具有图像处理能力的机器，相当于给机器安上了眼睛，使机器能够具有一定的图像识别和处理能力，可替代甚至胜过人类的眼睛。

一、机器视觉

机器视觉是人工智能正在快速发展的一个分支。简单地说，机器视觉就是用机器代替人眼来做测量和判断。机器视觉系统是通过图像摄取装置（如 CMOS 或 CCD）将被摄取目标转换成图像信号，传送给专用的图像处理系统，得到被摄目标的形态信息，根据像素分布和亮度、颜色等信息，转变成数字化信号；图像系统对这些信号进行各种运算来抽取目标的特征，进而根据判别的结果来控制现场的设备动作。

机器视觉是一项综合技术，包括图像处理、机械工程技术、控制、电光源照明、光学成像、传感器、模拟与数字视频技术、计算机软硬件技术（图像增强和分析算法、图像卡、I/O 卡等）。一个典型的机器视觉应用系统包括图像捕捉、光源系统、图像数字化模块、数字图像处理模块、智能判断决策模块和机械控制执行模块。

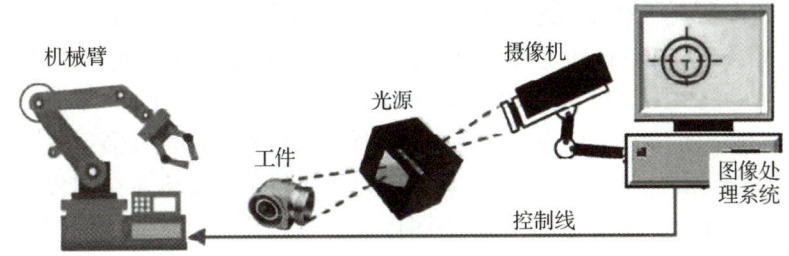

图 4-8　机器视觉系统

机器视觉系统最基本的特点就是提高生产的灵活性和自动化程度。在一些不适于人工作业的危险工作环境或者人工视觉难以满足要求的场合,常用机器视觉来替代人工视觉。同时,在大批量重复性工业生产过程中,用机器视觉检测方法可以大大提高生产的效率和自动化程度。

> **知识链接**
>
> ### 机器视觉发展史
>
> 机器视觉起源于20世纪50年代,早期研究主要从统计模式识别开始。工作主要集中在二维图像分析与识别上,如光学字符识别 OCR(Optical Character Recognition)、工件表面图片分析、显微图片和航空图片分析与解释。到了20世纪60年代,其研究前沿是以理解三维场景为目的的三维机器视觉。1965年,Roberts从数字图像中提取出诸如立方体、楔形体、棱柱体等多面体的三维结构,并对物体形状及物体的空间关系进行描述。他的研究工作开创了以理解三维场景为目的的三维机器视觉的研究。
>
> 20世纪70年代出现了一些视觉运动系统(Guzman 1969,Mackworth 1973)。与此同时,美国麻省理工学院的人工智能实验室正式开设"机器视觉"课程,由国际著名学者B.K.Ehorn教授讲授。大批著名学者进入麻省理工学院参与机器视觉理论、算法、系统设计的研究。1977年,David Marr教授在麻省理工学院的人工智能实验室领导一个以博士生为主体的研究小组,提出了不同于"积木世界"分析方法的计算视觉理论。该理论在20世纪80年代成为机器视觉研究领域中的一个十分重要的理论框架。
>
> 20世纪80年代到20世纪90年代中期,机器视觉蓬勃发展,新概念、新方法、新理论不断涌现,如基于感知特征群的物体识别理论框架、主动视觉理论框架、视觉集成理论框架等。
>
> 进入21世纪后,机器视觉技术的发展速度更快,已经大规模地应用于多个领域,如智能制造、智能交通、医疗卫生、安防监控等领域。到目前为止,机器视觉仍然是一个非常活跃的研究领域。
>
> ——戴丽娜、郑乐峰:《人脸识别技术应用的机遇与挑战》,"学习强国"平台,2019年12月26日,有删改

二、图像处理

图像处理是指将图像信号转换成数字信号并利用计算机对其进行处理的过程。图

像处理技术在许多应用领域受到广泛重视并取得了重大的开拓性成就,属于这些领域的有航空航天、生物医学工程、工业检测、机器人视觉、公安司法、军事制导、文化艺术等,使图像处理成为一门引人注目、前景远大的新兴学科。随着图像处理技术的深入发展,从20世纪70年代中期开始,计算机技术和人工智能、思维科学研究发展迅速,推动数字图像处理向更高、更深层次发展。人们已开始研究如何使用计算机系统解释图像,实现类似人类视觉系统理解外部世界,这被称为图像理解或计算机视觉。很多国家,特别是发达国家投入更多的人力、物力到这项研究中,取得了不少重要的研究成果。其中代表性的成果是20世纪70年代末麻省理工学院的David Marr教授提出的视觉计算理论,这个理论成为计算机视觉领域其后十多年的主导思想。图像理解虽然在理论方法研究上已取得不小的进展,但它本身是一个比较难的研究领域,存在不少问题,有待人们进一步探索。

近年来,随着深度学习(Deep Learning)、高性能计算(GPU/TPU)和大数据技术的突破,图像处理进入了智能化时代。如:生成式AI(Generative AI)、计算机视觉(Computer Vision)和多模态学习(Multimodal Learning)等技术推动图像处理在医疗、自动驾驶、AR/VR、遥感等领域实现革命性应用。

图4-9 图像处理应用场景

知识链接

图像处理主要研究的内容

1. 图像变换

由于图像阵列很大,直接在空间域中进行处理,涉及的计算量很大。因此,往往采用各种图像变换的方法,如傅立叶变换、沃尔什变换、离散余弦变换等间接处理技术。将空间域的处理转换成变换域处理,不仅可减少计算量,而且可获得更有效的处理效果(如傅立叶变换可在频域中进行数字滤波处理)。目前新兴研究的小波变换在时域和频域中都具有良好的局部化特性,它在图像处理中也有着广泛而有效的应用。

2. 图像编码

图像编码压缩技术可减少描述图像的数据量(即比特数),以便节省图像传输、处理时间和减少所占用的存储器容量。压缩可以在不失真的前提下获得,也可以在允许的失真条件下进行。编码是压缩技术中最重要的方法,它在图像处理技术中是发展最早且比较成熟的技术。

3. 图像增强和复原

图像增强和复原的目的是提高图像的质量,如去除噪点、提高图像的清晰度等。图像增强不考虑图像降质的原因,突出图像中所感兴趣的部分,如强化图像高频分量可使图像中物体轮廓清晰、细节明显,强化低频分量可减少图像中噪点影响。图像复原要求对图像降质的原因有一定的了解,一般应根据降质过程建立"降质模型",再采用某种滤波方法,恢复或重建原来的图像。

4. 图像分割

图像分割是数字图像处理中的关键技术之一。图像分割是将图像中有意义的特征部分提取出来,包括图像中的边缘、区域等,这是进一步进行图像识别、分析和理解的基础。虽然目前已研究出不少边缘提取、区域分割的方法,但还没有一种普遍适用于各种图像的有效方法。因此,对图像分割的研究还在不断深入之中,是目前图像处理中研究的热点之一。

5. 图像描述

图像描述是图像识别和理解的必要前提。作为最简单的二维图像可采用其几何特性描述物体的特性。一般图像的描述方法采用二维形状描述,它有边界描述和区域描述两类方法。对于特殊的纹理图像可采用二维纹理特征描述。随着图像处理研究的深入发展,关于三维物体描述的研究已出现了,提出了体积描述、表面描述、广义圆柱体描述等方法。

6. 图像分类

图像分类属于模式识别的范畴,其主要内容是图像经过某些预处理(增强、复原、压缩)后,进行图像分割和特征提取,从而进行判决分类。图像分类常采用经典的模式识别方法,有统计模式分类和结构(句法)模式分类。近年来,新发展起来的模糊模式识别和人工神经网络模式分类在图像识别中也越来越受到重视。

——李竹主讲:《数字图像处理》,"学习强国"平台,2024 年 9 月 6 日,有删改

测一测

一、单选题

1. 具有智能图像处理功能的(　　),相当于给机器安上了眼睛。
A. 机器视觉　　　B. 图像识别　　　C. 图像处理　　　D. 信息视频

2. 以下哪项不属于图像处理的主要研究内容?(　　)
A. 图像变换　　　B. 图像编码　　　C. 图像降噪　　　D. 图像打印

二、判断题

3. 机器视觉系统可以通过图像处理技术替代人工视觉,适用于危险环境或大批量重复性工业生产。　　　　　　　　　　　　　　　　　　　　　　　　(　　)

4. 图像分割是图像处理中的简单任务,目前已存在普遍适用于所有图像的高效分割方法。　　　　　　　　　　　　　　　　　　　　　　　　　　　　(　　)

三、填空题

5. 机器视觉系统通过_____（如 CMOS 或 CCD）将目标转换成图像信号，再传送给专用的图像处理系统进行分析处理。

6. _____是数字图像处理的关键技术之一，其目的是将有意义的图像特征（如边缘、区域等）提取出来，为后续识别分析奠定基础。

4.4　智能图像识别技术

智能图像识别技术是信息时代的一门重要的技术，其产生目的是让计算机代替人类去处理大量的物理信息。随着计算机技术的发展，人类对图像识别技术的认识越来越深刻。本节主要介绍图像识别的过程与技术分析。

一、图像识别的过程

既然计算机的图像识别技术与人类的图像识别原理相同，那它们的过程也是大同小异的。图像识别技术的过程分以下几步：信息的获取、预处理、特征抽取和选择、分类器设计和分类决策。

信息的获取是指通过传感器，将光或声音等信息转化为电信息，也就是获取研究对象的基本信息并通过某种方法将其转变为机器能够认识的信息。

预处理主要是指图像处理中的去噪、平滑、变换等的操作，从而加强图像的重要特征。

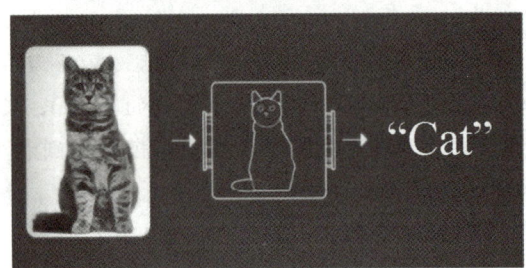

图 4-10　机器深度学习进行智能图像识别

特征抽取和选择是指在模式识别中，需要进行特征的抽取和选择。简单理解就是，我们所研究的图像是各式各样的，如果要利用某种方法将它们区分开，就要通过这些图像所具有的本身特征来识别，而获取这些特征的过程就是特征抽取。在特征抽取中所得到的特征也许对此次识别并不都是有用的，这个时候就要提取有用的特征，这就是特征的选择。特征抽取和选择在图像识别过程中是非常关键的技术之一，所以对这一步的理解是图像识别的重点。

分类器设计是指通过训练而得到一种识别规则，通过此识别规则可以得到一种特征分类，使图像识别技术能够得到高识别率。分类决策是指在特征空间中对被识别对象进行分类，从而更好地识别所研究的对象具体属于哪一类。

二、神经网络的图像识别技术

神经网络图像识别技术是一种比较新型的图像识别技术，是在传统的图像识别方法和基础上融合神经网络算法的一种图像识别方法。这里的神经网络是指人工神经网络，也就是说这种神经网络并不是动物本身所具有的真正的神经网络,而是人类模仿动物神经网络后人工生成的。在神经网络图像识别技术中,遗传算法与BP网络相融合的神经网络图像识别模型是非常经典的,广泛应用于诸多领域。在图像识别系统中利用神经网络系统,一般会先提取图像的特征,再利用图像所具有的特征映射到神经网络进行图像识别分类。以汽车牌照自动识别技术为例,当汽车通过的时候,汽车自身具有的检测设备会有所感应,此时检测设备就会启用图像采集装置来获取汽车正反面的图像,获取了图像后必须将图像上传到计算机进行保存以便识别,最后车牌定位模块就会提取车牌信息,对车牌上的字符进行识别并显示最终的结果。对车牌上的字符进行识别的过程就用到了基于模板匹配算法和基于人工神经网络算法。

图 4-11 电子警察车牌识别

知识链接

停车场车牌识别系统

一个车牌识别系统的基本硬件配置是由摄像机、主控机、采集卡、照明装置组成,而软件则是由一个具有车牌识别功能的图像分析和处理软件,以及一个满足具体应用需求的后台管理软件组成。

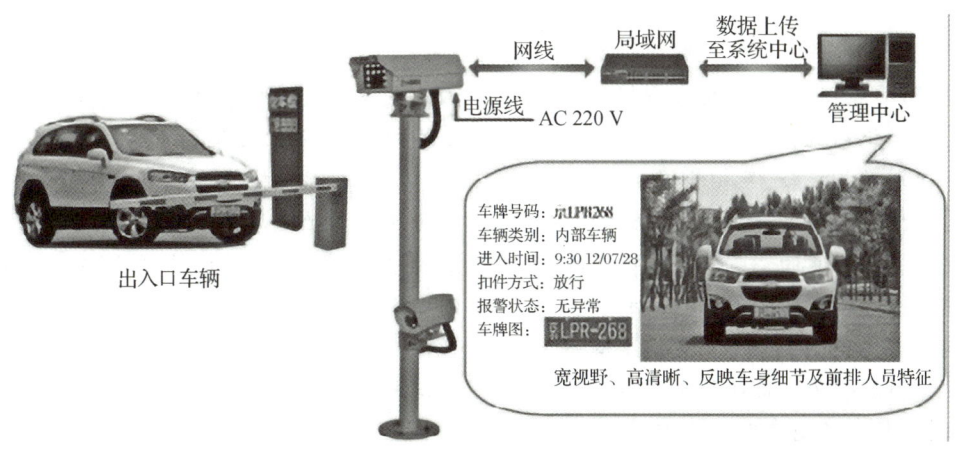

图 4-12 车牌识别系统

车牌识别系统于是出现了两种产品：一是软、硬件一体，或者用硬件实现识别功能模块，形成一个全硬件的车牌识别器，例如DSP；二是开放式的软、硬件体系，即硬件采用标准工业产品，软件作为嵌入式软件。两种产品各有优缺点。开放式体系的优点是由于硬件采用标准工业产品，运行维护容易掌握，备品备件采购可以从任意一家厂商获得，不用担心因为一家厂商倒闭或供货不足而出现产品永久失效或采购困难；而软、硬件一体化产品，对于使用者而言，使用产品时更易操作及控制，对于后期的维护调试也更易于掌握。

1. 识别流程

车牌自动识别是一项利用车辆的动态视频或静态图像进行牌照号码、牌照颜色自动识别的模式识别技术。其硬件基础一般包括触发设备（监测车辆是否进入视野）、摄像设备、照明设备、图像采集设备、识别车牌号码的处理机（如计算机）等，其软件核心包括车牌定位算法、车牌字符分割算法和光学字符识别算法等。某些车牌识别系统还具有通过视频图像判断是否有车的功能，称之为视频车辆检测。

一个完整的车牌识别系统应包括车辆检测、图像采集、车牌识别等几部分。车辆检测单元检测到车辆到达时触发图像采集单元，采集当前的视频图像。车牌识别单元对图像进行处理，定位出牌照位置，再将牌照中的字符分割出来进行识别，然后组成牌照号码输出。

2. 车辆检测

车辆检测可以采用埋地线圈检测、红外检测、雷达检测技术、视频检测等多种方式。采用视频检测可以避免破坏路面、不必附加外部检测设备、不需矫正触发位置、节省开支，而且更适合移动式、便携式应用的要求。

系统进行视频车辆检测，需要具备很高的处理速度，并采用优秀的算法，在基本不丢帧的情况下实现图像采集、处理。若处理速度慢，则导致丢帧，使系统无法检测到行驶速度较快的车辆，同时也难以保证在有利于识别的位置开始识别处理，影响系统识别率。因此，将视频车辆检测与牌照自动识别相结合具备一定的技术难度。

3. 号码识别

为了进行车牌识别，需要以下几个基本的步骤。

(1) 牌照定位：定位图片中的牌照位置。

(2) 牌照字符分割：把牌照中的字符分割出来。

(3) 牌照字符识别：把分割好的字符进行识别，最终组成牌照号码。

车牌识别过程中，牌照颜色的识别依据算法不同，可能在上述不同步骤实现，通常与车牌识别互相配合、互相验证。

实际应用中，车牌识别系统的识别率还与牌照质量和拍摄质量密切相关。牌照质量会受到各种因素的影响，如生锈、污损、油漆剥落、字体褪色、牌照被遮挡、牌照倾斜、高亮反光、多牌照、假牌照等；实际拍摄过程也会受到环境亮度、拍摄方式、车辆速度等因素的影响。这些影响因素不同程度上降低了车牌识别的识别率，也正是车牌识别系统的困难和挑战所在。为了提高识别率，除了不断地完善识别算法还应该想办法克服各种光照条件，使采集到的图像有利于识别。

——《每日科技名词｜自动车辆识别技术》，"学习强国"平台，2022年5月26日，有删改

> 测一测

一、单选题

1. 图像识别技术的过程不包括以下哪一步？（　　）
   A. 信息获取　　　B. 预处理　　　C. 数据加密　　　D. 分类决策
2. 神经网络图像识别技术中的"神经网络"是指（　　）。
   A. 动物真实的神经网络　　　　B. 模仿动物神经网络的人工系统
   C. 生物神经元组成的网络　　　D. 仅用于医学影像的技术

二、判断题

3. 车牌识别系统的识别率仅取决于识别算法，与牌照质量和拍摄质量无关。
（　　）
4. 车辆检测可以采用埋地线圈检测、红外检测、雷达检测技术、视频检测等多种方式。
（　　）

三、填空题

5. 图像识别技术的过程分以下几步：_____、_____、_____、分类器设计和分类决策。
6. 一个完整的车牌识别系统应包括_____、_____、_____等几部分。

4.5　图像识别技术的典型应用

　　图像识别技术在公共安全、生物、工业、农业、交通、医疗等很多领域都有应用。例如，交通方面的车牌识别系统，公共安全方面的人脸识别技术、指纹识别技术，农业方面的种子识别技术、食品品质检测技术，医学方面的心电图识别技术等。随着计算机技术的不断发展，图像识别技术也在不断地优化，其算法也在不断地改进。图像是人类获取和交换信息的主要来源，因此与图像相关的图像识别技术必定也是未来的研究重点。

　　图像识别技术虽然是刚兴起的技术，但其应用已是相当广泛。并且，图像识别技术也在不断地成长，随着科技的不断进步，人类对图像识别技术的认识也会更加深刻。未来图像识别技术将会更加强大、更加智能地出现在我们的生活中，为人类社会的更多领域带来重大的应用。在21世纪这个信息化的时代，我们无法想象离开了图像识别技术以后的生活会变成什么样。图像识别技术是人类现在以及未来生活必不可少的一项技术。

　　其实对于图像识别技术，大家已经不陌生，人脸识别、虹膜识别、指纹识别等都属于这个范畴，但是图像识别远不止如此，它涵盖了生物识别、物体与场景识别、视频识别三大类。发展至今，尽管与理想还相距甚远，但日渐成熟的图像识别技术已开始探索在各类行业的应用。

一、工业自动化生产

　　随着技术的不断进步，图像识别技术在工业自动化中的应用越来越广泛，从提高产品质量控制的准确性到优化生产流程,再到增强机器人的自主性,它的影响无处不在。这些技术不仅提高了生产效率,降低了成本,还极大地提升了工业生产的安全性和可靠性。图像识别在工业自动化中的应用非常广泛,主要有以下应用场景。

(一) 生产质量控制

在制造业中,质量控制是生产过程的关键环节。传统的质量检查往往依赖人工,这不仅效率低下,成本高昂,而且受人为因素影响较大。通过应用图像识别技术,机器视觉系统可以自动检测产品是否存在缺陷,从而大幅提升检测速度和准确率。

(二) 物体检测与分拣

物体检测是图像识别在工业中的另一大重要应用。工业生产线通常会处理大量不同类型的物体,而这些物体可能根据大小、形状或颜色进行分类。图像识别技术能够实现这些物体的自动识别和分类,极大地提高了分拣的效率。

(三) 机器人视觉导航

随着工业自动化的深入,越来越多的机器人被应用到工厂中执行复杂的任务。在这些应用中,机器人需要依靠视觉系统进行导航。通过图像识别,机器人能够实时感知周围的环境,识别出障碍物、路径标志或其他物体,进而自主规划路径或执行特定任务。

(四) 安全监控

工业车间的环境往往较为复杂,存在很多安全隐患。通过图像识别技术,可以实时监控工人的行为,确保其遵循安全规范。例如,系统可以检测工人是否佩戴安全帽,是否进入了危险区域等。一旦发现违规操作,系统可以立即发出警告,防止潜在事故的发生。

图像识别应用在工业自动化中,这一技术正以其独特的能力,改变着传统的制造业。从提高生产效率到增强安全性,从优化质量控制到提升机器人的自主导航能力,图像识别技术正成为工业 4.0 革命的催化剂。图像识别技术已成为工业智能化的核心驱动力,从传统质检迈向全流程自动化。

图 4-13 全流程自动化工业生产线

二、智能家居

在智能家居领域,我们利用摄像头获取到图像,通过图像识别技术识别出图像的内容,从而做出不同的响应。例如,我们在门口安装了摄像头,当有物体出现在摄像头范围内的时候,摄像头自动拍摄下图像进行识别,如果发现是可疑的人或物体,就可以及时报警给户主。如果图像和主人的面部相匹配,则会主动为主人开门。还有家庭用的智能机器人,通过图像识别技术可以对物体进行识别,并且实现对人的跟随,搭配上人工智能系统,它能分辨出你是它的哪个主人,并且能与你进行一些简单的互动,比如检测到是家里的老人,它可能会为你测一测血压;如果是小孩子,它可能给你讲个故事。

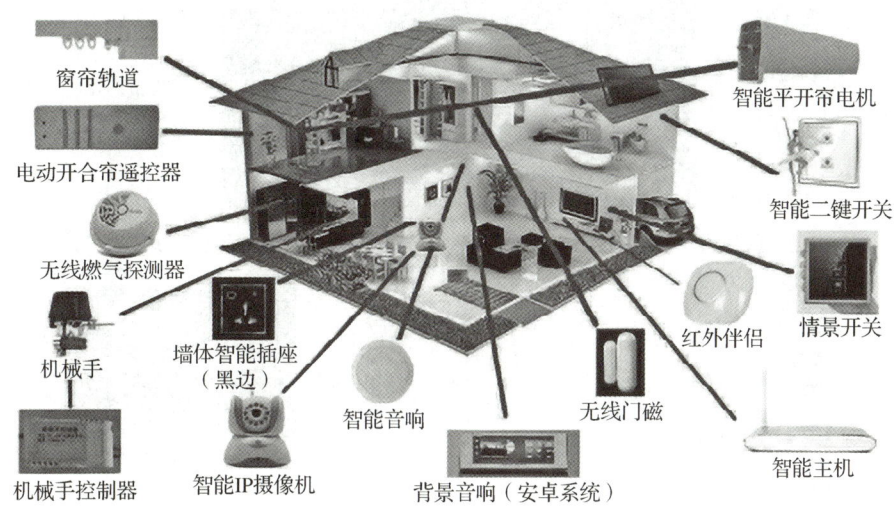

图 4-14 图像识别在智能家居中的应用

三、智能电商购物

网购时,消费者使用的"相似款(拍照识别/扫描识别)"搜索功能,就是基于图像识别技术而产生的。当消费者将鼠标停留在感兴趣的商品上后,就可以选择查看相似的款式;同时通过调整算法,还能够更好地预测消费者的意图,即使搜索结果不能提供完全匹配的商品,也会为消费者推荐最为相关的商品,尽量满足消费者的购物需求。这对于商家来说,也是一种从外界导流和提高移动端用户黏度的方式之一。

图 4-15 图像识别在智能电商购物中的应用

四、智能农林业

在农林行业方面,图像识别技术已在多个环节中得到应用。例如,森林调查,通过无人机对图像进行采集,再通过图像分析系统对森林树种的覆盖比例、林木的健康状况进行分析,从而可以做出更科学的开采方案。而原木检验方面,图像识别可以快速地对木材的树种、优劣、规格进行判断,可省去大量人工参与的环节。

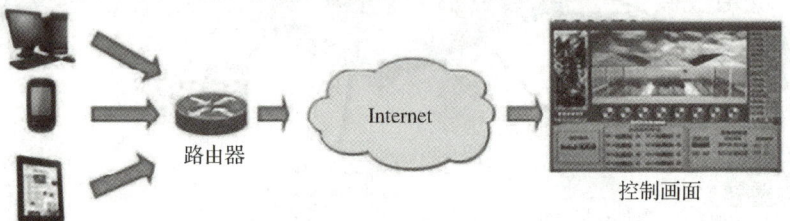

图 4-16 图像识别在智能农林业中的应用

五、智慧金融

在金融领域,身份识别和智能支付将提高身份安全性与支付的效率和质量。比如,在传统金融中,用户在申请银行贷款或证券开户时,均必须到实体门店做身份信息核实,完成面签。如今,通过人脸识别技术,用户只需要打开手机摄像头,自拍一张照片,系统将会做一个活体检测,并进行一系列的验证、匹配和判定,最终会判断这个照片是否用户本人操作,完成身份核验。

图 4-17 人脸识别支付

六、智慧医疗

未来,将图像识别技术应用到医疗领域,可以更精准、更快速地分辨 X 光片、MRI 和 CT 扫描图片,上至诊断预防癌症,下至加速发现治病救命的新药。一个放射科医生一生可以看上万张扫描图像,但是,一台计算机可能会看上千万张。让计算机来解决图像的问题,这听起来并不疯狂。

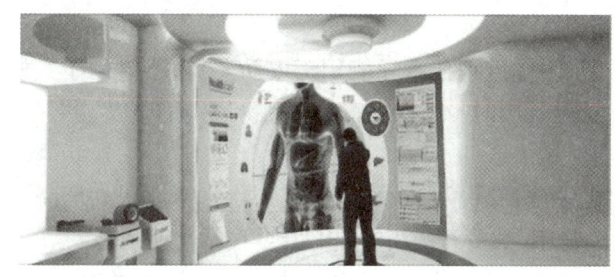

图 4-18　图像识别在智慧医疗中应用

七、智慧教育与娱乐监管

在教育领域,图像识别技术可以用于辅助教学和个性化学习资源的推荐。例如,自动化阅卷与作业批改,减少人工阅卷时间;通过识别学生的手写笔记或作业中的错误内容,教师可以更高效地指导学生进行学习。图像识别技术在教育中的应用核心是"辅助而非替代",通过减轻教师机械性负担、提供数据洞察,最终服务于"因材施教"的目标。

在娱乐监管方面以视频直播为例,直播内容的审查鉴定可以从以下几个步骤展开:①识别图像中是否存在人物体征,统计人数;②识别图像中人物的性别、年龄区间;③识别人物的肤色、肢体器官暴露程度;④识别人物的肢体轮廓,分析动作行为。除了图像识别之外,还可以从音频信息中提取关键特征,判断是否存在敏感信息;实时分析弹幕文本内容,判断当前视频是否存在违规行为,动态调节图像采集频率。

此外,在机器人、无人机、自动驾驶、交通、食品检测、教育、古玩等行业中,图像识别也有不同程度的应用。

据估算,截至 2025 年,生物识别技术市场规模已达到 500 亿美元,5 年内年均增速约 20%,预计到 2030 年,市场规模将达到 800 亿—1000 亿美元,其中,人脸识别增速最快,从 2020 年的 9 亿美元增长到 2025 年的 24 亿美元。在物体与场景识别中,机器视觉是一个重要的部分,预计 2030 年,全球机器视觉系统及部件市场规模达到 200 亿美元。视频识别受益于安防、金融支付和智慧城市应用,我国未来 5 年总体年增长率仍将保持在 22% 左右,高于全球平均增速,到 2030 年有望达到 500 亿—600 亿美元。在智能化设备和应用迅速普及的今天,图像识别将向多模态、自监督和通用 AI 演进,未来将在医疗、自动驾驶、元宇宙等领域持续突破。

测一测

一、单选题

1. 图像识别技术在工业自动化中的应用不包括以下哪一项？（　　）
   A. 生产质量控制　　B. 机器人视觉导航　C. 金融支付验证　　D. 安全监控
2. 在智慧金融领域，图像识别技术主要用于（　　）。
   A. 股票市场预测　　　　　　　　　B. 人脸识别身份核验
   C. 自动贷款审批　　　　　　　　　D. 银行柜台服务优化

二、判断题

3. 在智能家居中，图像识别技术只能用于安防监控，不能用于人机交互。（　　）
4. 人脸识别、虹膜识别和指纹识别都属于生物识别的范畴。（　　）

三、填空题

5. 在工业自动化中，图像识别技术可用于_____，以提高产品质量检测的准确性。
6. 在智能电商购物中，消费者使用的"相似款"搜索功能是基于_____技术实现的。

练一练

小组讨论：你觉得人工智能中对图像的分类有哪些应用场景？

1. 实训目的

在开始本实训前，请认真阅读相关内容。

(1) 熟悉图像分类的概念。

(2) 熟悉图像分类的类别。

2. 实训步骤

(1) 开展头脑风暴小组讨论：随着人工智能技术的不断提升，其对图像的物体识别能力也越来越高，将来能够超越人类吗？

(2) 记录小组讨论的主要观点，推选代表在课堂上简单阐述观点。

【实训总结】

_____
_____
_____

【教师对实训的评价】

_____
_____
_____
_____

习题答案

任务四习题答案

任务五
让机器能说会道

【案例导读】

你知道吗？现在的"学习强国"平台已经能像科幻电影里的 AI 管家一样"聪明"啦！2024年，"学习强国"和科大讯飞联手开发了一套"1个核心＋多种应用"的智能系统，用最新的人工智能技术，打造了超多实用的学习工具。比如，你在开会时用他们的智能耳机，说的话能立刻转成文字记录，还能翻译成不同语言；耳机还会根据你平时在平台上的学习内容，自动整理出专属的"学习重点"，简直像有个贴身学习助手！还有专门为有听力障碍的朋友设计了"强国之声"助听器，不仅能过滤环境噪声、精准捕捉人声，还能一键连接"学习强国"，让用户轻松"边听边学"。更厉害的是，这套技术还能听懂各种方言，比如客家话、粤语，让不同地区的用户都能无障碍使用。这样一来，无论是基层群众还是"学生党"，都能用最简单的方式享受智能学习的便利，再也不用担心复杂的操作啦！

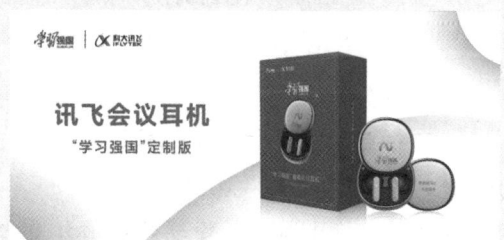

图 5-1　讯飞会议耳机"学习强国"定制版 iFLYBUDS Nano＋

——《讯飞会议耳机与"学习强国"学习平台携手打造 AI 学习新风尚》，科大讯飞官网，2024年3月1日，有删改

问题思考：

智能语音技术的应用，如何平衡"技术普惠"与"用户隐私保护"之间的矛盾？请结合案例中的方言识别、伴随式学习等功能，分析其社会效益与潜在风险。

5.1 语音识别系统

语言是人与人之间最重要的交流方式,能与机器进行自然的人机交流是人类一直期待的事情。随着人工智能的快速发展,语音识别系统作为人机交流的关键接口,发展迅速,在 AI 领域也是热门研究课题。

一、什么是语音识别系统

语音识别(Automatic Speech Recognition,ASR)是以语音为研究对象,通过语音信号处理和模式识别让机器自动识别和理解人类口述的语言。语音识别技术就是让机器通过识别和理解过程把语音信号转变为相应的文本或命令的高技术。语音识别是一门涉及面很广的交叉学科,它与声学、语音学、语言学、信息理论、模式识别理论以及神经生物学等学科都有非常密切的关系。

语音识别系统的技术原理是模式识别,其一般过程可以总结为:预处理—特征提取—基于语音模型库下的模式匹配—基于语言模型库下的语言处理—完成识别。

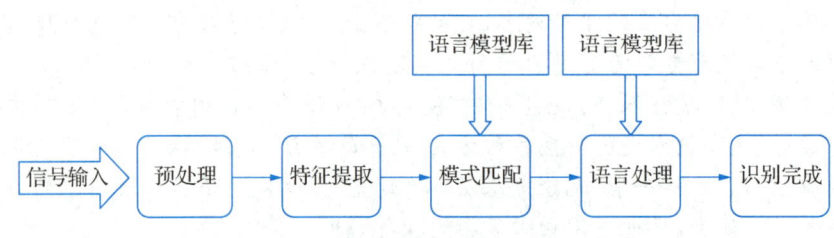

图 5-2 语音识别系统的技术原理

> **知识链接**
>
> #### 语音输入所面临的困境
>
> 语音输入所面对的环境是复杂的,主要存在以下问题:
>
> 1. 对自然语言的识别和理解。首先必须将连续的讲话分解为词、音素等单位,其次要建立一个理解语义的规则。
>
> 2. 语音信息量大。语音模式不仅对不同的说话人不同,对同一说话人也是不同的。例如,一个人在随意说话和认真说话时的语音信息是不同的。一个人的说话方式随着时间而变化。
>
> 3. 语音的模糊性。说话者在讲话时,不同的词可能听起来是相似的。这在英语和汉语中较为常见。
>
> 4. 单个字母或字、词的语音特性受上下文的影响,以致改变了重音、音调、音量和发音速度等。
>
> 5. 环境噪声和干扰对语音识别有严重影响,致使识别率低。

(一)预处理

声音的实质是波。语音识别所使用的音频文件格式必须是未经压缩处理的文件,如人类正常的语音输入等。由于环境相关问题,预处理环节需要做到三个方面:静音切除、噪声处理和语音增强。

1. 静音切除

静音切除又称语音边界检测或者说是端点检测,是指在语音信号中将语音和非语音信号时段区分开来,准确地确定出语音信号的起始点,然后从连续的语音流中检测出有效的语音段。它包括两个方面:检测出有效语音的起始点(前端点),检测出有效语音的结束点(后端点)。经过端点检测后,后续处理就可以只对语音信号进行,这对提高模型的精确度和识别正确率有重要作用。

在语音应用中进行语音的端点检测是很必要的。一方面,在存储或传输语音的场景下,从连续的语音流中分离出有效语音,可以降低存储或传输的数据量。另一方面,在有些应用场景中,使用端点检测可以简化人机交互,比如在录音的场景中,语音后端点检测可以省略结束录音的操作。有些产品已经使用循环神经网络(Recurrent Neural Network,RNN)技术来进行语音的端点检测。

2. 噪声处理

实际采集到的音频通常会有一定强度的背景音,这些背景音一般是背景噪声。当背景噪声强度较大时,会对语音应用的效果产生明显的影响,比如语音识别率降低、端点检测灵敏度下降等,因此在语音的前端处理中进行噪声抑制是很有必要的。噪声抑制的一般流程为:先用录音开头的纯噪音段建立"噪音模板",接着将声音切分成20—40毫秒的小段逐段分析,再从每段声音的频谱中减去噪音模板的能量,同时动态更新模板以应对环境变化(如突然的关门声),最后将降噪后的频谱特征重新合成为清晰语音。降噪过程是将含噪语音反向补偿之后得到降噪后的语音。

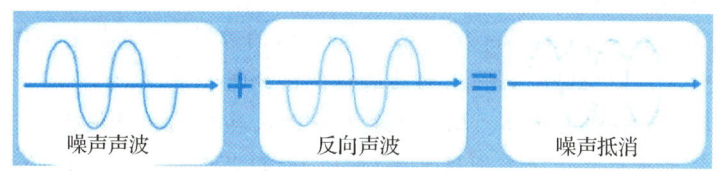

图 5-3 降噪过程

3. 语音增强

这个过程的主要任务就是消除环境噪声对语音的影响。目前,比较常见的语音增强方法很多。其中,基于短时谱估计增强算法中的谱减法及其改进形式是较为常用的,因为它的运算量较小,容易即时实现,而且增强效果也较好。此外,人们也在尝试将人工智能、隐马尔可夫模型(Hidden Markov Model,HMM)、神经网络和粒子滤波器等理论用于语音增强,但目前尚未取得实质性进展。

(二)声学特征提取

人通过声道产生声音,声道的形状决定了发出怎样的声音。声道的形状包括舌头、牙齿等。如果我们可以准确地知道这个形状,那么就可以对产生的音素进行准确的描述。声道的形状在语音短时可以由功率谱的包络中显示出来。因此,准确描述这一包络的特征就是声学特征识别步骤的主要功能。接收端接收到的语音信号经过上文的预处理以后便得到有效的语音信号,对每一帧波形进行声学特征提取便可以得到一个多维向量。这个向量便包含了一帧波形的内容信息,为后续的进一步识别做准备。

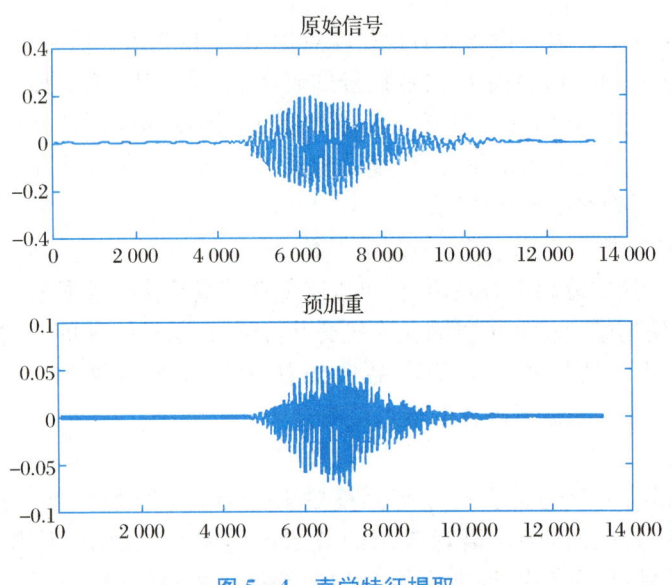

图 5-4 声学特征提取

> 知识链接

MFCC 声学特征

1. MFCC 简介

MFCC 是 Mel-Frequency Cepstral Coefficients 的缩写,顾名思义,MFCC 特征提取包含两个关键步骤:转化到梅尔频率,然后进行倒谱分析。

Mel 是频率倒谱系数的缩写。Mel 频率是基于人耳听觉特性提出来的,它与 Hz 频率呈非线性对应关系。Mel 频率倒谱系数(MFCC)则是利用它们之间的这种关系计算得到的 Hz 频谱特征。

2. MFCC 提取流程

MFCC 参数的提取包括以下步骤。

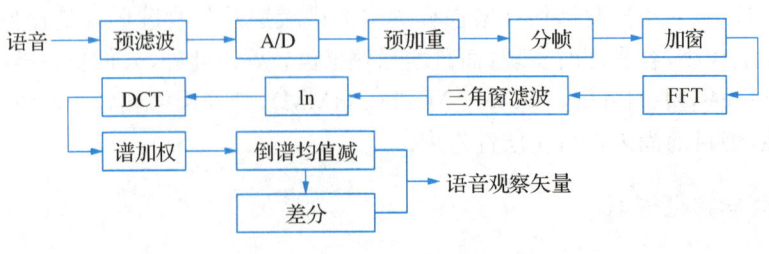

图 5-5 MFCC 提取流程

其中，A/D 指将模拟信号转换成数字信号；FFT 是快速傅立叶变换（Fast Fourier Transformation），将时域信号变换成信号的功率谱；ln 是求对数，三角窗滤波器组的输出求取对数，可以得到近似于同态变换的结果；DCT 是离散余弦变换（Discrete Cosine Transform），用于去除各维信号之间的相关性，将信号映射到低维空间。

——https://blog.csdn.net/xmdxcsj/article/details/51228791

（三）模式匹配和语言处理

通过语音特征分析以后，接下来就是模式匹配和语言处理。声学模型是识别系统的底层模型，并且是语音识别系统中最关键的一部分。声学模型的目的是提供一种有效的方法计算语音的特征矢量序列和每个发音模板之间的距离。声学模型的设计和语言发音特点密切相关，声学模型单元大小（字发音模型、半音节模型或音素模型）对语音训练数据量大小、系统识别率以及灵活性有较大的影响。必须根据不同语言的特点、识别系统词汇量的大小决定识别单元的大小。

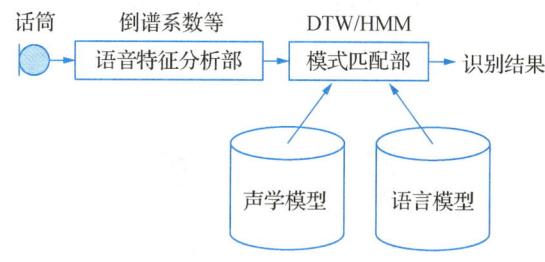

图 5-6　模式匹配和语言处理

语言模型对中、大词汇量的语音识别系统特别重要。当分类发生错误时，可以根据语言学模型、语法结构、语义学进行判断纠正，特别是一些同音字则必须通过上下文结构才能确定词义。语言学理论包括语义结构、语法规则、语言的数学描述模型等有关方面。目前比较成功的语言模型通常是采用统计语法的语言模型与基于规则语法结构命令的语言模型。语法结构可以限定不同词之间的相互连接关系，减少了识别系统的搜索空间，这有利于提高系统的识别效率。语音识别过程实际上是一种认识过程。就像人们听语音时，并不把语音和语言的语法结构、语义结构分开来，因为当语音发音模糊时人们可以用这些知识来指导对语言的理解过程。但是对机器来说，识别系统也要利用这些方面的知识，只是如何有效地描述这些语法和语义还有困难，比如：

(1)小词汇量语音识别系统，即通常包括几十个词的语音识别系统。

(2)中等词汇量的语音识别系统，即通常包括几百至上千个词的识别系统。

(3)大词汇量语音识别系统，即通常包括几千至几万个词的语音识别系统。

这些不同的限制也决定了语音识别系统的困难程度。模式匹配部是语音识别系统的关键组成部分，它一般采用"基于模式匹配方式的语音识别技术"或者采用"基于统计模型方式的语音识别技术"。前者主要是指动态时间规整算法（Dynamic Time Warping，DTW），后者主要是指隐马尔可夫模型（HMM）。

二、语音识别的优缺点

语音识别使用户可以通过直接与他们的语音识别技术工具交谈,以实现多项任务。通过使用机器学习和复杂的算法,语音识别技术可以快速将用户的口语转换为书面文本,让原本用于输入文字的双手、双眼解脱出来从事其他工作或者可以快速便捷地遥控操作语音可达范围的远端设备。

虽然语音识别的准确率正在提高,但所有语音识别系统和程序都会出错。比如背景噪声可能产生错误输入,或者在嘈杂的鸡尾酒会上或几个人同时发言的情况下,也会感到"纠结"。这可以通过在安静的房间中使用该系统或者通过"深度聚类(Deep Clustering)"机器学习,识别多个声源"声纹"中的特征,再根据这些特征将多个声源彼此分离重建。

另外,有时候词语听起来也会有问题,读音相同、含义不同,例如"hear"和"here","危机"和"微机"。使用存储的上下文信息可以在很大程度上克服这个问题,但是这将需要比个人计算机中更多的内存和更快的处理器。

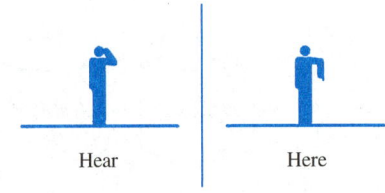

图 5-7 同音不同义

> **知识链接**
>
> ### 语音识别系统在中国的发展
>
> 中国的语音识别研究起始于 20 世纪 50 年代,由中国科学院声学所利用电子管电路识别 10 个元音。1973 年,中国科学院声学所开始计算机语音识别研究。由于当时条件的限制,中国的语音识别研究工作一直处于缓慢发展的阶段。
>
> 1986 年 3 月,国家高技术研究发展计划("863"计划)启动,语音识别作为智能计算机系统研究的一个重要组成部分而被专门列为研究课题。在"863"计划的支持下,中国开始了有组织的语音识别技术的研究,并决定了每隔两年召开一次语音识别的专题会议。从此,中国的语音识别技术进入了一个前所未有的高速发展阶段。
>
> 2021 年,第 22 届中国专利金奖名单公布,科大讯飞"语音识别方法及系统"发明专利摘得国内知识产权领域最高荣誉,如图 5-8 所示。该奖项由国家知识产权局与世界知识产权组织联合颁发,充分肯定了科大讯飞在自主创新与技术保护中的突破性成果。其语音识别技术经过产业实践验证,并在国际权威赛事 CHiME 中三度夺冠,展现了全球领先实力。作为智能语音技术领军者,科大讯飞依托自主知识产权的人工智能技术,已在智慧教育、医疗、城市、汽车等领域深度应用,推出多款行业解决方案。未来将持续以技术创新赋能社会刚需,推动中国智能语音及人工智能产业迈向全球领先,让人工智能更具人文温度。

附件1

第二十二届中国专利金奖项目名单
(30项)

序号[1]	专利号	专利名称	专利权人	发明人
1	ZL201010155563.X	一种测量参考信号的信令配置系统及方法	中兴通讯股份有限公司	王瑜新、戴博、郝鹏、梁春丽、喻斌、朱鹏、杨维维
2	ZL201110021494.8	一种关节软骨修复再生用支架及其制备方法	北京万洁天元医疗器械股份有限公司	敖英芳、张辛、何震明、马勇、周春燕
3	ZL201110044695.X	气化炉	清华大学、北京清华大科技有限责任公司	张建胜、马宏波、顾大地
4	ZL201110146287.5	左心耳封堵器	先健科技（深圳）有限公司	李安宁、张德元
5	ZL201210019996.1	制造永磁电机转子的方法	浙江大学	方攸同、马子魁、黄晓艳、卢琴芬、马吉恩、张建承、陈威
6	ZL201210073412.9	语音识别方法及系统	科大讯飞股份有限公司	潘青华、鹿晓亮、何婷婷、王智国、胡国平、胡郁、刘庆峰
7	ZL201210367974.4	一种桥梁用Q345qDNH耐候钢的焊接方法	中铁山桥集团有限公司	徐向军、贝玉成、范军旗、单亚廷、刘壮、刘振雨、曹磊、刘洪杜、陈英杰、马立鹏
8	ZL201210378282.X	等离子体处理装置及调节基片边缘区域制程速率的方法	中微半导体设备（上海）有限公司	叶知彬、尹志尧、倪图强、周宁
9	ZL201310258289.2	抗PD-1抗体及其应用	上海君实生物医药科技有限公司、上海君实生物工程有限公司	陈博、武海

[1] 按专利号排序，下同。

—1—

图 5-8 科大讯飞发明专利

——《科大讯飞"语音识别方法及系统"发明专利荣获中国专利金奖》，科大讯飞官网，2021年6月28日，有删改

测一测

单选题

1. 语音识别技术原理是模式识别，包含的流程有：①特征提取；②基于语言模型库下的语言处理；③预处理；④基于语音模型库下的模式匹配；⑤完成识别。其正确的过程总结为（　　）。

   A. ①②③④⑤
   B. ④③②①⑤
   C. ③①④②⑤
   D. ②④①③⑤

2. 如何让语音识别系统能正确地识别"微信"和"威信"？（　　）

   A. 说慢一点
   B. 多说几遍
   C. 通过更多的存储和更快的处理器分析上下文信息
   D. 解决不了

3. 在面对"鸡尾酒会效应"时，语音识别系统采取的做法是（　　）。

   A. 不识别
   B. 请求一个相对安静的环境再次识别
   C. 将多个声源当一个声源识别
   D. 采用"深度聚类"机器学习分离声源

5.2 语音控制系统

曾经的智能家居系统主要采用触屏进行点击实现功能控制,如今,智能家居普及语音控制系统。随着智能化逐步走向成熟,智能语音产业也迎来了一波以智能语音控制为特色的全新革命。而目前智能家居的发展更加带动了智能语音的发展,使其成为智能家居不可或缺的一部分。

智能家居控制系统不仅是全屋联动实现远程一键控制,同时也能实现语音控制。你在家里就可以这样:对着设备说一声"我五分钟之后到家",就会得到回复"好的,按照您的习惯,空调已经调到26℃,热水器调到35℃";窝在沙发上看电视节目,说一声"我想看上周的《新闻联播》",对应的电视台就自动搜索出来了;困的时候说一声"我要睡觉了",空调就自动调到睡眠模式,门窗自动锁闭。

智能家居中的语音控制系统着实给广大用户带来了极大的便利,让人工智能更向前迈进了一步。

一、什么是语音控制系统

语音控制系统,即用语音来控制设备的运行,相对于手动控制来说更加快捷、方便,可以用在诸如工业控制、语音拨号系统、智能家电、声控智能玩具等许多领域。

二、语音控制系统的组成

语音控制系统总体架构如图5-9所示,它由语音采集模块、语音前级处理模块、语音训练模块、语音识别模块、语音提示模块、输出控制模块和语音模板库组成。

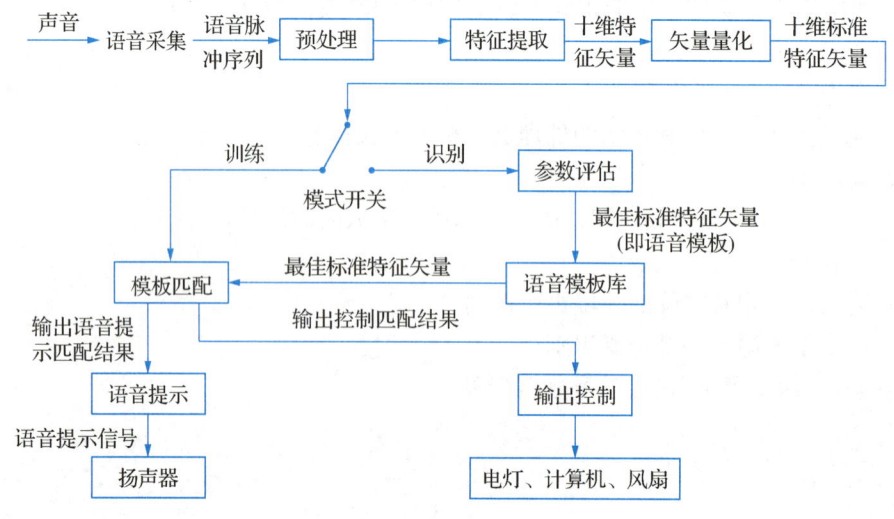

图5-9 语音控制系统总体设计

(一) 语音采集模块

语音采集模块主要完成信号调理和信号采集等功能，它将原始语音信号转换成语音脉冲序列，因此该模块主要包括声/电转换、信号调理和采样等信号处理过程。

(二) 语音前级处理模块

语音前级处理模块的主要功能是滤除干扰信号、提取语音特征矢量，并将提取的语音特征矢量量化成标准语音特征矢量，因此该模块主要包括语音预处理、特征提取、矢量量化等语音信号处理过程。

(三) 语音训练模块

语音训练模块的主要功能是将多次采集、提取的语音特征标准矢量进行概率统计，提取说话人的最佳语音特征标准矢量，防止因说话人心情、环境等因素引起提取特征参数不准确而影响语音识别效果，因此该模块主要包括概率统计、参数评估等处理过程，用隐马尔可夫模型(HMM)实现。

(四) 语音识别模块

语音识别模块的主要功能是将重新采集的标准语音特征矢量与语音模板库中的语音模型进行比较，判断当前语音命令功能，因此该模块主要包括矢量比较与参数评估两个过程。

(五) 语音提示模块

语音提示模块的主要功能是根据语音识别的结果提示用户进行相关操作或说明当前完成的功能，因此该模块主要包括调用提示语音资源文件、D/A 转换、信号放大等语音处理过程。

(六) 输出控制模块

输出控制模块的主要功能是根据语音识别的结果输出相应的控制信号，实现电灯、电视、风扇、车辆等设备的语音控制功能，因此该模块主要包括信号驱动、输出控制器和被控对象。

(七) 语音模板库

语音模板库的主要功能是存储训练后的最佳标准语音特征矢量。

知识链接

一个完整的语音控制系统由硬件平台和软件平台组成，其结构如下面两幅图所示。

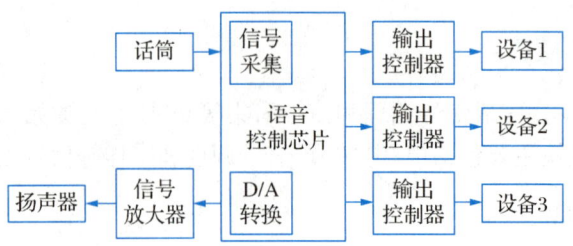

图 5‑10 语音控制系统硬件平台

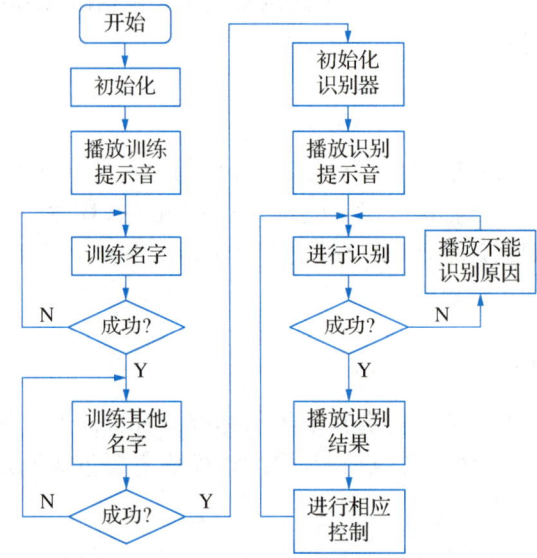

图 5‑11 语音控制系统软件流程

> 测一测

一、单选题

1. 在语音控制系统中，包括声/电转换、信号调理和采样等信号处理过程的模块是（　　）。

  A. 语音采集模块　　　　　　　　B. 语音前级处理模块
  C. 语音训练模块　　　　　　　　D. 语音识别模块

2. 能防止因说话人心情、环境等因素引起提取特征参数不准确而影响语音识别效果的模块是（　　）。

  A. 语音采集模块　　　　　　　　B. 语音前级处理模块
  C. 语音训练模块　　　　　　　　D. 语音识别模块

二、多选题

3. 语音识别模块包含_____和_____两个过程。（　　）

  A. 矢量比较　　　　　　　　　　B. 调用提示语音资源文件
  C. 参数评估　　　　　　　　　　D. D/A 转换

5.3 语音交互系统

随着移动智能终端和云计算的快速发展,人工智能的浪潮正在悄然颠覆着我们生活的点点滴滴。语音用户界面(Voice User Interface,VUI)作为一个新的领域也在快速发展,并对用户体验提出了更多关于语言学、情感塑造、逻辑搭建等方面的新要求。

一、什么是 VUI

作为新一代的交互模式,通俗地说,VUI 就是用人类最自然的语言(开口说话)给机器下达指令,达成自己目的的过程,这一过程包括三个环节:能听、会说、懂你。

VUI 是一种以人类内心意图为中心的人机交互方式,是以交谈式为核心的智能人机交互体验。最典型的应用就是语音助手,当下最热门的产品就是智能音箱了。

知识链接

语言交际需要遵循的原则

语言学家保罗·格莱斯(Paul Grice)在 1975 年提出关于人们交际的 4 点合作原则。

1. 量的准则。既要让人听懂,又不要说太多废话。尽量少添加不必要的措辞,比如用户问什么天气,直接回答"广州,晴"即可。

2. 质的准则。说真话,没有证据的话不要说。

3. 关系准则。不要前言不搭后语,说话要有联系。

4. 方式准则。清晰明了、井井有条,不要拐弯抹角;也不要在没有弄明白意图的时候,随意强行反馈结果。

然而,人们在实际言语交际中,却常常故意违反合作原则,特别是中国人所说的"话里有话"。如何透过说话人语言的表面含义而理解其言外之意,对语音交互设计而言是个巨大的挑战。但幽默也往往就在这时产生。

二、VUI 的发展

在原有图形用户界面(Graphical User Interface,GUI)如此丰富的情况下,为什么要新增加一种交互方式呢?图形用户界面(Graphical User Interface ,GUI)是一种通过可视化图标、菜单、窗口等元素与计算机交互的方式。从 1984 年苹果 Macintosh 率先商用,到 Windows 系统普及,GUI 彻底改变了人机交互模式,成为现代计算机、手机及智能设备的交互标准,极大推动了信息技术的大众化应用。它们两者之间最大的差异就是:输入方式不同。VUI 最显著的特性就是解放了双手,用户在获取关注的信息时可以用最自然的语言进行沟通,眼睛和手可以同时处理其他的事情。

(一) VUI 的第一个时期

20 世纪 90 年代诞生了第一个可行的、非特定的(每个人都可以对它说话)的语音识别系统——交互式语音应答(Interactive Voice Response,IVR)系统,它的出现代表了 VUI 的第一个重要时期。

用户通过电话线路进行交互并执行任务,完成机票预订、银行转账、证券交易等。比如当年拨打 12306 电话订火车票,拨打 10086 查询手机话费和套餐余量等,我们通过输入数字命令与系统进行语音交互。它的主要优点是擅长识别和播报长字符;缺点是用户很少有机会暂停系统,系统占主动地位。

回想一下那个过程,用户必须不断地与系统进行交互,如果中间出现错误,只能挂断重来,因此整个交互过程会容易让用户处在谨慎、局促的状态下。

(二) VUI 的第二个时期

我们现在处于第二时期的初期,目前很多像 Siri、Google 这类集成了视觉和语音信息的 App,以及 Amazon Echo 这类纯语音的设计产品,逐步发展并成为主流。

图 5-12　VUI 设计产品

三、VUI 与 GUI 相比的优势与劣势

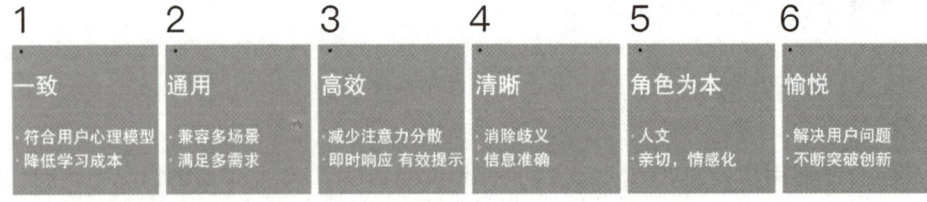

图 5-13　VUI 的优势

(一) 语音交互系统的主要优势

1. 输入更高效

研究结果表明,语音输入比键盘输入至少快 3 倍。你从解锁手机到设置闹钟可能需

要一分钟,直接说一句话设置闹钟可能只需要 10 秒钟。

2. 表达更自然

人类是先有语音再有文字,每个人都会说话但有一部分人不会写字。语音交互比界面交互更自然,学习成本更低。

3. 感官占用更少

一张嘴,将人的双手、眼睛从图形界面交互中解放出来。想象一下当你手握方向盘时,说一句话就直接接听电话、播放音乐,是不是更方便也更安全?腾出来的感官,意味着可以并行处理其他任务,理论上有更高的效率。

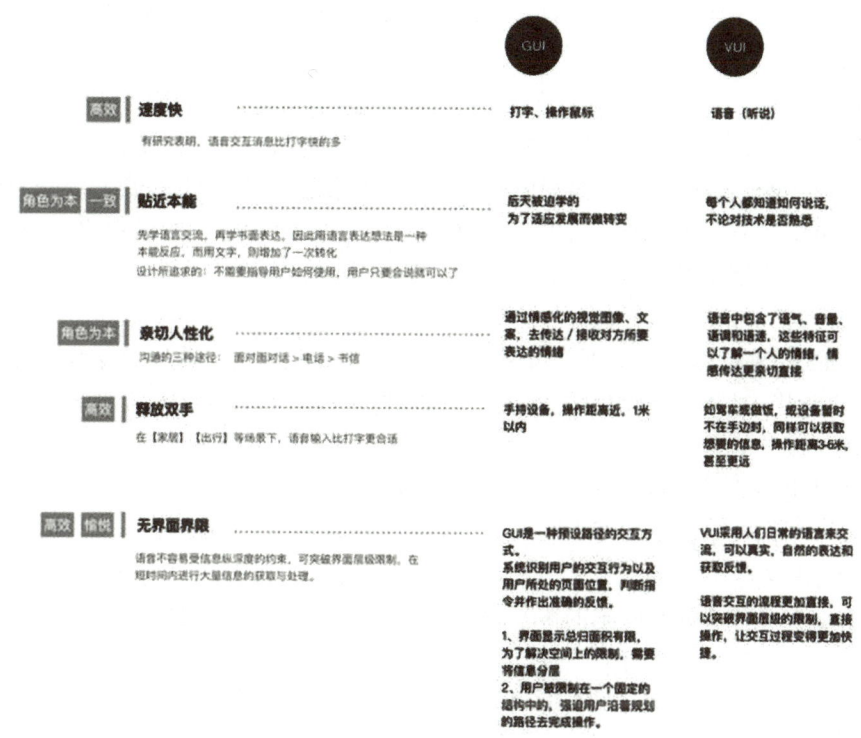

图 5-14 语音交互系统的优势

4. 信息容量更大

语音中包含了语气、音量、语调和语速这些特征,交流的双方可以传达大量的信息,特别是情绪的表达,其表达的方式也更带有个人特色和场景特色。当见不着面、听不到声音的时候,人与人之间的真实感就会下降很多。

VUI 不再依赖固定的路径完成操作指令,而且是每个人都可以有自己的方式和特色,这是 VUI 与 GUI 革命性的改变。对今天的 App、浏览器而言,其直接下达指令的特性使语音交互可能成为一个全新的、去中心化的超级入口,因此,彻底引爆了整个市场。

(二) 语音交互系统的主要劣势

语音百般好,应用一时难。语音交互走到今天,已经付出了非常大的努力,但依然是有多少人工,就有多少智能。当下的语音交互被认为应该处于一种"没有想象的那么好,也没有想象的那么差"的境地。

1. 注意力障碍

语音交互是非可视化的，带来的问题就是增加人的记忆负担。拨打过银行的客服电话就知道，用户必须集中精力听完语音播报之后才能做下一步动作，如果用户比较着急的话，就会非常难受。事实上，人在获取信息的时候，视觉要强过听觉。

别人讲话时我们可能要等他说完才理解，而看文字的时候，我们甚至可以直接跳过部分文字也能理解，特别是自己的母语。所以，给音箱添加屏幕是趋势。对于语音的效率问题，可以说是单方面的输入更高效，而双向互动反而效率不高。或者说，获取信息的时候，视觉有很大的优势，而声音的效率并不高（现实中为什么总会出现"打断"对话的现象，就是因为语音的表达效率不高，听者等不及）。

2. 心理障碍

想象一下，用户晚上一个人在家，会不会突然开口叫一句"小明小明，明天什么天气"？莫名其妙的语音，会让人感到一丝不自在，特别是一旦"小明"存在一定缺陷的时候所引发的错误反馈。从心理感受出发，没有多少人愿意对着冰冷的机器说话，然后得到毫无感情的甚至是错误的回应。语音交互存在的另一个心理障碍是，语音交互的不可预设和预判性。

不同的人，在同样的情境下都可能产生完全不同的行为和预期。这给设计者带来很大困扰，也为用户带来不确定性的担忧。在面对不可预知的状况下，设计者和使用者互相难以领会彼此的意图，就会形成一种博弈消耗。为了应对这种不确定性，可能导致系统必须通过更多的场景和上下文关系去解析用户的意图，来做出可能合理的信息反馈，这将进一步增加技术的复杂度。

3. 技术障碍

语音交互为什么如此受到期待？因为太富有想象空间了，能够让我们尽可能地释放被占用的感官。想象一下，用户只说一句"订一箱牛奶"，快递就会在约定好的时间送过来，多美好的生活！现实生活中，人与人的交流，甚至一个眼神、一个动作就可以引起对方的注意和反馈。而现阶段的智能音箱需要定义一个将助手从待机状态切换到工作状态的词语，即所谓的"唤醒词"，这是一个不得已而为之的设计。用户想做什么之前都要先来一句"小明小明"，这种尬聊的对话方式究竟是把机器整得更像人还是把人整得更像机器了？

实际上，语音交互技术依然存在巨大挑战，还很难在复杂的环境和不确定的情景下真实地理解用户的行为和意图。想要给出用户在不同场景下的期望值，软硬件技术都还有漫长的路要走。今天的语音交互，在某些场景下本身就是一种劣势。比如用户就站在电视机旁边，开关机这个动作最适合的交互应该是用手直接一按就可以解决，为什么还要开口说话？

这一点说明：不是什么设备都可以加一个屏幕，也不是什么设备都可以加一个麦克风。语音交互是否能够广泛应用，有赖于对场景的深度理解，以及人工智能技术的进步。语音交互好不好，不仅仅依赖硬件设备的识别准确率，更需要垂直场景下的语义理解，以及后端内容服务的连接。

图 5-15 语音交互的劣势

> 知识链接

语音交互涉及的技术

VUI 所涉及的技术模块有 4 个部分,分别如下:

1. 自动语音识别(Automatic Speech Recognition,ASR)。
2. 自然语言理解(Natural Language Understanding,NLU)。
3. 自然语言生成(Natural Language Generation,NLG)。
4. 文字转语音(Text to Speech,TTS)。

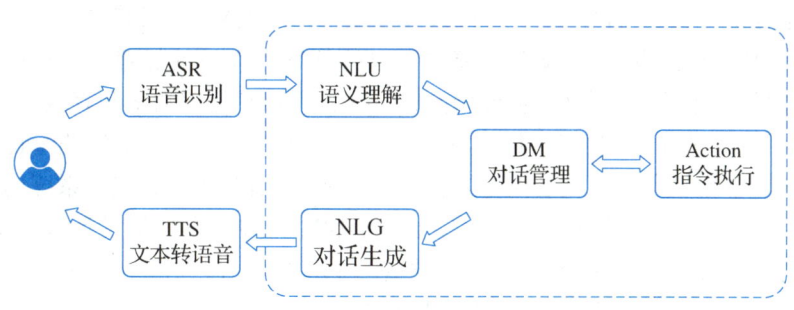

图 5-16 语音交互的技术模块

图 5-16 所示为语音交互技术包括的识别、理解和对话三个部分。整个过程通俗地说,就是通过麦克风让机器能听到用户说的话,然后听懂用户想要表达的意思,并把反馈的结果"说给用户听"。举个例子:

用户:明天什么天气?

助手:晴,37 摄氏度。

整个过程分解之后,就变成这样一个过程:

1. 用户对着机器说一句话后,机器内置的麦克风识别到用户说的话,把口语化的文本归一、纠错,并书面化(ASR)。

2. 机器根据文本理解用户的意图(通常是在云端进行语义的理解)并进入对话管理,当意图不明确时,还需要机器发起确认对话,继续补充相关内容,这就是多轮对话。比如:

用户:明天天气怎么样?

助手:您要查询哪个城市的天气?

3. 在明确用户意图后,去获取相关的数据,或者执行相关的命令。

4. 最后把内容通过扬声器播放给用户听(TTS,语义理解后获得的结果文本信息合成为声音)。

至此完成一个完整对话过程。

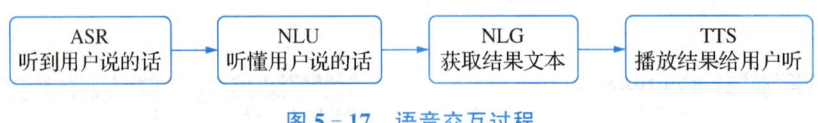

图 5-17 语音交互过程

上述的四个环节都很关键,且都存在很大的技术挑战,值得特别提出来的是 ASR 和 NLU 两个环节。

随着技术的发展,机器结合更多的传感器技术和生物识别技术,能感知人们的语音、肢体和手势甚至表情、眼神,并通过调整自身的反馈来适应人们那一刻提出的需求(包括脾气性格、声音特点、外貌印象),真正实现人机的自然(本能)交互。

四、适合使用语音交互的场景

语音交互同互联网诞生以来用户就习惯的 GUI 界面交互相比,主要是输入方式的不同。最显著特性就是"解放了双手"——你在使用语音请求时,眼睛和手可以同时忙于其他的事情,从这点出发,语音交互在家居和出行领域有天然的优势。以目前的技术条件而言,单向的指令性动作是最适合语音来表达的,因为它足够清晰和直接。

1. 家居:在家庭中使用"相对封闭与安全"(特指针对语音信号采集的干扰程度),通过语音交互指令控制家居开关是很好的切入点。如今,搭载了语音交互系统的智能家居都可以听用户的话,用户说的每个指令都会直接影响/控制当前家居的运行状态。

2. 出行车载语音交互系统:释放了驾驶员的手和眼,让司机专注于前方的路况,如接听电话、开关车窗、播放广播音乐、路线导航等语音交互指令。

3. 企业应用:未来会有各种各样专业的知识工作者会在不同程度上被简化或者替代,比如文本、数据的录入工作,客服机器人等。但极不可能的是直接对着一个设备吼两嗓子就输出一个令人满意的 PPT。

4. 医疗和教育:如语音记录病历,不管对医生来说还是患者来说,都是提高看病效率的很好的辅助手段之一。课堂上的数学公式、化学方程式和曲谱等都是容易念出来的,但由于包含很多特殊符号,输入十分困难。

五、不适合使用语音交互的场景

（一）任何需要谈判或拥有很多变量的情况

智能音箱可以支持简单的自然对话，但如果用户要求它打开一个不存在的电台，它会问用户是否想要创建一个；如果用户想要跳过一首歌并且增大音量，就只能分两步执行。

（二）大量的输入和输出

在大量数据的输入和输出时，语音要比打字慢很多。比如搜索想要去的餐馆，用户可以比较容易地用语音描述出筛选条件，但将搜索的结果用语音读出来显然相当麻烦。

（三）很难形容的内容

生活中有一些容易口述但比较难打的字、符号和行业术语，比如智能电视上像"白平衡调节"这种功能还是很难用语言形容；在控制智能汽车时，像调节后视镜角度这种操作用语音控制也比较麻烦。

（四）比较复杂的事务列表

一个相对复杂的项目列表，即使没有那么巨量的数据，语音界面仍然需要用户在同一时间记住几个不同的选项，尤其是在完全没有视觉的前提下，这是很难做到的。

测一测

一、单选题

1. 以下场景中适合语音交互的是（　　）。
A. 书房　　　　B. 地铁　　　　C. KTV　　　　D. 电影院

二、多选题

2. 与图形交互系统相比，语音交互系统的主要优势有（　　）。
A. 输入更高效　　B. 表达更自然　　C. 感官占用更少　　D. 信息容量更大

3. 语音交互存在（　　）等方面的劣势。
A. 注意力障碍　　B. 心理障碍　　C. 道德障碍　　D. 技术障碍

5.4 智能翻译系统

一、什么是智能翻译

智能翻译也叫机器翻译，其实是利用计算机把一种自然语言翻译成另一种自然语言的过程,基本流程大概分为三块:预处理、核心翻译、后处理。

预处理是对语言文字进行规整,把过长的句子通过标点符号分成几个短句子,过滤一些语气词和与意思无关的文字,将一些数字和表达不规范的地方规整成符合规范的句子。

核心翻译模块是将输入的字符单元、序列翻译成目标语言序列的过程,这是机器翻译中最关键、最核心的地方。

后处理模块是将翻译结果进行大小写的转化、建模单元进行拼接、特殊符号进行处理,使翻译结果更加符合人们的阅读习惯。

> 知识链接

同声传译

会场或剧场中配备专门用来进行翻译的电声系统,翻译人员将演讲词或台词同步译成不同语种,通过电声系统传送,席位上听众可自由选择语种进行收听。

1. 同声传译的最大优点在于效率高,可以保证讲话者做连贯发言,不影响或中断讲话者的思路,有利于听众对发言全文的通篇理解。

2. 同声传译是当今世界上在举办各类大型会议、论坛、峰会时经常采用的一种翻译方式。目前,世界上95%的国际会议采用的是同声传译的方式。

3. 同声传译的特点是讲者连续不断地发言,而译者是边听边译,原文与译文翻译的平均间隔时间是三至四秒,最多达到十多秒。译者仅利用讲者两句之间稍歇的空隙完成翻译工作,因此对译员素质要求非常高。

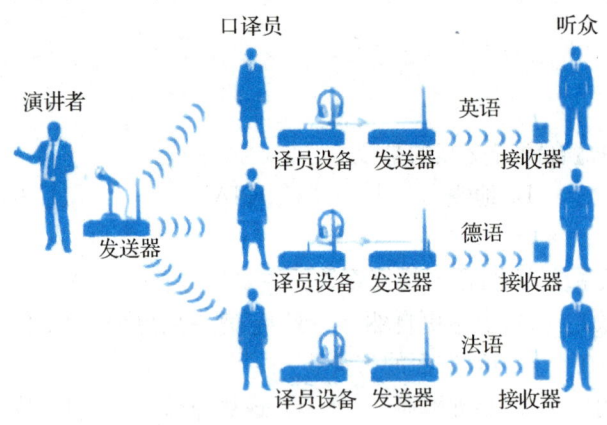

图 5-18　同声传译

二、机器翻译的发展历程

从最开始只是科学家脑海中的一个大胆设想,到现在大规模地开始应用,机器翻译技术的发展道路大概经历了以下六个阶段。

(一)起源阶段(20世纪30—50年代)

机器翻译的构想最早可追溯至1933年苏联科学家彼得·特罗扬斯基(P. P. Troyanskii)提出的机械翻译装置设计,他提交了包含多语言卡片和打字机的翻译机专利,但因技术限制未获重视。1954年,美国乔治敦大学与IBM合作首次实现俄英机器翻译实验(IBM701计算机),尽管仅能处理250个单词的简单句子,但标志着机器翻译从理论走向实践。

(二)萌芽时期(20世纪50—60年代)

20世纪50年代,全球掀起机器翻译研究热潮。中国于1956年启动机器翻译研究,成为亚洲最早涉足该领域的国家之一。

(三)沉寂阶段(20世纪60—70年代)

美国科学院成立的语言自动处理咨询委员会(ALPAC)于1966年公布了一份题为"语言与机器"的报告,该研究否认机器翻译的可行性,使机器翻译研究进入萧条期。此阶段欧美研究放缓,但中国仍持续投入基础研究,在20世纪70年代完成汉英机器翻译原型系统开发,为后续技术突破奠定基础。

(四)复苏阶段(20世纪70—80年代)

1976年,加拿大TAUM-METEO气象翻译系统实用化后,中国于1992年推出首个商用机器翻译软件"译星"(中软公司基于JFYⅢ系统开发),开启中文机器翻译商品化时代。

(五)发展阶段(20世纪90年代—2010年)

20世纪90年代,IBM提出基于词对齐的统计模型,开发统计机器翻译(SMT)。2003年Koehn的短语模型提升翻译流畅度。2008年,中国企业科大讯飞推出首个中文语音识别系统,为语音翻译奠定基础。2010年,百度、腾讯等企业推出神经网络翻译(NMT)系统,科大讯飞翻译机在IWSLT国际赛事中连续夺冠,中英翻译准确率超90%。

(六)繁荣阶段(2010年至今)

2013年和2014年,牛津大学、谷歌、蒙特利尔大学研究人员提出端到端的神经机器翻译,开创了深度学习翻译新时代。2015年,蒙特利尔大学引入Attention机制,使神经机器翻译进入实用阶段。2016年,谷歌GNMT发布。同年,科大讯飞发布全球首款NMT商用翻译机,支持实时语音翻译,占据国内70%市场份额。2025年,中译语通发布"格物"大模型,支持81种语言互译,依托100亿平行语料库服务跨境商贸与文化交流;科大讯飞星火语音同传大模型实现端到端5秒延迟的同声传译,技术指标全球领先。目前中国机器翻译企业超1500家,技术嵌入跨境电商、国际会议等场景,推动全球市场规模突破230亿美元。

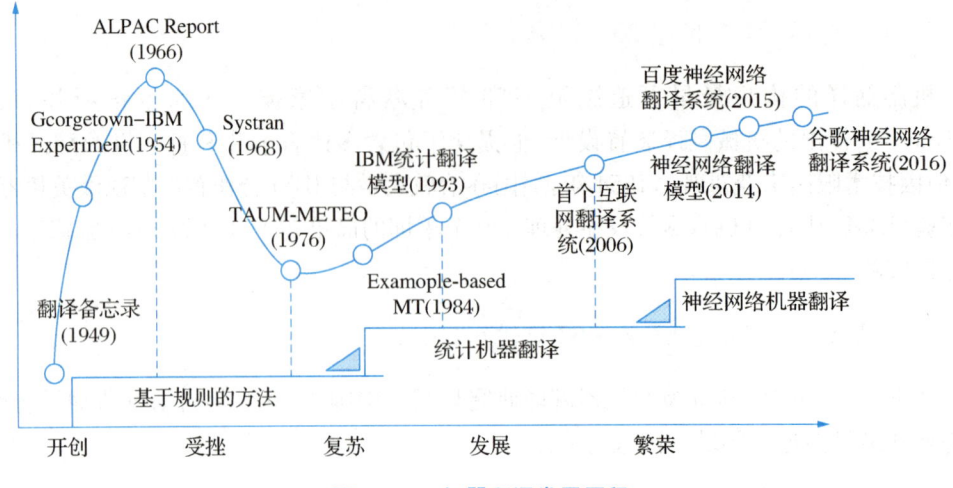

图 5-19 机器翻译发展历程

三、机器翻译的基本应用

机器翻译的基本应用可分为三大场景：以信息获取为目的的场景、以信息发布为目的的场景、以信息交流为目的的场景。

以信息获取为目的的应用场景，比较为人所熟悉，比如翻译或是海外购物，遇到一些生僻的词就可以借助机器翻译技术，来了解它的真正意思。

在以信息发布为目的的场景中，典型的应用是辅助笔译。比如毕业论文需要用英文写摘要，不少同学是利用谷歌的翻译，将中文摘要翻译成英文摘要，然后再做一些简单的调整，得出最终的英文摘要，其实这就是一个简单的辅助笔译的过程。

第三大场景就是以信息交流为目的的场景，主要解决人与人之间的语言沟通问题。

四、机器翻译面临的主要挑战

（一）译文选择

在翻译一个句子的时候，会面临很多选词的问题，因为语言中一词多义的现象比较普遍。比如翻译如下句子：

我在周日看了一本书。

源语言句子中的"看"，可以翻译成"look""watch""read"和"see"等词，如果不考虑后面的宾语"书"的话，这几个译文都对。在这个句子中，只有机器翻译系统知道"看"的宾语"书"，才能做出正确的译文选择，把"看"翻译为"read"，即"read a book"。译文选择是机器翻译面临的第一个挑战。

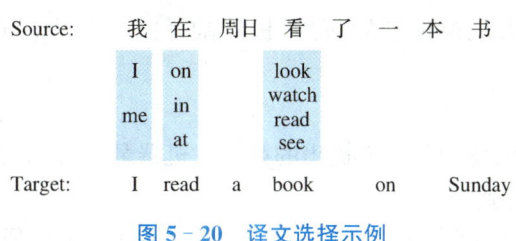

图 5‑20　译文选择示例

(二) 译文调序

由于文化及语言发展上的差异，人们在表述的时候，有时候先说这样一个成分，后面说另外一个成分，但在另外一种语言中，这些语言成分的顺序可能是完全相反的。比如上述例子中，"在周日"这样一个时间状语在英语中习惯放在句子后面。再比如，像中文和日文的翻译，中文的句法是"主谓宾"，而日文的句法是"主宾谓"，即日文把动词放在句子最后。比如中文说"我吃饭"，那么日语就会说"我饭吃"。当句子变长时，语序调整会更加复杂。

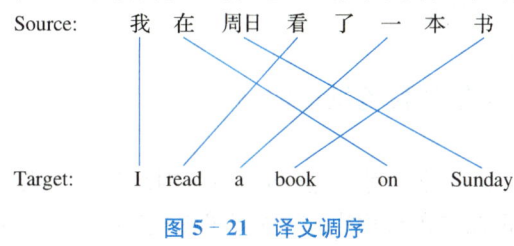

图 5‑21　译文调序

(三) 数据稀疏

据不完全统计，现在人类的语言超过五千种。现在的机器翻译技术大部分是基于大数据的，只有在大量的数据上训练才能获得一个比较好的效果。而实际上，语言数量的分布是非常不均匀的。图 5‑22 显示了中文相关语言的大致分布情况，大家可以看到，百分之九十以上是中文和英文的双语句对，中文和其他语言的资源是非常少的。在非常少的数据上，想训练一个好的系统是非常困难的。

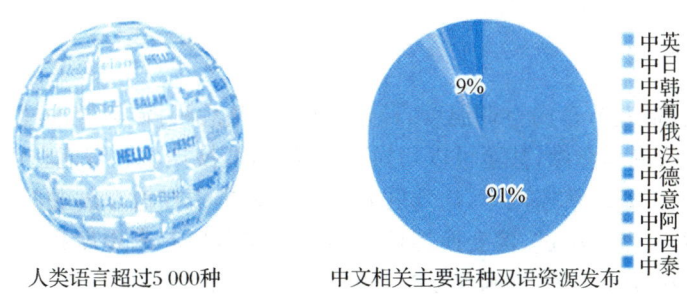

图 5‑22 语言分布情况

> 测一测

一、单选题

1. 机器翻译的故事始于 1933 年，发展历程曲折坎坷，从最开始只是科学家脑海中的一个大胆设想到现在大规模地开始应用,机器翻译技术的发展道路大概有(　　)个阶段。

  A. 3　　　　　　B. 4　　　　　　C. 5　　　　　　D. 6

  2. 2014年谷歌和蒙特利尔大学提出的第三代机器翻译技术,也就是(　　),标志着第三代机器翻译技术的到来。

  A. 基于规则的机器翻译　　　　　　B. 基于统计的机器翻译
  C. 基于端到端的神经机器翻译　　　D. 基于自主学习的机器翻译

二、多选题

  3. 智能翻译的基本流程大概分为(　　)。

  A. 预处理　　　B. 自动优化　　　C. 核心翻译　　　D. 后处理

5.5　语音识别技术的典型应用

一、语音识别技术在车载场景中的应用

  汽车驾驶舱的核心要素是便利、安全和愉悦。围绕这三个要素,汽车驾驶舱引申出许多应用场景,而其中正在被语音识别技术所赋能的包括以下五类:多媒体娱乐、车辆控制、智能导航、驾驶行为监控、车况监控。

(一) 多媒体娱乐

  播放音乐、广播电台或播客的能力是智能语音助理最常见的用例之一。特别是在开车时,司乘人员喜欢听一些音频节目,这为汽车制造商、娱乐场所和语音助理提供商提供了一个推广车辆使用案例的机会。除了简单的播放、暂停和切换歌曲等功能外,还有更多个性化的功能尚待开发。例如,更换信号源、调节音效和循环模式、收藏喜爱的栏目或播放音/视频中的指定内容等。

(二) 车辆控制

  基本功能包括调节车内空调温度,调整车窗,调整后视镜,调整座椅和方向盘姿态,查看行车记录仪、倒车影像,甚至可以切换驾驶模式,变换挡位。智能车辆控制系统可以帮助驾驶者更加自如地掌控汽车,让驾驶者将注意力集中在汽车驾驶的任务上,从而提高驾驶汽车的安全性。不过,像变换挡位这样的功能实现起来难度相对较大,需要一套全新的、有效的交互设计方案,以确保新交互的安全性和有效性。

(三) 智能导航

  语音交互只是一个实现功能的入口,系统会理解驾驶员的语音指令,并提供有效的导航服务。除了被动地帮助驾驶员提供导航服务之外,智能导航系统还可以为驾驶者提供目的地推荐和行程规划的服务。导航系统将整合加油站、餐厅、商场、游乐场所以及旅

游景点的数据信息,自动为驾驶者安排行程规划供驾驶者参考。智能导航系统将会为汽车驾驶者量身定制生活规划服务,将便捷与高效的生活方式带给其主人。

(四)驾驶行为监控

汽车可以通过对驾驶者面部状态的识别而判断其精神状态,在适当的时候提醒驾驶者打起精神,以避免交通事故的发生。除了面部状态识别之外,还可以对司机驾驶汽车的时长、驾驶行为表现等数据进行分析。如果发现驾驶者的驾驶时间过长,或是频繁出现压线行驶和紧急刹车等情况,汽车也会及时地给予驾驶者语音反馈,使其保持清醒。

(五)车况监控

驾驶者在驾驶过程中可以随时与汽车进行交谈,询问有关车辆状况的任何信息,包括汽车每个模块的性能和状态,如车轮的胎压、水箱的温度、冷却剂和机油的水平等。

随着人工智能技术的持续进步和5G网络技术的普及,智能汽车相关产业的上下游市场将会迎来前所未有的发展。智能驾驶舱会与自动驾驶解决方案共同颠覆汽车行业,而作为功能体验入口的智能车载助手必将在未来几年成为语音交互、自然语言理解等人工智能技术的重要落地场景。

二、语音识别技术在智能家居场景中的应用

智能家居是以住宅为平台,利用综合布线技术、网络通信技术、安全防范技术、自动控制技术、音视频技术将家居生活有关的设施集成,构建高效的住宅设施与家庭日程事务的管理系统,提升家居安全性、便利性、舒适性、艺术性,并实现环保节能的居住环境。

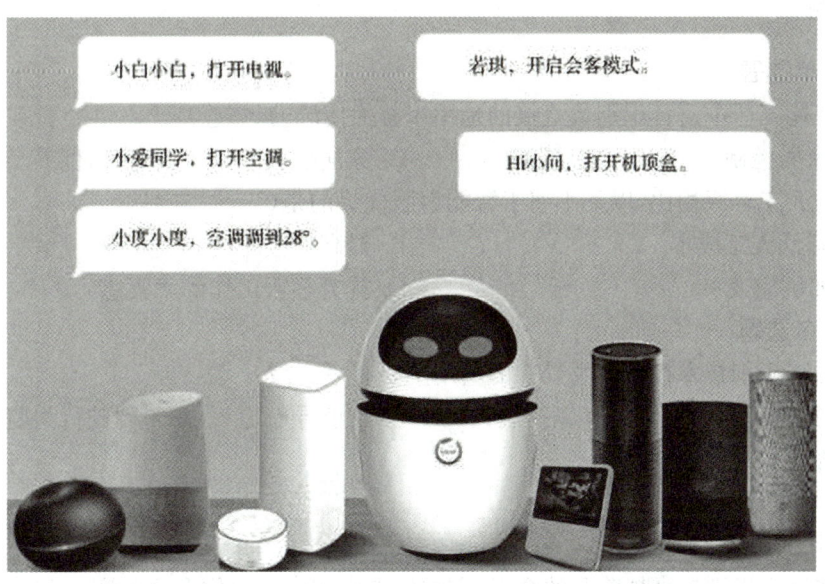

图 5‑23　语音识别技术在智能家居场景中的应用

智能家居中语音识别最直接的作用是替换传统的家居控制/交互方式,如开灯关灯、

播放音乐、电视节目等。客厅应该是首先受益于语音识别的地方，因为传统电视遥控器的众多按键就让电视的操作很不方便，新的互联网电视更是让很多人尤其是老年人不知道怎么使用，而语音识别使你可以直接对电视说出你想看什么节目、想看什么电影，方便得多。其次在灯、空调、窗帘、净水器、扫地机器人等这种高频次简单操作类的家居设备上，语音识别将给人带来大大的方便。

另外，以 Echo 音箱为代表的智能语音助手类设备横空出世，智能音箱甚至被视为一个新的入口，除了担任智能家居的语音识别控制中心，还可以提供信息发布、教育、娱乐等功能。不管怎么说，智能语音助手正在智能家居中占据越来越重要的地位，存在形式会越来越泛化。

语音识别在智能家居中的想象空间不仅如此，伴随家居更进一步智能化和智能家居物联网化，家里将产生更多的应用场景。

三、智能客服

智能客服是在大规模知识处理基础上发展起来的一项面向行业的应用。它具有行业通用性，不仅为企业提供了细粒度知识管理技术，还为企业与海量用户之间的沟通建立了一种基于自然语言的快捷有效的技术手段；同时还能够为企业提供精细化管理所需的统计分析信息。

智能客服可以替代人工客服，帮助企业降低大量的客服人力成本；将人从低端劳动中解放出来，提升客服工作的幸福感；7×24 在线，提升服务响应及时性，提高客户满意度。

测一测

一、单选题

1. 智能家居中语音识别最直接的是用来替换传统的（　　）。
   A. 家居控制　　　　B. 家居制造　　　　C. 家居摆放　　　　D. 家居保养
2. 与人工客服相比，以下不属于智能客服优势的是（　　）。
   A. 降低人工成本　　　　　　　　B. 提高响应速度
   C. 随机应变　　　　　　　　　　D. 提升客服工作的幸福感

二、多选题

3. 语音识别技术在车载场景中的应用主要有（　　）。
   A. 多媒体娱乐　　B. 车辆控制　　C. 智能导航　　D. 驾驶行为监控
   E. 车况监控

三、简答题

4. 什么是静音切除？
5. 在语音识别越来越普及的今天，它的痛点在哪？说说你在这些痛点上有哪些亲身体验。
6. 语音采集模块主要实现什么功能？

练一练

1. 翻译工具,将以下内容翻译成英语:"人工智能是一门非常复杂的学科,但是我很喜欢,我有信心学好。"翻译的结果满意吗?换一首古诗再试试呢?

2. 人工智能时代,智能翻译越来越普及,我们还需要学习外语吗?

3. 除了教材中提及的应用,你还使用或了解过哪些语音识别技术的应用?说说你的体验。如果有需要改进的地方,你希望是哪些?

4. 说说你认为不适合使用语音识别技术的应用场景及理由。

5. 使用思维导图将本任务的知识点整理呈现。

习题答案

任务五习题答案

任务六
让机器成为大师

【案例导读】

在人工智能时代,机器正逐步掌握人类专家的核心能力,成为各领域的"大师"。中国北斗卫星导航系统的崛起,正是这一变革的典范。从刘经南院士团队攻克坐标转换难题,到实现厘米级高精度定位,再到与5G、AI技术的深度融合,北斗系统展现了机器如何通过算法优化与数据驱动,将专业知识和经验转化为智能化服务。如今,从无人驾驶到智慧农业,从精准施工到灾害预警,北斗的广泛应用印证了人工智能在复杂决策中的卓越潜力。

本任务将探讨机器如何通过学习专家经验、处理多维数据、实现自主优化,最终超越人类局限,成为真正的"领域大师"。北斗的案例不仅揭示了技术突破的路径,更为人工智能赋能传统行业提供了宝贵范式。

——《让北斗点亮美好生活——中国工程院院士刘经南矢志钻研卫星导航系统技术难题》"学习强国"平台,有删改

问题思考:

在专家系统不断向智能化、自主化方向发展的背景下,如何平衡机器智能的决策效率与人类指挥员的直觉判断,确保在复杂多变的战场环境中,人—机协同能够发挥出最大的作战效能?

6.1 专家系统及其发展

一、专家系统的概念

专家系统是在某一特定领域内，拥有大量专家知识，能使用专业推理方法解决复杂问题的人工智能计算机程序。也就是说，专家系统本质上是计算机程序，只不过这个程序拥有一个或多个专家在这个领域提供的大量知识和经验，且该程序能够利用这些知识与经验按照一定策略进行推理、解决问题。简而言之，专家系统就是一种模拟人类专家解决领域问题的计算机程序系统。

二、专家系统的产生与发展

专家系统是人工智能的一个分支，也是目前最活跃最有成效的一个研究领域。自诞生以来，它经历了三个阶段，目前在向第四阶段迈进。

（一）第一阶段：初创阶段

20世纪60年代，随着人工智能的发展，研究者开始尝试将人类推理能力编码为计算机程序。在美国宇航局支持下，爱德华·费根鲍姆与乔舒亚·莱德伯格合作开发了首个专家系统DENDRAL，该系统能根据质谱数据推断分子结构，被全球高校和实验室广泛应用。随后，MACSYMA代数系统、HEARSAY语音识别系统和INTERNIST医疗诊断系统相继问世。这一时期的专家系统虽在专业领域表现优异，但存在结构僵化、移植性差等局限。这些开创性工作为后续专家系统发展奠定了基础。

（二）第二阶段：成熟阶段

20世纪70年代中期，专家系统技术趋于成熟，代表性成果包括斯坦福大学开发的医疗诊断系统MYCIN和首个实现商业价值的矿产勘探系统PROSPECTOR。MYCIN能协助医生诊断血液感染并推荐抗生素治疗方案，PROSPECTOR则具备专业地质学家的勘探能力。这一阶段的系统虽在专业领域实现单学科应用，并在系统完整性、移植性方面有所突破，但在人—机交互、知识获取与表示、推理机制等方面仍存在明显局限，为后续发展指明了改进方向。

（三）第三阶段：发展阶段

20世纪80年代是专家系统的快速发展期。80年代初，诊断型医疗专家系统占据主导；中期开始转向具有显著经济效益的系统；后期则随着神经网络、模糊技术的兴起和计算机普及，智能化程度显著提升。这一时期，专家系统在人工智能语言、知识表示方法和推理机制等方面取得重要突破。

(四)第四阶段:发展新阶段——智能化的知识革命

进入21世纪,专家系统迎来了前所未有的进化浪潮。在大数据、深度学习、知识图谱等技术的推动下,专家系统不再只是冰冷的规则引擎,而是蜕变为具备学习、推理、适应能力的智能助手。

如今的专家系统,能够像人类专家一样从海量数据中自动提取知识,构建动态更新的知识网络。例如,医疗诊断系统不再仅依赖人工输入的病例规则,而是结合医学文献、影像数据、临床记录,自动挖掘潜在关联,为医生提供精准建议。金融风控系统则融合概率推理与深度学习,在瞬息万变的市场中预测风险,同时保持决策的可解释性。在工业领域,专家系统化身为"数字老师傅",通过分析设备运行数据,提前预警故障,甚至自主优化生产流程。在智能客服中,它们结合自然语言理解与专业知识库,提供更人性化的交互体验。

然而,这场智能革命也带来了新的挑战——如何让机器推理更透明?如何平衡自动化与人类专家的主导权?未来的专家系统,或许将走向人机共生,既拥有AI的高效与精准,又保留人类专家的经验与直觉,共同塑造更智慧的决策时代。

> **知识链接**

罕见病AI大模型"协和·太初"

2025年2月16日,北京协和医院与中国科学院自动化研究所共同研发的"协和·太初"罕见病大模型正式进入临床应用阶段。该模型的研发基于我国罕见病知识库的多年积累和中国人群基因检测数据支撑,是国际首个符合中国人群特点的罕见病大模型,能帮助医生更加准确快捷地识别诊断罕见病,进一步缩短确诊时间,破解罕见病诊疗全国范围内同质性差的难题,其问世标志着我国罕见病人工智能大模型技术已跻身国际前沿,标志着罕见病诊疗"中国方案"取得重要突破。

罕见病种类繁多,但患者稀少,导致诊断医生匮乏,误诊、漏诊率超70%,基层诊疗能力亟待提升。传统AI模型因数据匮乏、知识可信度低等问题,难以满足罕见病诊疗需求。针对这一痛点,北京协和医院与自动化研究所携手,历时两年攻关,将医院诊疗经验、全国罕见病诊疗协作网数据与AI技术深度融合,成功打造了"协和·太初"大模型。

该模型采用主动感知交互、鉴别诊断及"数据+知识"混合驱动等技术,引入DeepSeek-R1深度推理能力,构建了罕见病诊疗的智能基座。它具备决策逻辑符合临床思维、有效抑制AI幻觉、知识自主迭代三大优势,使用便捷,患者通过多轮交互即可获得初步诊疗建议。

为确保决策可信度,模型构建了多维度可溯源的知识库,通过整合权威数据、动态更新知识等方式,有效抑制"幻觉"现象。针对罕见病数据稀缺问题,研究团队采用极小样本冷启动技术,实现少量数据与医学知识融合下的全流程辅助决策,并通过临床使用反馈不断迭代优化。

"协和·太初"大模型得到了国家卫生健康委等多部门支持,全国罕见病诊疗协作网等提供了平台和数据支撑。自2024年2月发布以来,该模型在北京协和医院试点应用效果良好,现已优先面向患者开放,未来将逐步推广至全国罕见病协作网医院。

张抒扬教授表示,"协和·太初"是罕见病诊疗"中国方案"的重要突破,将持续优化,助力基层能力提升与分级诊疗体系建设,让罕见病诊疗的"微光"照亮更多家庭。

——《跻身国际前沿、助力分级诊疗|罕见病 AI 大模型"协和·太初"正式进入临床应用》,北京协和医院官网,2025 年 2 月 19 日,有删改

测一测

一、单选题

1. 世界上第一个专家系统是(　　)。
   A. MYCIN　　B. DENDRAL　　C. PROSPECTOR　　D. INTERNIST

2. 20 世纪 70 年代最具代表性的专家系统是(　　)。
   A. DENDRAL 和 MACSYMA　　B. MYCIN 和 PROSPECTOR
   C. HEARSAY 和 INTERNIST　　D. 以上都不是

3. 专家系统本质上是一种(　　)。
   A. 机械装置　　　　　　　　B. 计算机程序系统
   C. 数学公式　　　　　　　　D. 物理模型

4. "协和·太初"模型解决的核心问题是(　　)。
   A. 常见病误诊率　　　　　　B. 罕见病诊疗同质性差
   C. 医疗资源过剩　　　　　　D. 药品价格过高

二、判断题

5. 专家系统可以完全替代人类专家进行决策。　　　　　　　　(　　)
6. "协和·太初"模型采用了"数据+知识"混合驱动技术。　　(　　)
7. PROSPECTOR 是第一个取得经济效益的专家系统。　　　　(　　)
8. 专家系统发展第四阶段仍然主要依赖人工规则输入。　　　　(　　)

练一练

绘制专家系统发展历程的思维导图,涵盖四个阶段(初创期、成熟期、发展期、新阶段)。

6.2 专家系统与知识工程

一、知识工程的概念

在日常生活中,我们习惯用数据描述客观事物的数量、属性、位置及其相互关系等,

比如"3",但这些被记录的数据都是最原始、分散、孤立的,与其他数据之间没有联系,孤立的数据没有任何意义。随着信息技术的高速发展,对数据加工处理,使数据之间相互建立联系,形成有一定含义的信息。而通过归纳、总结、演绎等手段对信息进行挖掘沉淀后有价值的内容,与人类知识体系相结合的过程,就是将信息转化成知识的过程。知识是对信息的抽象总结,但是数据、信息、知识之间不存在绝对的界限。从数据到信息再到知识,是数据变得有序、有意义的固有规律。知识反映的是信息的本质。

1977年第五届人工智能会议上,爱德华·费根鲍姆首次提出人工智能的概念,认为知识工程是人工智能的原理和方法,是对那些需要专家知识才能解决的应用难题提供求解的手段。恰当运用专家知识的获取、表达和推理过程的构成与解释,是设计基于知识的系统的重要技术问题。

Minsky (1969年图灵奖)
感知机,框架知识表示

Newell & Simon (1975年图灵奖)
形式化语言,通用问题求解

Judca Pearl (2011年图灵奖)
概率图模型之父

McCarthy (1971年图灵奖)
LISP语言,Advice Taker系统

Feigenbaum (1994年图灵奖)
知识工程提出者

Bemers-Lec (2016年图灵奖)
语义网

图 6-1　传统知识工程代表性人物与成就

二、知识工程的组成部分

知识工程作为一门新兴的学科,将人工智能系统中共同的基本问题作为核心研究,使之成为指导研究各类智能系统的一般方法和基本工具,其过程主要包含五个部分。

1. 知识获取:知识获取包括从某一领域的专家、书籍、纸质文件或计算机文件等获取的知识,可以是某一个特定领域的一般知识,也可以是某特定问题的解决程序。

2. 知识验证:知识验证是指知识被证实是准确的过程,例如将某一内容看作测试用例,专家依据测试用例验证知识的准确性。

3. 知识表示:将通过各种手段获得的知识按照一定手段或方法组织在一起的活动叫作知识表示。知识表示需要准备知识地图,且需要在知识库中进行编码。

4. 推论:推论主要指软件程序的设计,软件程序依据已有的知识和细节问题进行推理,然后将推理的结果提供给非专业的用户。

5. 解释和理由:主要指设计和解释功能。

> 知识链接

智能化的突破口：知识工程

人们一般将人工智能分为计算智能、感知智能和认知智能三个层次。简要来讲，计算智能即快速计算、记忆和储存能力；感知智能，即视觉、听觉、触觉等感知能力，当下十分热门的语音识别、语音合成、图像识别是感知智能；认知智能则为理解、解释的能力。

目前的智能研究旨在通过计算机模拟，让机器获得和人类相似的智慧，解决智能时代下的精准分析、智慧搜索、自然人机交互、深层关系推理等实际问题。着眼当下，以快速计算、存储为目标的计算智能已经基本实现。近几年，在深度学习推动下，以视觉、听觉等识别技术为目标的感知智能也取得不错的胜利果实。然而，相比于前两者，认知能力的实现难度较大。举个例子，小猫可以"识别"主人，它所用到的感知能力一般动物都具备，而认知智能则是人独有的能力。人工智能的研究目标之一，就是希望机器将具备认知智能，能够像人一样"思考"。

这种像人一样的思考能力具体体现在：机器对数据和语言的理解、推理、解释、归纳、演绎的能力，体现在人类所独有的一切认知能力上。学界、业界都希望通过计算机模拟，让机器获得和人类相似的智慧，解决智能时代下的精准分析、智慧搜索、自然人机交互、深层关系推理等实际问题。

知道了认知智能是机器智能化的关键，进一步我们要思考如何实现认知智能，即如何让机器拥有理解和解释的认知能力。

肖仰华教授认为，知识图谱和以知识图谱为代表的知识工程系列技术是认知智能的核心。知识工程主要包括：知识获取、知识表示和知识应用。我们可以尝试突破的方向在于知识的利用，在于对符号知识和数值模型结合的应用。而这些努力，最终结果就是使机器具备理解和解释的能力。

三、知识获取

专家系统的最大优势是它具有比专家更全面的知识，并且可以利用这些专业知识按照专业的方法进行推理，以此来解决问题。由此可以看出，于专家系统而言，它具有的知识是一切的基础。知识获取的基本任务就是为专家系统获取知识，建立健全、完善、有效的知识库，以满足求解领域问题的需要。知识获取主要包含以下四项工作。

（一）抽取知识

抽取知识是指将知识源中的知识通过甄别、筛选、归纳、总结等步骤提取出来的过程。知识的主要来源是领域专家以及该领域的专业技术文献，但是并不是所有的知识都是可以直接利用的。为了对不能直接使用的知识进行转换，需要知识工程师做大量的工作。例如对某一领域专家来说，他们可以自如且无压力地处理领域中的专业问题，却无法条理清晰地解释出处理问题的原因和原则；他们可以列举大量成功解决专业问题的案例，却不一定能说出这些案例之间的联系。专家比较熟悉本领域的知识，不熟悉专家系统的相关技术,因此他们无法按照专家系统的要求提供知识。因此,需要知识工程师有目的地引导,通过反复与专家沟通,将沟通内容进行分析、归纳、总结等,整理出可供专家系统利用的知识。

专家系统的另一个知识来源是专家系统自身运行的结果。专家系统以已有知识库作为基础,通过系统运行推理归纳出新的知识,并将知识补充到知识库中,这个过程就是专家系统的自学能力。

(二) 知识转换

知识转换指将领域专家或文献中的知识表示形式转换成计算机能够识别、处理的知识表示形式的过程。

领域专家和专业技术文献常用的知识表示方式为自然语言、图形、表格等,而专家系统知识库中所表示的知识必须能够被计算机识别和运行,两种表示形式之间存在较大差距,因此必须将从领域专家和专业技术文献中抽取的知识转换成计算机可以运行的表示形式。知识转换一般分为两步进行:第一步,将知识转换成某种表示模式,比如将"这个耳机的颜色是粉色的"这一自然语言转换成计算机可以理解的三元组表示方式,因三元组由对象、属性、值来表示,所以对象是耳机,属性为颜色,值为粉色;第二步,把该模式表示的知识转换成计算机可用的内部形式,这一过程通过输入和编译完成。

(三) 知识输入

知识输入是指将由某种模式表示的知识通过编辑、编译输入知识库的过程。目前,知识输入有两种途径:一是利用计算机系统自带的编辑软件;二是利用专门的知识编辑器。

(四) 知识检测

知识库的建立需要经过知识抽取、知识转换、知识输入等过程实现,其中任意一个环节的失误都会导致知识错误,而错误知识将会影响到专家系统的性能。因此需要对知识库中的知识进行检测,纠正可能出现的错误,以防患于未然。

> **知识链接**
>
> **知识获取的分类**
>
> 知识获取按照自动化程度,可以划分为人工获取、半自动、自动获取三种模式。
>
> 一、人工获取
>
> 人工知识获取也叫作非自动获取。在这种知识获取模式中,主要分两步进行:第一步,由知识工程师通过阅读专业技术文献或通过与领域专家反复沟通后获得知识;第二步,由知识工程师通过某种编辑器将知识输入知识库。
>
> 人工获取知识模式是专家系统中比较常用的一种知识获取模式。因为领域专家一

一般不熟悉知识工程,无法将知识按照专家系统的要求进行抽取与表达;当直接询问专家解决领域特定问题的规则和方法时,专家表达起来也非常困难。因此在这个模式中,知识工程师起到至关重要的作用。知识工程师需要长期与领域专家一起工作,通过阅读专业技术文献、与领域专家沟通,获得基本的原始知识;通过对原始知识的分析、归纳、整理等步骤形成自然语言描述的知识,再将知识返回给领域专家检查,直到原始知识确定下来;将确定下来的原始知识按照一定的知识表示形式表示出来;最后将特定表示形式的知识利用知识编辑器输入知识库。

图6-2 人工获取知识的过程

二、自动获取

自动获取,是指专家系统本身具有获取知识的能力。专家系统可以直接与领域专家进行对话,即直接从专家提供的原始知识中获得专家系统所需要的知识,而不需要知识工程师的参与;专家系统还能以知识库原有知识为基础,通过专家系统的自身运行从实践中总结、归纳出新知识,不断进行知识库的更新、完善。能自动获取知识的专家系统具有以下能力。

1. 具有语音、文字、图像识别能力。专家系统中的知识来源于领域专家以及相关的专业技术文献。实现知识的自动获取,则专家系统需要与领域专家直接沟通或阅读专业技术文献。

2. 具有分析、归纳能力。专家系统中的知识,除直接源于领域专家与专业技术文献外,还有以原有知识为基础,通过分析、归纳总结出的新知识。这些新知识的获得要求专家系统必须具备分析、归纳能力。

3. 具有运行实践的学习能力。在知识库投入使用后,随着专家系统的运行、应用纵深发展,知识库会逐渐暴露出知识的不完备性,因此需要专家系统随着运行实践不断进行知识库的知识完善。

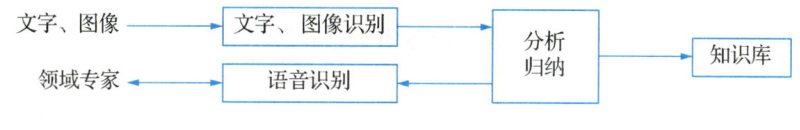

图6-3 自动获取知识的过程

三、半自动获取

自动获取模式是知识获取的一种理想状态,但是涉及人工智能的多个领域。虽然随着科技的进步、技术的发展,人工智能有了极大的进步,但是目前仍未达到完全自动获取的程度。在专家系统的知识获取中,既存在人工获取又存在自动获取的知识获取模式,叫作半自动获取模式。

> 测一测

一、单选题

1. 知识工程的核心组成部分不包括(　　)。
   A. 知识获取　　B. 知识验证　　C. 数据清洗　　D. 知识表示
2. 爱德华·费根鲍姆提出的"知识工程"概念首次出现在(　　)。
   A. 1975 年　　B. 1977 年　　C. 1980 年　　D. 1965 年
3. 专家系统的知识获取方式中,以下属于"自动获取"的一项是(　　)。
   A. 知识工程师手动输入规则　　B. 专家系统通过实践归纳新知识
   C. 领域专家直接编写代码　　　D. 从书籍中摘录知识
4. 以下是"知识验证"关键步骤的一项是(　　)。
   A. 使用测试用例验证知识准确性
   B. 将自然语言转换为计算机代码
   C. 从专家处收集原始知识
   D. 优化推理算法

二、判断题

5. 知识工程的目标是让机器具备和人类相似的智慧。(　　)
6. 专家系统的知识只能来源于领域专家,不能从运行中自主学习。(　　)
7. 知识图谱是认知智能的核心技术之一。(　　)

> 练一练

根据文档中关于"知识工程"的描述,绘制一个包含以下关键知识点的思维导图:知识工程的概念、知识工程的组成部分、知识获取的方法。

要求:

思维导图应清晰展示各知识点之间的层级关系。

每个关键知识点下应简要列出其核心内容或定义。

使用颜色、符号或图形增强思维导图的可读性和视觉效果。

6.3　专家系统的结构和特点

一、专家系统的结构

从专家系统的定义中,我们可以发现专家系统的核心是知识库和推理机。不同的专家系统具体的功能和结构可能有所不同,但是一个完整的专家系统应该包括人机交互界面、知识获取、解释器、综合数据库、知识库和推理机六个部分,各部分之间的关系如图 6-4 所示。

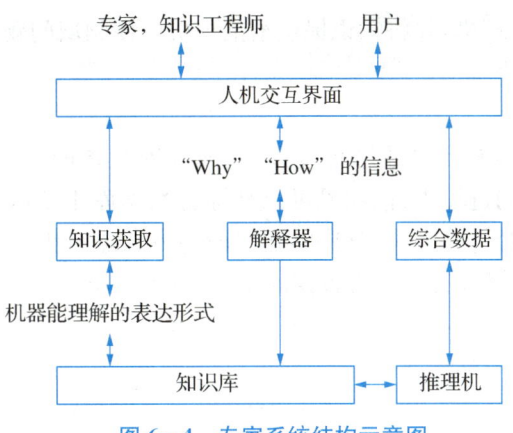

图 6-4 专家系统结构示意图

(一) 人机交互界面

人机交互界面,又叫作人机接口,一般由一组程序以及具有相应功能的硬件组成,主要用于完成输入、输出功能,是专家系统和领域专家、知识工程师、一般用户之间进行沟通交流的界面。尤其对于一般用户而言,所接触到的专家系统基本为人机交互界面,而专家系统功能的实现都是由其背后的复杂结构完成。比如知识获取机构可以通过人机交互界面与领域专家和知识工程师进行交互,通过人机交互界面,领域专家和知识工程师可以实现知识库的更新、完善。

(二) 知识获取

知识获取,该结构的基本任务就是为专家系统获取健全、完善、有效的知识库,以满足专家系统解决领域问题的需要。目前,专家系统的知识获取部分是专家系统发展的"瓶颈期",主要依靠领域专家和知识工程师共同完成。其具体的知识获取任务和模式在知识获取中有介绍。

(三) 解释器

解释器的主要任务是回答用户提出的问题,并解释系统的推理过程。简而言之,就是专家系统利用解释器的功能,通过人机界面向一般用户说明为什么要提出某一问题以及专家系统是如何解决领域问题的。解释器的存在大大提高了专家系统的透明性,也让用户了解到该问题的具体解决方案,提高专家系统的可信度。

(四) 综合数据库

综合数据库,又称为"动态数据库""数据库""小黑板",主要用于存放用户提供的基础信息,以及专家系统在解决问题的运行过程中得到的中间结果、最终结果等信息。在综合数据库中,存储的内容是不断变化的,这也是"动态数据库""小黑板"名称的由来。

(五) 知识库

知识库主要存储领域专家、专业技术文献提供的领域内专门知识,知识库中知识的获得源于知识获取、推理机,并将知识提供给推理机以便领域问题的解答。

(六) 推理机

推理机可以模拟领域专家的思维过程,完成专家系统的主要任务——解决领域问题。在专家系统运行的过程中,推理机可以从综合数据库中获取领域问题的基本情况,然后从知识库中选择合适的知识、解决问题手段和方式进行推理,然后得到相应的中间结果和最终答案,并将其保存在综合数据库中,通过人机交互界面传递给用户。

二、专家系统的特点

专家系统具有以下几个特点。

(一) 启发性

专家系统可以利用专家系统中的知识和经验,按照专家的逻辑思维理念进行推理、决策,解决领域内的问题。而不是简单地按照问题在知识库中进行搜索,查找相应答案。

(二) 透明性

专家系统除了能解决领域问题外,还可以解释、解决领域问题的推理过程,回答用户的提问,让用户了解解决问题的过程,提高对专家系统的信任度。

(三) 灵活性

专家系统中知识库和推理机分离,相互之间更新互不干扰。且知识库中的知识能够不断新增、修改,为专家系统的升级提供保障。

(四) 交互性

专家系统可以通过人机交互界面与使用者进行交互:一方面通过与领域专家或知识工程师进行对话获取知识;另一方面与用户交流获取已知事实,并回答用户问题。

(五) 实用性

专家系统一般是针对某一专业领域的系统,拥有该领域相关的知识、规则等信息,能通过与用户的交互活动,解决用户在专业领域内的困难。

> **测一测**
>
> 一、单选题
> 1. 专家系统的核心组成部分是( )。
>   A. 人机交互界面和解释器　　　　B. 知识库和推理机
>   C. 综合数据库和知识获取　　　　D. 解释器和综合数据库
> 2. 以下不属于专家系统的特点的一项是( )。
>   A. 启发性　　B. 透明性　　C. 随机性　　D. 灵活性

3. 解释器的主要功能是（　　）。
　A. 存储领域知识　　　　　　　B. 回答用户问题并解释推理过程
　C. 优化算法效率　　　　　　　D. 自动更新知识库
4. 专家系统的灵活性体现在（　　）。
　A. 知识库和推理机相互独立更新　B. 仅能解决单一问题
　C. 无需用户交互　　　　　　　D. 推理过程不可见

二、判断题

5. 专家系统的推理机可以模拟领域专家的思维过程。　　　　　（　　）
6. 综合数据库中存储的内容是固定不变的。　　　　　　　　　（　　）
7. 专家系统的透明性指其能解释推理过程。　　　　　　　　　（　　）

练一练

根据文档内容，绘制专家系统六大组件的思维导图，需包含：
1. 各组件名称（如知识库、推理机等）
2. 核心功能（如"知识库存储领域知识"）
3. 组件间的交互关系（用箭头标注，如"推理机从知识库获取知识"）

6.4　经典的专家系统

　　虽然每个专家系统的工作流程都不一样，但是专家系统工作的基本流程在一定程度上是统一的。专家系统工作的基本流程：首先，用户通过人机交互界面与专家系统进行沟通交流，用户输入的信息会暂时存在综合数据库中，以供推理机使用；其次，推理机将综合数据库中用户输入的信息与知识库中的信息进行匹配，并把符合规则的结论存储到综合数据库；最后，专家系统将得到的结论通过人机交互界面呈现给用户。下面我们以几个不同的专家系统为例，为大家介绍经典的专家系统。

一、医学界的鼻祖——MYCIN

　　MYCIN专家系统，是由斯坦福大学研制的，在专家系统发展史上具有里程碑意义。MYCIN专家系统是一个致力于帮助医生对血液感染病人进行诊断和选用抗生素药物的医学类用药推荐专家系统。在使用MYCIN时，医生向其输入病人的信息，MYCIN系统会对该病人进行诊断，并给出结果及处方。
　　医学领域专家对病人进行诊断和提出处方的过程大致分为四个阶段：
（1）确定病人是否有血液感染需要治疗。
（2）确定该病人的疾病是由什么细菌感染引起。
（3）有哪些药物可以对该细菌有效。
（4）结合病人的实际情况，选择合适的药物进行治疗。

图 6-5　MYCIN 系统咨询过程示意图

以上的决策过程非常复杂，主要依据为医生的临床经验和判断；而 MYCIN 系统则试图用产生式规则体现专家的判断知识，以便模仿专家的推理过程。

在确认引起疾病的细菌类别时，需要对病人的血液、尿液等样品进行培养，以确定某种细菌生长的迹象，但是要完全确认细菌的生长类别需要 24—48 小时。但在许多情况下，病人的病情不允许等这么长时间。因此，医生需要在信息不全面或不准确的情况下决定病人是否需要治疗，如果需要治疗，应该采用什么样的治疗方案。而 MYCIN 专家系统的重要优势之一就是具有在不确定、不完全信息状况下推理的能力。

（一）MYCIN 系统的构成

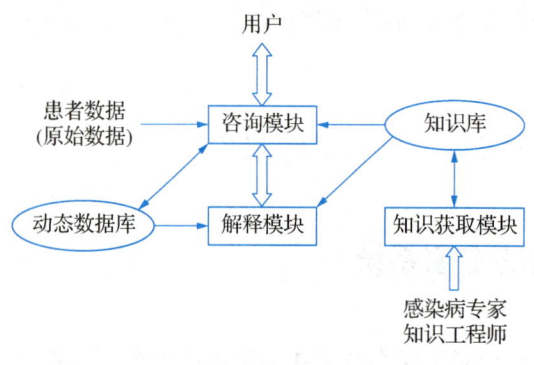

图 6-6　MYCIN 系统结构图示意

根据图 6-6 可以看出，MYCIN 系统主要由咨询模块、解释模块、知识获取模块、知识库和动态数据库（综合数据库）组成。

1. 咨询模块

咨询模块相当于人机交互界面和推理机的综合。当医生使用 MYCIN 专家系统时，首先启用的就是该模块。MYCIN 系统启动后会给出相关提示，要求医生按照要求输入相关信息，比如病人的姓名、性别、年龄、症状等。医生在回答系统询问时提供的信息被用于诊断，如果诊断中需要更进一步的信息，系统会再次向医生提问。系统一旦可以依据信息做出合理的诊断，MYCIN 系统就会列出所有可能的处方，然后与医生进行更进一步的对话，直至确认选择出适合病人的处方。

2. 解释模块

在咨询模块运行的过程中，可以随时启用解释模块回答医生的问题，如要求系统回答问题"为什么要输入该参数""结论是如何得出来的"等。

3. 知识获取模块

知识获取模块主要用于从专家、专业技术文献中获取知识，用于充实知识库中的内容。当发现知识、规则有遗漏或错误时，知识工程师和领域专家可以利用该模块增加和修改知识和规则。

4. 知识库

知识库主要用于存放诊断疾病相关的知识，在 MYCIN 系统中用产生式规则表示。知识库是在系统建成的时候一次性装入的，在系统应用的过程中可以利用知识获取模块进行扩充和修改。

5. 综合数据库

综合数据库主要用于存放与患者相关的信息，比如基本信息、化验结果、诊断结论等。因其随着系统运行动态变化，又叫作动态数据库。

（二）MYCIN 系统中知识的表示

MYCIN 系统的知识库主要存放与诊断和治疗血液感染类疾病相关的专家知识，同时还存放了一些推理需要的静态知识。其中领域知识主要以规则的形式表示，其具体的格式为：

RULE＊＊＊

　　IF 判断条件

　　THEN 结果（满足判断条件的判断结果）

　　【ELSE（不满足判断条件的判断结果）】

其中，RULE＊＊＊代表规则的编号（注：＊的个数与格式中数量相同），IF 代表了前提条件，当满足前提条件或者前提条件判断为真时，那么可以确定结果或可以执行结果；若是 IF 代表的前提条件不满足时，就无法得到结果。例如有以下规则：

RULE 064 如果有机体染色是革兰氏阳性，且有机体形态是球状的，且有机体的生长结构呈链状，那么存在证据表现该有机体为链球菌类，可信度为 0.7。

（三）MYCIN 系统的推理策略

MYCIN 系统采用反向推理和深度优先的搜索策略。当系统启动后，会以当前的病人 PERSON 作为根节点，而最终的处方是由专家系统推理得出，也是 MYCIN 系统推理的最终目标。例如，为了获得最终处方，首先要调用 MYCIN 系统中唯一的处方规则 092，然后对其进行反向推理，以求得到最终处方。其中 092 规则体现了系统诊断和处方决策的四个步骤：

RULE092

IF（以下两条内容为判断条件）

①存在一种病菌需要处理；

②某些病菌虽然没有出现在目前的培养物中，但是已经注意到它们需要处理。

THEN（当上述两个条件符合的时候，则执行以下内容）

①根据病菌对药物的过敏情况，编制一个可能抑制该病菌的处方表；

②从处方表中选择最佳处方。

ELSE（当上述两个条件不符合的时候，则执行以下内容）

病人不必治疗。

治疗方案的选择：当目标规则的前提条件确认，诊断病人患有细菌感染后，MYCIN 系统开始处理目标规则的结论，挑选治疗方案。MYCIN 系统会根据确认的细菌的特性选择用药方案，依据药物的有效性、是否已用过、副作用等原则从原有的用药方案中择优。

知识获取：知识库中存放了 MYCIN 中的各种规则，每条规则都是一个独立的经验，知识库可以不断地扩充和修改。因 MYCIN 系统的学习能力有限，新添加规则涉及的参数类型等不能超出原有的种类；为防止新知识引入产生混乱，系统采用了二级存储的方法，只有经过运行验证的知识才可以写入知识库。

二、地质勘探专家——PROSPECTOR

PROSPECTOR 专家系统是第一个取得经济效益的专家系统，它由美国斯坦福大学研制，主要用于辅助地质学家勘探矿藏。该专家系统将矿床模型以计算机能解释的形式进行编码，然后利用这些模型进行推理，达到勘探评价、区域资源估值和钻井井位选择的目的。

（一）PROSPECTOR 系统的结构

PROSPECTOR 系统的结构较为复杂，主要由模型文件、术语文件、知识获取系统、分析器、推力网络、匹配器、英语分析器、问答系统、解释器等组成，其中模型文件和术语文件一起组成了知识库。

（二）PROSPECTOR 系统的功能

PROSPECTOR 系统主要有三个功能：

1. 评价勘探结果
依据岩石标本、勘探数据参数，对勘探的矿区做出综合评价。

2. 预测矿床资源
根据勘探结果，对矿藏资源的分布、蕴藏量、开采价值等进行预估。

3. 计划井位编制
根据矿藏资源的分布、蕴藏量、开采价值等，预编制合理的开采计划以及钻井方位。

三、关幼波肝病诊疗系统——中医专家系统的开创性实践

关幼波肝病诊疗系统是中国首个成功研发并投入临床使用的中医专家系统，标志着人工智能技术在传统医学领域的里程碑式应用。20世纪80年代，面对基层中医人才匮乏的现实需求，中国科学院自动化研究所与北京中医医院展开深度合作，以著名肝病专家关幼波的临床经验为蓝本，开创性地将中医辨证论治过程转化为计算机可执行的逻辑规则。

（一）知识表示体系

系统创新性地采用了多层级知识表示方法。在症状层面，将中医四诊信息转化为结构化参数；在辨证层面，构建了包含200余条产生式规则的知识库，完整封装了关幼波"治肝十法"的学术思想；在处方层面，建立了包含200多味中药的药材库，详细标注了性味归经和配伍禁忌。

（二）推理机制设计

系统采用混合推理策略：通过正向推理初步筛选可能的证型，再运用逆向推理进行

验证。针对中医症状的模糊性特点,创新性地引入了置信度加权算法,有效处理了"隐痛""微黄"等主观描述的量化问题。在处方生成阶段,系统会根据药材库存情况和患者个体差异(如体质敏感度)动态调整药味组成和剂量。

(三) 知识获取方法

研发团队采用了"三位一体"的知识获取途径:系统分析关幼波教授的典型医案(约300例)、全程记录其临床诊疗过程(超过1000诊次),并与其进行深度结构化访谈。通过这种"医案挖掘—临床观察—专家访谈"的闭环模式,最终提炼出可计算化的诊疗规则。

该系统以肝病诊疗为核心,完整复现了关幼波教授"辨病—辨证—立法—处方"的临床思维过程。医生通过输入患者症状(如胁痛程度、黄疸表现、舌象特征、脉象类型等),系统即可自动完成证型判断(如肝胆湿热型、肝郁脾虚型等),并给出个性化的治疗原则和中药处方建议。在临床验证中,系统对典型肝炎、早期肝硬化病例的辨证准确率达到90%以上,处方符合率超过85%,显著提升了基层医疗机构的肝病诊疗水平。

四、专家系统的应用

(一) 专家系统在农业中的应用——砂姜黑土小麦施肥专家咨询系统

1985年12月初,砂姜黑土小麦施肥专家咨询系统通过了省级鉴定,该专家系统是将专家系统运用于作物施肥的国内首创,且具有显著的经济效益,便于推广。系统投入使用后,因其具有使用成本较低(仅需要一台计算机,程序写在磁盘上)、汉字显示(提问回答通俗易懂)、操作方便、咨询时间短、咨询结束提交用户一张清单等特点而备受好评。

砂姜黑土小麦施肥专家咨询系统可以完成以下功能:
(1) 根据相关参数判断土壤肥力。
(2) 依据土壤的肥力情况给出合理施肥方案,并可以预估小麦亩产、经济收入与化肥产投比。
(3) 依据用户期望产量给出施肥方案。
(4) 依据化肥使用情况,预估小麦亩产。
(5) 依据咨询中的推理过程,解释提出问题的根据。

> **知识链接**
>
> #### 熊范纶——我国首个农业智能专家系统开创者
>
> 改革开放以来,中国经济持续多年快速发展。伴随经济的快速发展,我国农业生产领域也发生了翻天覆地的变化。农产量稳步增加,农村基础设施明显加强,生产条件大大改善,农村居民生活水平和质量实现了跨越式提高。农业和农村经济的快速发展,不仅解决了14亿中国人的吃饭问题,而且对世界农业也做出了积极贡献,取得的辉煌成就举世瞩目。
>
> 然而这一切都离不开广大劳动人民的辛勤付出,也离不开那些农业科学家和为"三

农"服务的科学家的默默奉献。他们中有为农业发展提供最新最精准的信息和最先进的技术,让农民"事半功倍",实现更合理、更便捷、更高效、更科学的农业生产。熊范纶便是其中杰出的代表之一。

熊范纶是我国农业专家系统与智能系统技术的开创者与奠基人,他将智能技术应用于农业,成了信息技术应用于"三农"的一个成功范例。尤其是农业专家系统的开创和发展,是我国高科技盛开的一朵奇葩,来之不易。

所谓的农业专家系统,就是把专家系统技术应用于农业领域的一项计算机人工智能技术。它是国家"863"计划高科技成果,根据农业生产的需要,有针对性地研究开发出一系列适合不同地区、不同作物的农业专家系统,为农技工作者和农民提供方便、先进、实用的农业生产技术咨询和决策服务。

在那精彩纷呈、充满希望与梦想的绿色世界里,熊范纶扮演的是一名农业"护航者"的身份。春去秋来,化风润雨,他结合中国国情,与农业专家紧密合作,用手中掌握的科学利器不断完善发展创新,走出了一条我国农业智能工程独具特色的发展道路。他用三十多年的创新、奋斗和坚守,奏响了一曲来自农业科技的精神之歌。

——中国网,2017年3月9日,有删改

(二)专家系统在地震中的应用——ESEP

地震预报专家系统(ESEP)由国家地震局地球物理研究所研制,于1989年完成并通过国家地震局组织的专家鉴定。

ESEP是在地震学领域专家知识的基础之上,利用多种模型进行推理、决策、地震预报的专家系统,主要包括中长期预报系统、年度预报系统和中短期预报系统。每个系统包括七个模块:绘图显示模块、总控模块、专家知识库、数据库、方法库、事实准备模块、推理和决策模块等。其中,中长期预报系统主要以地震带为单位进行,综合行之有效的手段进行中长期地震预报;年度预报系统则以中长期预报系统为基础,结合年度中行之有效的手段进行年度预测推理;中短期预报系统则以年度预测结果为基础,结合中短期预报的前兆,对特定地点进行强震预测推理。

(三)口袋中的植物大百科——花伴侣

花伴侣是目前贴近我们生活的一个植物识别专家系统,也可以叫作花伴侣植物识别软件。在花伴侣系统中,建立了一个超大规模的植物分类图库和专业植物信息库,其知识量储备以及知识表达的精准程度甚至可以超过植物专家。用户仅需通过手机对植物拍照,即可轻松识别超3000属上万种植物,解决了之前只能根据名称或重要特征查找植物的问题。在花伴侣专家系统中,除了基本的知识库,还引用了卷积神经网络、InceptionV4、细粒度图像分类识别引擎等。系统在运行的过程中,会通过植物花、果、叶等特征部位进行匹配,并支持相似图,自动展现与植物照片最相似的图片,同时将该种植物的专业知识通过链接进行表达,用户可以根据需要自行查看。

(四)医疗AI赋能的智能诊断助手——腾讯觅影

腾讯觅影是腾讯公司推出的医疗人工智能辅助诊断平台,致力于通过AI技术提升疾病筛查与诊断的效率和准确性。该系统深度融合顶尖医学专家的诊疗经验和先进的深度学习算法,能够精准分析医学影像,为医生提供可靠的辅助诊断建议。

在癌症早筛领域,腾讯觅影表现出色。它能够通过内镜、CT等影像快速识别食管癌、肺癌等早期病变,准确率高达99%,远超传统人工筛查水平。对于糖尿病视网膜病变,系统仅需几分钟即可完成眼底照片分析,并给出明确分级,帮助基层医疗机构实现高效筛查。

目前,腾讯觅影已在全国上千家医院落地应用,累计服务超200万人次,显著提升了早期疾病检出率。这一创新成果不仅推动了优质医疗资源下沉,更展现了人工智能技术在医疗领域的巨大潜力,为智慧医疗发展树立了标杆。

(五)百度智能气象预报系统

百度智能气象预报系统是基于人工智能技术的新一代气象预报平台,深度融合气象学原理与深度学习算法,为气象部门和企业用户提供精准的天气预报服务。该系统依托百度强大的算力支持和大数据处理能力,能够实现分钟级降水预报、台风路径预测等复杂气象场景的智能化分析,预报准确率和时效性显著提升。

在天气预报方面,系统通过分析雷达回波、卫星云图等多源气象数据,结合时空预测模型,可提前0—6小时精准预测降水发生时间和强度,暴雨预警准确率较传统方法提高20%以上。在台风预报领域,系统整合历史路径数据和实时观测信息,运用神经网络算法优化预测模型,24小时路径预报误差控制在70公里以内。目前,该系统已在全国多个省市气象部门投入业务化应用,为防灾减灾、交通出行、农业生产等场景提供重要决策支持,展现出人工智能技术在气象领域的创新价值。

(六)大疆农业植保专家系统

大疆农业植保专家系统是集成无人机技术与农业智能的数字化植保解决方案。该系统通过构建作物生长知识库和病虫害识别算法,为现代农业提供精准施药决策支持。基于大疆农业无人机平台,系统可自动识别田间作物长势、杂草分布及病虫害特征,结合气象数据和农艺专家经验,生成最优作业方案。

系统核心功能包括智能巡田分析、变量施药决策和作业效果评估。其搭载的多光谱传感器可精准监测作物健康状况,AI算法能识别20余种常见病虫害,准确率达90%以上。在施药环节,系统根据作物类型、病虫害程度自动计算用药量,实现厘米级精准喷洒,较传统方式节省30%农药用量。目前该系统已服务全国超5亿亩次农田作业,帮助农户提升植保效率5—8倍,推动农业生产向智能化、精准化转型,展现了农业科技创新的实践价值。

> **测一测**

一、单选题

1. MYCIN专家系统主要用于( )领域。
   A. 地质勘探 B. 医学诊断与用药推荐
   C. 农业施肥咨询 D. 气象预报

2. PROSPECTOR 专家系统的主要功能不包括（　　）。
　A. 评价勘探结果　　　　　　　　B. 预测矿床资源
　C. 计划井位编制　　　　　　　　D. 天气预报
3. 关幼波肝病诊疗系统采用的知识表示方法是（　　）。
　A. 单层级知识表示　　　　　　　B. 多层级知识表示
　C. 树形结构表示　　　　　　　　D. 网状结构表示
4. 砂姜黑土小麦施肥专家咨询系统的特点不包括（　　）。
　A. 使用成本较低　　　　　　　　B. 汉字显示
　C. 操作复杂　　　　　　　　　　D. 咨询时间短

二、判断题

5. MYCIN 系统具有在不确定、不完全信息状况下推理的能力。（　　）
6. PROSPECTOR 系统的知识库由模型文件和术语文件组成。（　　）
7. 关幼波肝病诊疗系统采用单一的推理策略。（　　）

三、填空题

8. MYCIN 系统的知识库中，知识主要以＿＿＿＿＿＿＿的形式表示。
9. 腾讯觅影医疗 AI 平台通过＿＿＿＿＿＿＿技术提升疾病筛查与诊断的效率和准确性。

6.5　专家系统的局限性

专家系统有这么多的优势，却不是万能的，那么专家系统有哪些局限性呢？

一、需要设计大量的规则、策略

专家系统没有人类的逻辑思维能力，所以在专家系统设计与开发的过程中消耗大量的人力和物力，完成规则、策略的定义。这些规则、策略是解决专家系统按照要求完成专业领域实际问题解决的关键难点之一。例如在创建知识库的过程中，领域专家的知识需要知识工程师按照一定的规则进行整理，转化为符合规则的知识存入知识库；推理机从知识库中获取相关信息，按照一定的规则、策略和方法一步步地模拟领域专家的思维过程，直到得出相应的结论。

二、需要领域专家来主导

虽然专家系统拥有非常大的优势，但是其只能模仿专家的思考方法，缺少领域专家知识面的广度和对基本原理的理解，并不能解决一切的问题，尤其是常识性问题、社会性问题。同时人类的感情输入，专家系统也是做不到的。随着科学的进步，领域知识不断发展更新，人类的创造性劳动在任何时候都是不可替代的。

三、问题解决有一定局限性

专家系统一般使用在某一个特定的专业领域内,用以解决专业的知识。一旦超出这个专业领域范围,专家系统则无法解决问题。

四、系统适应能力差

目前,人工智能并未完成自我觉醒。换句话说,现阶段的人工智能并不拥有自我意识,所以专家系统现阶段所能解决的所有问题是以人类专家解决领域问题为基础的。人们在设计与开发专家系统的过程中,不可能面面俱到,所忽视的问题就将成为该专家系统的工作短板。

五、知识获取有"瓶颈"

知识的获取环节,不仅要求知识工程师要具有相应的领域知识,还要求知识工程师具备较高的计算机水平,同时知识工程师还要了解该专家系统的各种规则以及推理策略等。

六、处理不确定性问题的能力较差

尽管专家系统采用可信度、贝叶斯(Bayes)法则等处理不精确问题,但是在模糊推理、归纳推理、非完备推理等方面的能力较差。

测一测

判断题
1. 专家系统能够完全替代领域专家进行所有类型的问题解决。　　　(　　)
2. 领域专家在专家系统设计与开发过程中不扮演任何角色。　　　(　　)
3. 专家系统一旦超出其专业领域范围,仍然能够解决问题。　　　(　　)
4. 专家系统拥有自我意识,能够自我觉醒。　　　(　　)

习题答案

任务六习题答案

任务七
让机器自主学习

【案例导读】

2025年4月28日《自然·材料》杂志报道，美国哥伦比亚大学工程学院团队创建了一种机器学习算法，可以通过观察纳米晶体产生的图案来推断材料的原子结构。该成果破解了困扰材料科学界一个世纪的纳米晶体结构解析难题，有望加速新药研发、清洁能源材料开发及文化遗产研究。

晶体学是理解几乎所有材料特性的最有效方法。然而，传统方法仅适用于毫米级完美晶体，面对由微小颗粒组成的粉末状纳米晶体时，现有技术仅能获得模糊的原子排列信息，导致诸多关键材料研究陷入停滞。

此次，研究团队利用4万个已知原子结构对一个生成式人工智能模型进行了训练，从而开发出一个能够从"失真数据"中还原原子结构的智能系统。

问题思考：

美国哥伦比亚大学工程学院团队通过机器学习算法成功破解了纳米晶体结构解析的难题，这一成果不仅为材料科学带来了突破，也展示了机器学习在跨学科领域的巨大潜力。那么，机器学习究竟是如何通过数据和算法实现复杂问题的解决的？它在材料科学中的应用又为其他领域带来了哪些启示？

7.1 机器学习

一、机器学习的内涵

机器学习是让计算机模仿人类学习的过程，通过经验积累知识，在众多实际应用中展现巨大潜力，它的核心思想是利用大量数据训练模型，使其能够自动识别数据中的模式，并据此做出决策或预测。通过数据驱动的形式，赋予计算机自主学习的能力，极大地提高了复杂问题的解决效率,在医疗领域,机器学习可以通过分析病患数据进行疾病预测和个性化治疗,在金融领域用于风险评估和市场预测。

图 7-1 机器学习的内涵

知识链接

机器学习的历史事件

1. 1952 年,塞缪尔写出第一个跳棋程序,能够从人机对弈中学习规则。
2. 1957 年,Frank 设计出第一个计算机神经网络——感知机。
3. 1967 年,最近邻算法被提出,计算机具有了简单识别类型的能力。
4. 1997 年,深蓝击败帕斯卡罗夫,计算机学习能力达到了新高。
5. 1999 年,支持向量机取得巨大成功,统计学习方法成为主流。
6. 2006 年,Geoffrey Hinton 正式提出深度学习概念,开启机器学习新纪元。
7. 2010 年,邓力提出的深度学习语音识别方法取得突破,语音技术走向成熟。
8. 2016 年,谷歌 AlphaGo 击败了围棋专业选手李世石、柯洁。

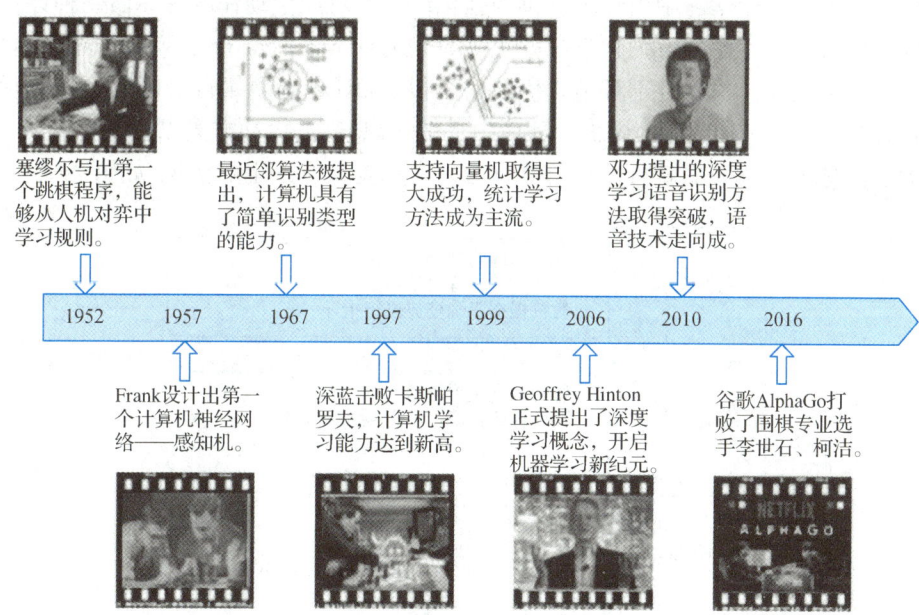

图 7-2 机器学习重要历史事件

二、机器学习的分类

通过反馈类型,机器学习可以分为以下几种。

(一) 有监督学习

有监督学习是从标签化训练数据集中推断出函数的机器学习任务。训练数据由一组训练实例组成。在监督学习中,每一个例子都是一对,有一个输入对象(通常是一个向量)和一个期望的输出值(也被称为监督信号),有监督学习算法分析训练数据,并产生一个推断的功能,它可以用于映射新的例子。一个最佳的方案将允许该算法正确地在标签不可见的情况下确定类标签。

(二) 无监督学习

现实生活中常常会有这样的问题,缺乏足够的先验知识,因此难以人工标注类别或进行人工类别标注的成本太高,很自然地,我们希望计算机能代我们完成这些工作,或至少提供一些帮助。根据类别未知(没有被标记)的训练样本解决模式识别中的各种问题,称之为无监督学习。

(三) 强化学习

强化学习是智能体(Agent)以"试错"的方式进行学习,通过与环境进行交互获得的奖赏指导行为,目标是使智能体获得最大的奖赏。强化学习不同于监督学习,主要表现在强化信号上。强化学习中由环境提供的强化信号是对产生动作的好坏做一种评价(通常为标量信号),而不是告诉强化学习系统(Reinforcement Learning System,RLS)如何去产生正确的动作。由于外部环境提供的信息很少,RLS必须靠自身的经历进行学习。通过这种方式,RLS在行动—评价的环境中获得知识,改进行动方案以适应环境。

通过网球的训练我们就可以对机器学习的常见类型有一定的认识,如图7-3。

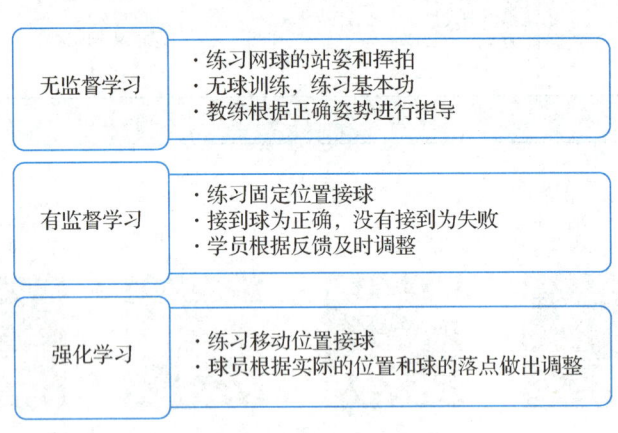

图7-3 机器学习与网球训练

在人类学习的模式中也可以看到机器学习的三种方式。在老师监督的情况下是监督学习,老师会及时将学习效果告知学生,学生根据反馈及时调整。学生自学可以看成一种无监督状态的学习。具备了一定的知识后,及时地进行自加压力、自我激励,可以看成一种强化学习。

监督学习	非监督学习	强化学习

有老师教	自学	自我激励的学习

图 7-4 机器学习与人类学习

> 测一测

一、单选题

1. 下列关于有监督学习的描述,正确的是(　　)。
A. 不需要标签化的训练数据
B. 通过"试错"与环境交互获得奖赏来学习
C. 训练数据包含输入对象和期望的输出值(监督信号)
D. 主要用于解决类别未知的模式识别问题

2. 下列哪一事件标志着深度学习概念的正式提出?(　　)
A. 1952 年,塞缪尔写出第一个跳棋程序
B. 1997 年,深蓝击败卡斯帕罗夫
C. 2006 年,Geoffrey Hinton 提出深度学习
D. 2016 年,AlphaGo 击败围棋选手

二、填空题

3. 机器学习的核心思想是利用大量数据训练模型,使其能够自动识别数据中的_____,并据此做出决策或预测。

4. 根据反馈类型,机器学习主要分为有监督学习、无监督学习和_____三类。

三、判断题

5. 深度学习是实现机器学习的方法之一,而机器学习是实现人工智能的方法之一。(　　)

6. 强化学习需要依赖标签化的训练数据来指导智能体的行为。(　　)

7.2　数据采集与标注

一、数据采集

人类通过眼睛采集图像,通过鼻子采集气味,通过耳朵采集声音,机器同样通过相应的传感器获取相应的信息。常见的数据采集有语音数据采集、图像数据采集、视频数据采集、文本数据采集以及其他数据采集等。用于机器学习的数据是大量的数据,数据的获取也可以通过购买相关行业、组织、公司、机构提供的数据,比如要进行机器学习在医

学中的应用研究,就需要大量医学相关照片,需要进行购买。数据的获取也可以通过自行采集,比如要进行机器学习在网络安全中的应用研究;可以通过爬虫技术获取合法的互联网数据,按照研究的需要进行自定义采集指标和字段等;还可以通过数据交换来获取行业数据,比如通过在购物网站搜索一款商品,在浏览器的其他平台会看到相关商品的广告,这就是数据交换的结果。

表 7-1　数据的常见类型

数据类型	数据示意图	应用
语音数据		语音识别 人机对话 听歌识曲 机器对话
图像数据		人脸识别 物体识别 图像处理 场景理解
视频数据		内容判断 视频查找 视频分类 视频分析
文字数据		阅读理解 语义分析 文章分类 文章写作
其他数据		棋谱数据 基因测序数据等

二、数据标注

（一）什么是数据标注

确立一个算法模型需要使用大量标注好的数据去训练机器，让机器去学习其中的特征以达到"智能"的目的。而数据标注就是帮助机器去学习、去认知数据中的特征。比如我们要让机器学习认知汽车，我们直接给机器一张汽车的图片它是无法识别的，必须对汽车图片进行标注，打上标签注明"这是一辆汽车"，当机器对大量打上标签的汽车图片进行学习之后，我们再给机器一张汽车的图片，机器就能知道这是一辆汽车了。

（二）数据标注的类型

数据标注的类型非常多，比如文本分类、图片拉框、语音转写、人像打点等。下面是常见的数据标注类别及其用途。

1. 图片拉框

拉框标注法是最常见的一种标注形式，而且对标注人员的要求也较低。常见的拉框有人体拉框、车辆拉框，主要应用在人体识别、物体识别等领域。

图 7 - 5　图片拉框

2. 人脸打点

这种标注并不局限于人脸打点，还包括人体外轮廓打点等，对每个点的位置都会有要求，主要应用于人脸识别、人体识别等领域。

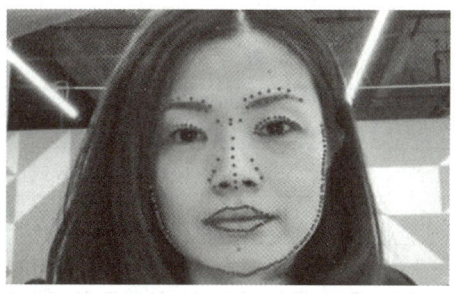

图 7 - 6　人脸打点

任务七　让机器自主学习

3. 语音转写

语音转写指听一段语音,标注人员把所听到的语音内容转录出来,主要应用于语音识别领域。

4. OCR 转写

OCR 转写一般要求框选出图片中的文字等需要转写的区域,并将框选部分的文字转录出来,主要应用于文字识别领域。

5. 文本分类

这类项目一般是判别文本中语句的类别,或者判别文本包含的情感(正向、中性、负向),主要应用于智能客服等领域。

> **知识链接**
>
> ## 常见的寻找机器学习数据集的方法
>
> 1. 亚马逊数据集
>
> https://registry.opendata.aws/
>
> 2. Kaggle 数据集
>
> https://www.kaggle.com/datasets
>
> 3. 微软数据集
>
> https://github.com/awslabs/open-data-registry/
>
> 4. 谷歌数据集搜索引擎
>
> https://toolbox.google.com/datasetsearch
>
> 5. UCI 机器学习数据库
>
> https://archive.ics.uci.edu/ml/datasets.html
>
> 6. 公共数据集资源收集
>
> https://github.com/awesomedata/awesome-public-datasets
>
> 7. 欧盟开放数据集(欧洲政府的数据集)
>
> https://data.europa.eu/euodp/data/dataset

为了采集网络上的信息,诞生了爬虫技术。网络爬虫(又被称为网页蜘蛛、网络机器人),是一种按照一定的规则自动地抓取万维网信息的程序或者脚本。另外一些不常使用的名字还有蚂蚁、自动索引、模拟程序或者蠕虫。爬虫技术就是为了更好地给我们提供网络数据采集。

表 7-2

通用爬虫	搜索引擎
聚焦爬虫	抓取特定领域或主题的信息
增量爬虫	只抓取新产生或发生变化的内容
深层爬虫	抓取需要登录才能访问下载的网站

聚焦爬虫	·抓取特定域或主题的信息
增量爬虫	·只抓取新产生或发生变化的内容
深层爬虫	·抓取需要登录才能访问下载的网站

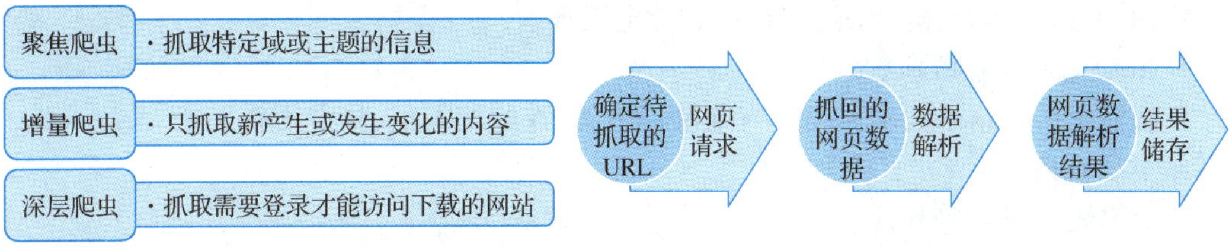

确定待抓取的URL → 网页请求 → 抓回的网页数据 → 数据解析 → 网页数据解析结果 → 结果储存

图 7-7　网络爬虫分类及基本思路

三、应用实例

（一）智能安防

智能安防是人工智能与信息技术结合的关键领域,对于城市与民生发展有重要的意义。智能安防通过生物识别、行为监测等技术手段,被广泛地应用于城市道路监控、车辆人流监测、公共安全防范等领域。智能安防数据采集与标注,主要为智能安防等研发企业提供所需算法训练场景的数据采集与标注。

1. 智能安防数据采集

智能安防常见采集类型有人脸采集、道路视频采集、车辆采集、动作采集等。

2. 智能安防数据标注

智能安防通过数据标注,提供图像、音视频数据标注以及自然语言处理,多重审核,保证准确率。常见标注类型有人脸打点标注、骨骼关键点标注、人体拉框标注、视频切分、目标跟踪标注、语义分割等。

人脸打点　　　骨骼关键点　　　人体拉框

视频切分　　　目标跟踪　　　语义分割

图 7-8　智能安防数据标注类型

（二）智能家居

智能家居行业是 AI 在生活服务领域的重要落地场景,也是人类感知 AI 落地最深的行业之一。智能家居产品融合语音控制、物联网技术,给生活带来更多便利。目前主要应用场景如智能音箱、扫地机器人、智能电视等。

1. 智能家居数据采集

智能家居数据采集常见类型有唤醒词采集、控制词采集、指定语料采集、人脸采集、情绪类型采集等。

2. 智能家居数据标注

智能家居数据常见标注类型有人物语音转写、行为意图标注、声纹识别标注、领域识别、语句泛化、语义分割等。

（三）智能驾驶

智能驾驶行业是 AI 在汽车领域的重要应用。智能驾驶人工智能算法模型训练时，对训练数据有较高的要求。智能驾驶标注数据类型包括图像、音视频以及 3D 点云类标注。常见标注类型包括：图片通用拉框、车道线标注、驾驶员面部标注、3D 点云标注、2D/3D 融合标注、全景语义分割等。

图 7-9　智能汽车数据标注

智能驾驶数据采集内容包括驾驶员信息备采、路况信息采集、车辆采集、3D 点云数据采集等类型。

图 7-10　智能驾驶语义分割

> 测一测

一、单选题

1. 下列不属于数据采集途径的是(　　)。

A. 购买行业数据　　　　　　　B. 自行采集(如爬虫技术)
C. 数据标注　　　　　　　　　D. 数据交换

2. 以下哪种数据标注类型主要应用于语音识别领域？(　　)

A. 图片拉框　　B. 语音转写　　C. 人脸打点　　D. 文本分类

二、判断题

3. 数据标注的主要目的是帮助机器识别数据特征，例如给汽车图片标注"汽车"标签。
(　　)

4. 增量爬虫的作用是抓取需要登录才能访问的网站内容。(　　)

三、填空题

5. 常见的数据采集类型包括语音数据、图像数据、视频数据、文本数据和_____。

6. 智能驾驶领域的数据标注类型包括图片通用拉框、车道线标注、驾驶员面部标注、3D 点云标注、2D/3D 融合标注和_____。

7.3　特征提取

一、什么是特征提取

数据的分类是机器学习的一个重要应用，对数据进行分类的前提是对采集数据进行特征提取。特征提取指的是对事物某些方面进行刻画的数字或者属性。

图 7-11　四种水果特征

图 7-11 中一共有 4 种水果，人类能够非常容易分辨出它们的类别。如果让计算机来识别不同的水果名称，首先就要提取水果的特征。第一，通过形状特征，可以将香蕉与其他水果分辨出来，香蕉是长条形状，其他三类水果是圆形。第二，通过颜色特征可以分辨出西瓜与其他两种水果，西瓜是绿色，其他水果是红色。第三，通过直径大小可以判断出樱桃和苹果，直径较小的是樱桃，直径较大的是苹果。具体在计算机中，我们设定形状参数为 x_1，颜色参数为 x_2，直径大小为 x_3，为了方便表示，将这三个特征数字写在一个括号中，即 (x_1, x_2, x_3)，这种表示数据的形式我们称为向量。

知识链接

向量和向量的运算

向量是将多个数字排成一行，比如 (2,8,12)，称为向量。向量的维数指的是在括号中数字的个数，比如 6 维向量 (1,2,3,4,5,6)。

向量具有相应的运算能力。

加法：相同维数的向量可以进行加法运算。

例如：$(1,2,3)+(4,5,6)=(5,7,9)$。

向量对应的第一个数字进行相加，得到向量的第一个数字：$1+4=5$。

向量对应的第二个数字进行相加，得到向量的第二个数字：$2+5=7$。

向量对应的第三个数字进行相加，得到向量的第三个数字：$3+6=9$。

减法：相同维数的向量可以进行减法运算。

例如：$(5,7,9)-(4,5,6)=(1,2,3)$。

将两个向量对应的第1,2,3个数字分别进行相减，得到向量的第1,2,3个数字。

例如：$5-4=1;7-5=2;9-6=3$。

乘法：向量和单个数字相乘就是将这个数字与向量中的每一个数字进行相乘。

例如：$2\times(1,2,3)=(2,4,6)$

向量的内积：将向量中对应的数字进行相乘后再相加。

例如：$(1,2)(3,4)=1\times3+2\times4=3+8=11$

二、不同数据特征提取的方法

对于不同的数据，会设计不同的特征提取方法。图像，人类设计了方向梯度直方图；声音采用梅尔频率倒谱系数；视频，人类设计了光流直方图；文本采用词频率—逆文档频度设计。

方向梯度直方图（Histogram of Oriented Gradient，简称HOG）是应用在计算机视觉和图像处理领域，用于目标检测的特征描述器。这项技术是用来计算局部图像梯度方向信息的统计值。

在声音处理领域中，梅尔频率倒谱（Mel-Frequency Cepstrum）是基于声音频率的非线性梅尔刻度（Mel Scale）的对数能量频谱的线性变换。梅尔频率倒谱系数（Mel-Frequency Cepstral Coefficients，MFCCs）就是组成梅尔频率倒谱的系数。它衍生自音讯片段的倒频谱（Cepstrum）。

通过对图像中梯度信息的统计，梯度直方图能够表示图像中物体的轮廓信息，从而便于计算机对图像中的物体进行区分。类似的，研究人员通过光流直方图的概念对视频中的光流信息进行统计，从而表示出视频中物体的运动信息，以便对计算机中的视频进行区分。

词频—逆文档频度（Term Frequency-Inverse Document Frequency，TF-IDF）技术，是一种用于资讯检索与文本挖掘的常用加权技术，可以用来评估一个词对于一个文档集或语料库中某个文档的重要程度。字词的重要性随着它在文件中出现的次数成正比增加，但同时会随着它在语料库中出现的频率成反比下降。如果某个词比较少见，但是它在这篇文章中多次出现，那么它很可能就反映了这篇文章的特性，正是我们所需要的关键词。

三、大数据背景下的数据特征提取

大数据包含了海量、多维的数据，这些数据蕴含了巨大的价值。大数据分析的任务就是从这些数据中发现其中隐含的价值。在处理大数据的应用场景中,我们需要根据分析任务的目标(即分析对象)建立大数据模型。

大数据模型的输入部分是能够描述所分析对象的特征,这些特征来自我们所掌握的海量、多维的大数据资源;分析模型能够输入特征,通过计算得到分析结果。在大数据的分析过程中,特征作为模型的输入,其数量、维度、组织形式等对于分析结果均起到关键作用。

(一) 特征的形式

机器学习算法就是大数据模型中最常用的一类算法。基于机器学习的大数据模型的工作过程和人脑学习的过程类似,主要分为训练和分析两个阶段。训练阶段是根据已知的结果进行学习,建立模型的过程,就如同我们从实际经验中学习知识。分析阶段则是根据学习所得的模型,计算未知结果的过程。

图 7-12　数据分类

例如,我们通过如下一组图片学习到各种图片所代表的事物类别(训练阶段),当看到新的图片时,我们就可以得出图片中事物的类别(分析阶段)、机器学习算法的训练过程则是以图 7-12 中每个小图片作为输入,以图片所代表事物的类别作为输出,让机器模型不断地学习,使其能够具备判断同类事物的能力,分析阶段则能够基于上述能力判断新的图片所代表的事物类别。

在上述例子中,训练阶段和分析阶段所使用的数据输入为等尺寸的图片。在图片输入分析模型之前,我们需要对其中的特征进行提取。我们可以将图片"按像素展开",每个像素点的颜色值均为一个特征,假设输入的小图片尺寸为 30×30 像素,则一个小图片的特征就有 900 个,每个小图片代表 1 个样本。在图 7-12 所代表的图片库中共有 90 张小图片,通过特征提取我们能够得到 90 个样本,每个样本具有 900 个特征。每张小图片中像素(即特征)的内容方式不同,则其代表的事物就不同。

因此，对于大数据模型的特征，我们通常将其组织成一个向量或矩阵，每个元素代表一个特征的数值。大数据模型的训练过程就是根据这些数据特征和其相对应的分类不断地迭代模型中的参数，直到存在一组参数，使模型的输入和输出对于特征和其对应的分类匹配的准确率达到要求。

（二）特征提取的内容

特征提取更为通用的场景是当我们描述某个特定的分析对象时，需要从相关的数据资源中获取能够描述分析对象的信息，其中的每个特征则类似于上述例子中的"像素点"，特征提取的任务就是要通过对多个来源、多个维度的数据的挖掘，描绘出能够表达分析对象的一张"特征图"。"特征图"中应该尽量多地包含与分析对象相关的信息，提升图的"分辨率"，同时尽量去除与分析对象不相关的信息，减少"特征图"中的噪声，从而给分析模型一个正向的反馈，使其通过训练能够向接近"真相"的方向收敛。

大数据给我们描绘"特征图"提供了充分的素材。换句话说，在组织大数据资源时，我们应该尽量多地搜集与分析对象相关的数据，将不同来源的数据与分析对象关联起来，大数据的多样性特征即体现于此。例如，在描述每月的商品销售量变化时，我们可以把当月的销售统计数据作为特征，同时，也可以引入外部的相关信息与每月商品销量关联，如当月的重大事件、当月的天气情况、微博中对于同类商品的关注度等。

除了从大数据的资源中提取特征之外，我们还需要从历史数据中提取到与分析对象对应的类别信息，给算法的训练确立"目标"。如图7-12中表示的数据集中，除了包含每张图片的像素信息之外，还包含每张图片所对应的分类。包含完整的特征和分类信息的数据集合才能够用于算法的训练（无监督学习除外）。

（三）特征提取的方法

我们可以使用各种统计学、业务（学科）知识，从大数据资源中提取特征。很多传统的数据挖掘的方法也适用于对数据的特征提取，例如对分析对象的不同维度进行数据的钻取、旋转、回卷等操作。统计学中关于均值、方差、概率分布等知识也是特征提取的常用手段。事实上，特征提取并没有特定的方法，只要能够与分析对象关联，均可以用来作为特征。

然而，特征作为分析模型的输入，需要满足分析模型（机器学习算法）的要求，分析模型对于特征的要求主要有如下几个方面。

1. 特征的类型和取值范围

我们在提取特征时可能会采取不同的方法，对不同类型、来源的数据进行提取，会造成特征的取值范围不同和数据类型的差异。对于分析模型来说，取值范围不同代表着特征权重的差异，某些算法无法通过迭代消除这种差异，导致特征在权重上的误差（即在输入阶段就认为数值大的特征更重要）；同样，分析模型对于数据的特征输入以及分类标签的数据类型有不同的要求。因此，在特征输入模型之前，需要对其进行预处理，如归一化、连续化和离散化处理等。

2. 特征之间的关联性

由于我们在特征提取过程中可能会使用到统计学的方法对原始的数据资源进行处

理,在选取数据资源时也可能会有数据内容的重合,因此,特征之间可能会存在关联性。

3. 特征的维度和样本空间

在不提高特征关联性以及确保特征与分析对象相关的前提下,通常特征的维度越高,则代表了"特征图"的分辨率越大,能够更好地描述分析对象,对分析模型的训练过程有正向的影响。每一条完整的特征描述代表一个样本,样本空间指的是我们能够从大数据资源中提取出的全部样本。对于机器学习算法,在样本分布均匀的情况下,通常样本空间越大其训练的效果越好,得到的机器学习模型的准确率越高。

4. 特征的排列

对于一些通过局部感知进行分析的模型来说,特征的排列顺序至关重要。例如,在卷积神经网络进行图像识别时,如果图像分块排列顺序被打乱,在对边界附近的切片进行卷积时,会影响其局部感知,导致准确率下降,如图 7-13 所示(除非所有的图片中分块都是以同样的顺序排列)。

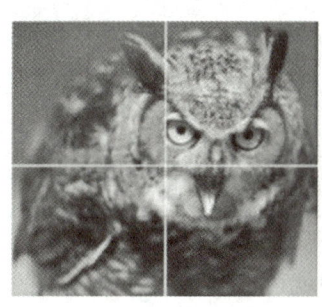
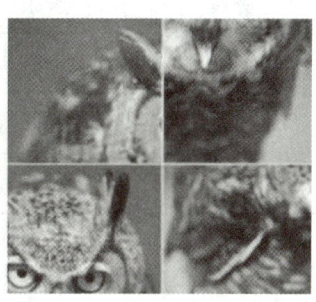

图 7-13 特征排列对算法的影响

特征提取是一个将原始数据(数据资源)映射到样本空间的过程,当映射建立起来后,我们就可以尝试使用训练样本对不同的机器学习算法进行训练,使用测试数据检验训练模型的性能,从而选取最优的算法和模型用于相应的场景。

> 测一测

一、单选题

1. 以下哪种方法是文本数据常用的特征提取技术?(　　)
   A. 方向梯度直方图(HOG)　　　B. 梅尔频率倒谱系数(MFCCs)
   C. 词频—逆文档频度(TF-IDF)　　D. 光流直方图

2. 向量(1,3)与向量(2,4)的内积是多少?(　　)
   A. 5　　　　　B. 10　　　　　C. 14　　　　　D. 20

二、判断题

3. 特征提取是将原始数据映射到样本空间的过程。(　　)
4. 不同维数的向量可以直接进行加法运算。(　　)

三、填空题

5. 声音数据常用的特征提取方法是_____(英文缩写)。
6. 在大数据模型中,特征通常被组织成_____或矩阵的形式。

7.4 数据分类

一、什么是数据分类

在对数据特征进行特征定义后,就可以通过特征参数进行数据的分类了,通过对水果的特征进行分析,得出四种水果的特征参数,见表7-3。

表7-3 四种水果特征参数

编号	名称	形状	颜色	大小
1	香蕉	长条	黄色	一般
2	西瓜	球	绿色	大
3	樱桃	球	红色	小
4	苹果	球	红色	中等

通过机器学习中监督学习的决策树模型就可以实现对水果类型的判断。决策树模型是基于树结构进行决策的,和人类面临决策时的处理机制是相似的。一棵决策树一般包含一个根节点、若干个内部节点和若干个叶子节点,每棵树有很多分支,每个分支代表一个属性的测试结果,叶子节点代表了类别。

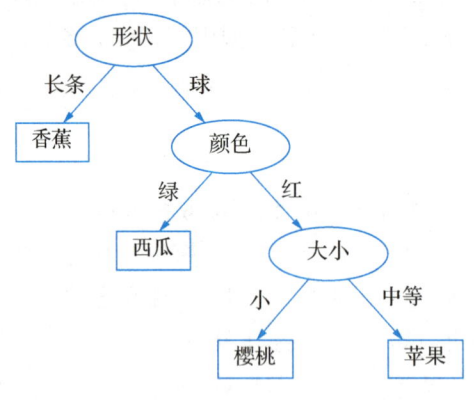

图7-14 决策树

通过表7-3中提供的参数,利用决策树算法,通过形状特征完成了香蕉和其他水果的划分;通过颜色完成了西瓜和其他水果的划分;通过大小完成了樱桃和苹果的区分。在图7-14中,每个节点代表一个区分属性,一个叶子节点代表一个类别。

二、数据分类的算法

(一) K 近邻算法

中国有句古语"近朱者赤,近墨者黑"。言下之意是,你周围的好人多,你是好人的概率就比较大;你周围的坏人多,你是坏人的概率就大。

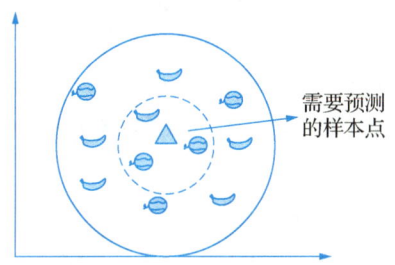

图 7-15　K 近邻算法

图 7-15 中我们要预测三角形处水果的类型,当我们选择 $K=3$ 的时候,在虚线圆的内部,西瓜的个数是 2 个,香蕉的个数是 1 个,机器就会认为水果的类别是西瓜。当把 K 的值变大,$K=11$,在实心圆的内部,西瓜 5 个,香蕉 6 个,机器会认为水果的类型是香蕉。通过这个例子我们会发现,K 近邻算法的缺点是非常明显的,对于参数 K 的值特别敏感。

(二) 支持向量机算法

支持向量机算法(Support Vector Machines,SVM)于 1995 年正式发表,是将实例表示为空间中的点,将这些点按照类别进行最大间隔的分开。其实这是一种二分类模型,即如何将两类点按照最大化的间隔分开。

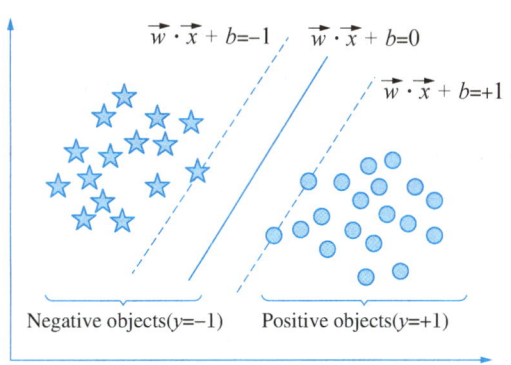

图 7-16　支持向量机算法示例

在一个二维平面上,有红色的圆形和蓝色的五角星两种形状,我们将蓝色的五角星表示一类(用-1 表示),红色的圆形表示另外一类(用+1 表示)。通过支持向量机算法求解一个超平面从而将五角星和圆形分开,距离超平面最近的样本点称为"支持向量",

两个异类支持向量到超平面的距离之和称为"间隔"。支持向量机算法的目标就是找到最大间隔的超平面。

同学们思考一下,图7-17中实现支持向量机模型算法的是哪个平面(a,b,c)?

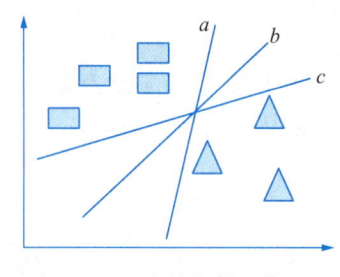

图7-17 支持向量机算法1

(三)聚类算法

聚类算法是无监督学习中的一种算法,其基本思想是根据人类和动物都具有"归类"的能力,将样本数据按照一定的标准划分成若干类,使同一类的样本点非常相似,不同类的样本点不相似。简单地说是同一类的样本点具有较高的内部相似度,不同类的样本点的相似度较低,最为广泛的聚类算法是 K 均值聚类算法。

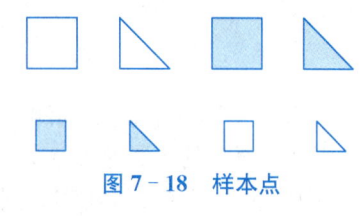

图7-18 样本点

图7-18所示的样本点通过 K 均值聚类算法进行分类,当设置样本的簇数 $K=2$,选择不同初始位置得到的分类结果是不同的,如图7-19所示。

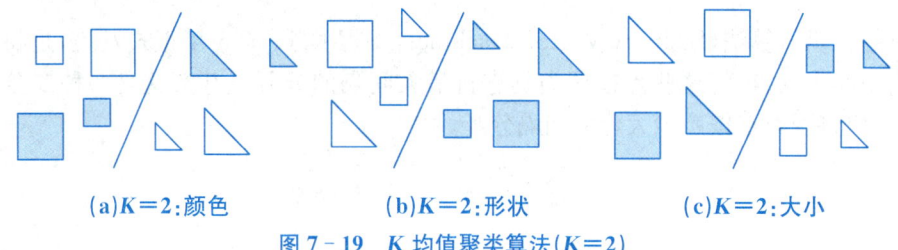

(a)$K=2$:颜色　　　　(b)$K=2$:形状　　　　(c)$K=2$:大小

图7-19 K 均值聚类算法($K=2$)

对上图所示的样本点通过 K 均值聚类算法进行分类,当设置样本的簇数 $K=4$,选择不同初始位置得到的分类结果是不同的,如图7-20所示。

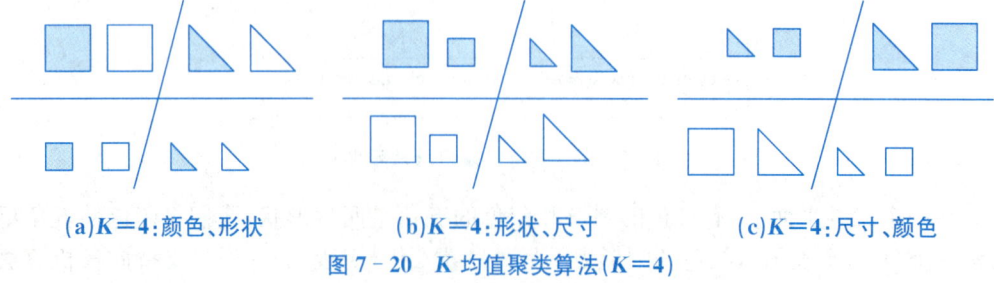

(a)$K=4$:颜色、形状　　(b)$K=4$:形状、尺寸　　(c)$K=4$:尺寸、颜色

图7-20 K 均值聚类算法($K=4$)

聚类算法的限制：聚类算法最终要求将样本数据唯一、确定地划为某一类别；不同类别之间样本不交叉。

（四）自编码算法

自动编码算法是最近几年流行起来的算法，应用越来越广泛。自编码器是利用神经网络实现无监督学习的一种算法，包括编码器和解码器两个典型部分。原始数据通过神经网络"编码"，再根据编码信息"解码"，还原原有信息。算法的基础是自动编码器能够学习原始数据的某些特征，并且根据这些特征将原来的数据还原出来。这个过程类似于人类学习讲故事的过程，先是听别人讲故事，然后理解了故事内容之后叙述出来。

实验的基本原理是通过学习实验中给的大量猫的头像作为样本点，机器通过学习将猫的特征进行编码，通过编码得到了相应的表示向量，解码器通过对表示向量进行解码就可以还原出所输入的图像。

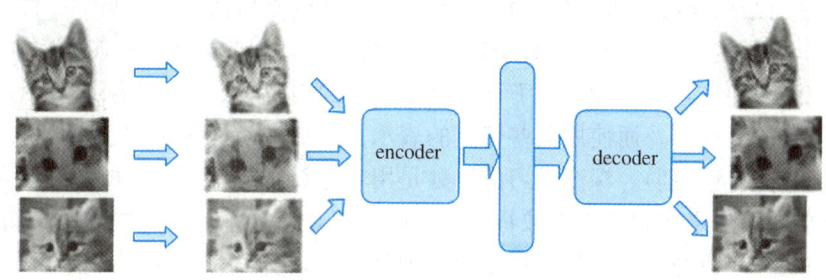

图 7-21　谷歌猫实验框架图

自动编码器使用范围：一是数据去噪，通过自动编码器将原来图像中的噪声去除；二是数据降维，即对隐性特征加上适当的维度和稀疏性约束，使自动编码器可以学习到低维的数据投影。

测一测

一、单选题

1. 在使用决策树模型对表 7-11 中的水果进行分类时，首先依据哪个特征划分出香蕉？（　　）

　　A. 颜色　　　　　　B. 形状　　　　　　C. 大小　　　　　　D. 名称

2. K 近邻算法的主要缺点是（　　）。

　　A. 计算速度慢　　　　　　　　　　B. 对参数 K 的值过于敏感

　　C. 无法处理高维数据　　　　　　　D. 需要大量训练数据

二、判断题

3. 支持向量机（SVM）是一种二分类模型，其目标是找到能够最大化两类样本间隔的超平面。　　　　　　　　　　　　　　　　　　　　　　　　　　　（　　）

4. 聚类算法属于监督学习，需要预先给定样本的类别标签。　　　　（　　）

三、填空题

5. 最广泛使用的聚类算法是_____算法。

6. 自编码器由_____和_____两个典型部分组成,用于实现无监督学习中的数据特征提取与还原。

7.5 神经网络与深度学习

深度学习的概念源于人工神经网络的研究,多隐层的多层感知器就是一种深度学习结构,深度学习通过组合低层特征形成更加抽象的高层表示属性类别或特征,以发现数据的分布式特征表示。

深度学习的概念由 Hinton 等人于 2006 年提出,基于深度置信网络(Deep Belief Network,DBN)提出非监督贪心逐层训练算法,为解决深层结构相关的优化难题带来希望,随后提出多层自动编码器深层结构。此外,Lecun 等人提出的卷积神经网络是第一个真正多层结构学习算法,它利用空间相对关系减少参数数目以提高训练性能。

深度学习是机器学习中一种基于对数据进行表征学习的方法。观测值(例如一幅图像)可以使用多种方式来表示,如每个像素强度值的向量,或者更抽象地表示成一系列边、特定形状的区域等。而使用某些特定的表示方法更容易从实例中学习任务(例如,人脸识别或面部表情识别)。深度学习的好处是用非监督式或半监督式的特征学习和分层特征提取高效算法来替代手工获取特征。深度学习是机器学习研究中的一个新的领域,其动机在于建立、模拟人脑进行分析学习的神经网络,它模仿人脑的机制来解释数据,例如图像、声音和文本。

同机器学习方法一样,深度机器学习方法也有监督学习与无监督学习之分。不同的学习框架下建立的学习模型不同。例如,卷积神经网络(Convolutional Neural Networks,简称CNNs)就是一种深度监督学习下的机器学习模型,而深度置信网络就是一种无监督学习下的机器学习模型。

一、机器学习与神经网络

在理解深度学习之前我们要先了解两个概念:机器学习和神经网络。

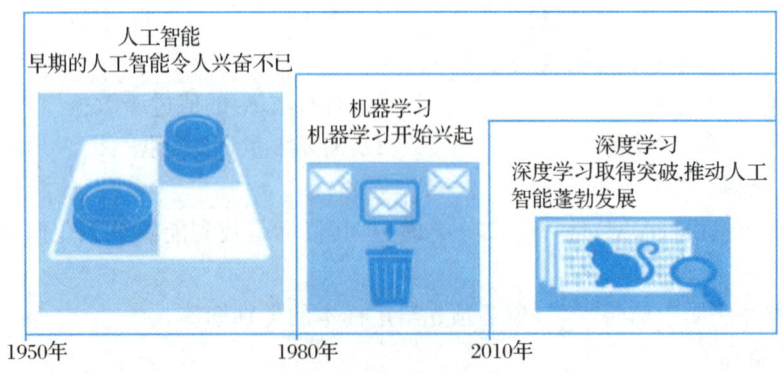

图 7-22 机器学习与深度学习的关联

通过图7-22我们可以看出,人工智能是一个很大的概念,机器学习是其中一个子集,而深度学习又是机器学习的子集。

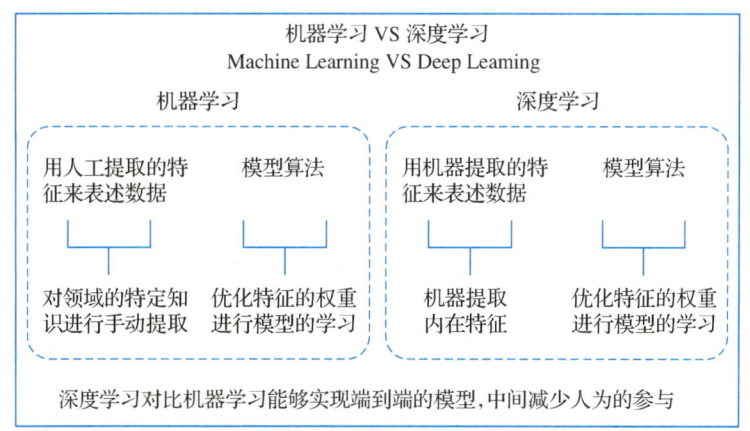

图7-23 机器学习与深度学习对比

人工智能的底层模型是"神经网络"(Neural Network)。许多复杂的应用(比如模式识别、自动控制)和高级模型(比如深度学习)都基于它。

(一) 感知器

历史上,科学家一直希望模拟人的大脑,造出可以思考的机器。人为什么能够思考?科学家发现,原因在于人体的神经网络。

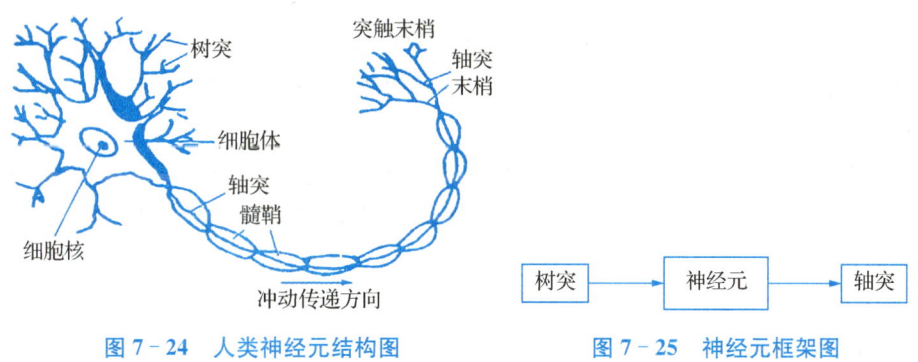

图7-24 人类神经元结构图　　图7-25 神经元框架图

神经元的主体部分为细胞体,细胞体主要由细胞核、细胞质、细胞膜等组成。由细胞体向外伸出其他许多较短的分枝为树突,树突相当于数据的输入端,接收其他神经元传输过来的冲动信号。轴突末端部分有许多分枝,叫轴突末梢,主要功能是输出和传递数据,将神经冲动传给其他神经元。神经元具有两种常规工作状态——兴奋状态和抑制状态,为了描述方便,我们表示为"0—1"状态。

既然思考的基础是神经元,如果能够"人造神经元"(Artificial Neuron),就能组成人工神经网络,从而模拟思考。20世纪60年代,出现了最早的"人造神经元"模型,叫作"感知器"(Perceptron),直到今天还在用。

任务七　让机器自主学习

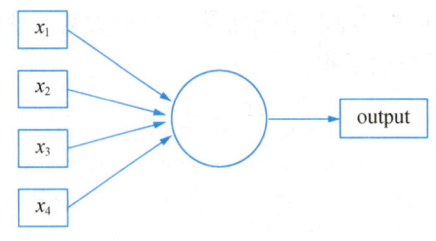

图 7‑26 感知器模型

图 7‑26 的圆圈就代表一个感知器。它接受多个输入（x1,x2,x3,x4……），产生一个输出（output），好比神经末梢感受各种外部环境的变化，最后产生电信号。

为了简化模型，我们约定每种输入只有两种可能：1 或 0。如果所有输入都是 1，表示各种条件都成立，输出就是 1；如果所有输入都是 0，表示条件都不成立，输出就是 0。

（二）感知器的例子

下面来看一个例子，系部进行学生会选举，小王同学竞选学生会的岗位。决定他能否当选的主要因素有以下三个。

系部：系部对小王的意见。

班主任：班主任对小王同学的平时表现提出能否当选的意见。

班级同学：班级同学投票对小王能否当选提出意见。

这就构成一个感知器。上面三个因素就是外部输入，最后的决定就是感知器的输出。如果三个因素都是 Yes（用 1 表示），输出就是 1（当选）；如果都是 No（用 0 表示），输出就是 0（不能当选）。

看到这里，你肯定会问：如果某些因素成立，另一些因素不成立，输出是什么？比如，系部同意，班级同学也同意，但是班主任认为小王同学不适合当选，那小王同学能否当选？

现实中，各种因素很少具有同等重要性：某些因素是决定性因素，另一些因素是次要因素。因此，可以给这些因素指定权重（weight），代表它们不同的重要性。

系部：权重为 3。

班主任：权重为 2。

班级同学：权重为 5。

上面的权重表示，班级同学意见是决定性因素，系部和班主任的意见都是次要因素。如果三个因素都为 1，它们乘以权重的总和就是 3+2+5=10。如果系部和班主任因素为 1，班级同学意见因素为 0，总和就变为 3+2+0=5。

这时，还需要指定一个阈值（threshold）。如果总和大于阈值，感知器输出 1，否则输出 0。假定阈值为 4，那么 5>4，小明可以当选。阈值的高低代表了能否当选的难度系数，阈值越低就表示越容易当选，越高就越不容易当选。

上面的决策过程，使用数学公式表达如下：

$$\text{output} = \begin{cases} 0 & \text{if } \sum_j w_j x_j \leqslant \text{threshold} \\ 1 & \text{if } \sum_j w_j x_j > \text{threshold} \end{cases}$$

上面的公式中,x表示各种外部因素,ω表示对应权重。

(三)决策模型

单个的感知器构成了一个简单的决策模型。真实世界中,实际的决策模型则要复杂得多,是由多个感知器组成的多层网络。

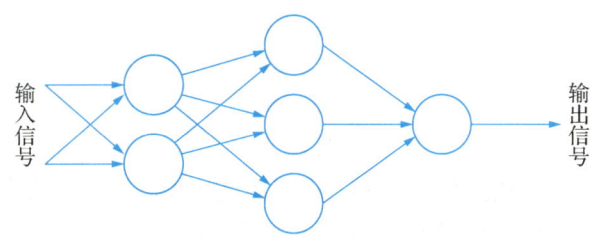

图 7-27　多层神经网络

图 7-27 中,底层感知器接收外部输入,做出判断以后再发出信号,作为上层感知器的输入,直至得到最后的结果。(注意:感知器的输出依然只有一个,但是可以发送给多个目标。)

图 7-27 中,信号都是单向的,即下层感知器的输出总是上层感知器的输入。现实中,有可能发生循环传递,即 A 传给 B,B 传给 C,C 又传给 A,这称为"递归神经网络"(Recurrent Neural Network),如图 7-28。

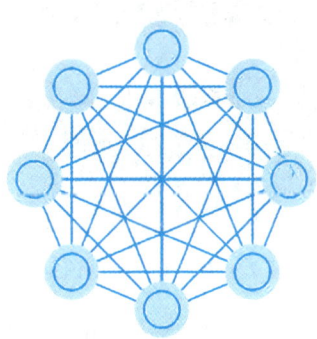

图 7-28　递归神经网络

(四)神经网络的运作过程

一个神经网络的搭建需要满足三个条件:输入和输出,权重(ω)和阈值(b),多层感知器的结构。也就是说,需要事先画出上面出现的图 7-27。

其中,最困难的部分就是确定权重(ω)和阈值(b)。目前为止,这两个值都是主观给出的,但现实中很难估计它们的值,必须有一种方法可以找出答案。这种方法就是试错法。其他参数都不变,ω(或 b)的微小变动记作△ω(或△b),然后观察输出有什么变化。不断重复这个过程,直至得到对应最精确输出的那组 ω 和 b,就是我们要的值。这个过程称为模型的训练,具体原理如图 7-29。

任务七　让机器自主学习

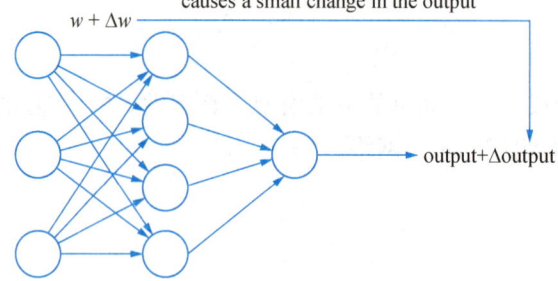

图 7-29　模型训练原理

因此,神经网络的运作过程如下:确定输入和输出;找到一种或多种算法,可以从输入得到输出;找到一组已知答案的数据集,用来训练模型,估算∞和 b;一旦新的数据产生,输入模型就可以得到结果,同时对∞和 b 进行校正。

可以看到,整个过程需要海量计算。所以,神经网络直到最近这几年才有实用价值,而且一般的 CPU 还不行,要使用专门为机器学习定制的 GPU 来计算。

(五) 神经网络应用实例

下面通过车牌自动识别的例子,来解释神经网络。所谓"车牌自动识别",指高速公路的探头拍下车牌照片,计算机识别出照片里的数字。

图 7-30　车牌自动识别

这个例子里面,车牌照片就是输入,车牌号码就是输出,照片的清晰度可以设置权重(∞)。然后,找到一种或多种图像比对算法,作为感知器。算法的得到结果是一个概率,比如 75% 的概率可以确定是数字 1。这就需要设置一个阈值(b),比如 85% 的可信度,低于这个门槛结果就无效。一组已经识别好的车牌照片,作为训练集数据输入模型。不断调整各种参数,直至找到正确率最高的参数组合,以后拿到新照片,就可以直接给出结果了。

二、深度学习

(一) 什么是深度学习

深度学习简单点说就是一种为了让层数较多的多层神经网络可以训练,能够运行起来而演化出来的一系列新的结构和新的方法。

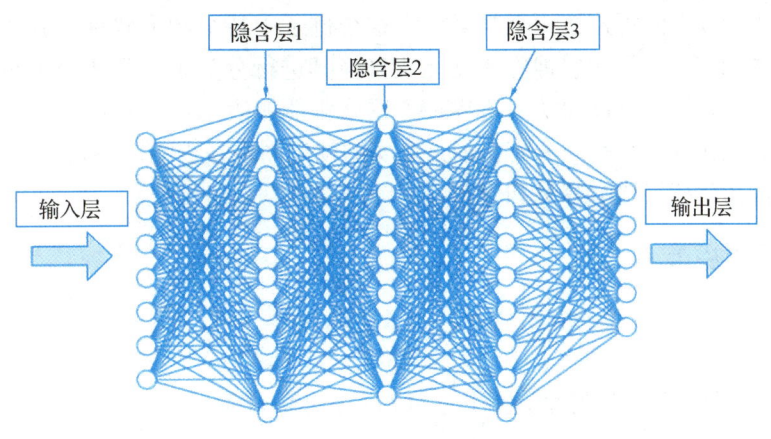

图 7-31　深度学习模型

普通的神经网络可能只有几层,深度学习可以达到十几层。深度学习中的"深度"二字也代表了神经网络的层数。现在流行的深度学习网络结构有卷积神经网络(CNN)、循环神经网络(RNN)、深度神经网络(DNN)等。现在流行的深度学习框架有 MXNet,TensorFlow,Caffe 等,而在这些框架之上,还有 PyTorch,Keras 等。

神经网络简单理解就是由好多个神经元组成的系统,类似于人类的神经网络。神经元是一个简单的分类器,你输入一个信号,就会有相应信号的输出。比如我们有一大堆苹果、西瓜照片,把每一张照片送进一个机器里,机器根据特征就能判断这幅图片是苹果还是西瓜。我们把西瓜和苹果图片处理一下,在图 7-32 中红色代表的是西瓜的特征,蓝色代表的是苹果的特征,这里我们只需要一个分类器就可以将苹果和西瓜分开,就相当于用一根线就可以将苹果和西瓜分开。

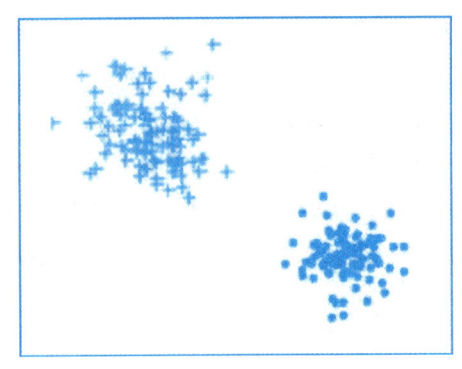

图 7-32　简单分类模型图

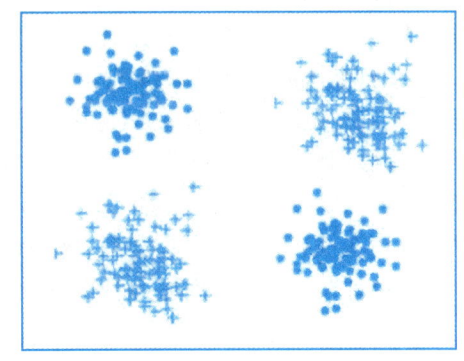

7-33　复杂分类模型

神经元的一个缺点是只能画一条线,可是很多分类是不可能通过一条线来实现的。针对图 7-33 来讲,红色的特征和蓝色的特征是不可能通过一条线就区分开的。

解决办法是通过画多条线来实现分类,这样的话就相当于通过多层神经网络来实现分类,底层神经元的输出是高层神经元的输入。我们可以在中间横着画一条线,竖着画一条线,然后把左上和右下的部分合在一起,将右上和左下部分合在一起;每画一条线,其实就是使用了一个神经元,把不同线分开的半平面做交、并等运算,就是把这些神经元

任务七　让机器自主学习

的输出当作输入,后面再连接一个神经元。这个例子中特征的形状称为异或,这种情况一个神经元搞不定,但是两层神经元就能正确对其进行分类了。只要画出足够多的线,把结果拼在一起,什么奇怪形状的边界神经网络都能够表示,所以说神经网络在理论上可以表示很复杂的函数/空间分布。但是真实的神经网络是否能摆动到正确的位置上还要看网络初始值设置、样本容量和分布。

(二)应用场景

深度学习在技术方面的应用如下。

1. 语音识别技术

国内公司讯飞、百度、阿里,国外公司亚马逊、微软等,行业应用就是智能音箱等产品。

2. 图像识别技术

比如做安防的海康威视、图森科技、依图科技、旷视科技,代表性的就是面部识别,人脸识别,刷脸解锁、支付等。

3. 自动驾驶技术

比如特斯拉、百度等公司开发的产品。

4. 金融领域的应用

预测股价、医疗领域的疾病监测、教育领域的技术赋能等。

5. 深度学习在影像识别中的应用

经过深度学习的人工智能系统通过学习大量的病理切片图片,诊断癌症的正确率正在逐步向有经验的病理学家靠拢。例如黑色素瘤识别——将1万张有标记的影像交给机器学习,然后让3万名医生和计算机一起看另外的3000张。人的精度为84%,计算机的精度可以达到97%。

6. 深度学习在智能博弈中的应用

IBM的深蓝战胜国际象棋棋王卡斯帕罗夫,2006年国际象棋软件深弗里茨击败棋王姆尼克后,人类再也没有在国际象棋这个项目中战胜过计算机。在围棋方面,AlphaGo战胜围棋界的各路高手,证明了人工智能技术在博弈中的地位。Google的DeepMind通用学习算法让机器可以通过游戏化学习尝试获得类人的智力和行为,DeepMind正在挑战《星际争霸》游戏,这是计算机在非完全信息博弈下的机器学习。如果成功,将会对人工智能的发展起到不可低估的影响。

> **测一测**
>
> 一、单选题
>
> 1. 下列关于深度学习的说法,正确的是(   )。
>   A. 深度学习的概念由Lecun等人于2006年提出
>   B. 深度置信网络(DBN)是一种监督学习模型
>   C. 卷积神经网络(CNN)是深度监督学习下的模型
>   D. 深度学习不涉及特征学习
> 2. 下列哪项不是深度学习的典型应用场景?(   )

A. 语音识别(如智能音箱)　　　　　B. 图像识别(如人脸识别)
C. 线性回归分析　　　　　　　　　D. 自动驾驶技术

二、填空题

3. 深度学习的概念源于_____的研究,其核心是通过组合低层特征形成高层抽象表示。

4. 神经网络的运作需要满足三个条件:输入和输出、_____和阈值(b)、多层感知器的结构。

三、判断题

5. 深度学习是机器学习的子集,而机器学习又是人工智能的子集。　　　(　　)

6. 单个感知器可以通过设置权重和阈值实现复杂非线性分类任务。　　　(　　)

练一练

1. 完成本节机器学习核心知识点思维导图。

2. 小组讨论:我们如何理解"随着深度学习的发展,犯罪分子终究会无处躲藏"这个命题?

(1)通过 DeepSeek 了解一下人脸识别技术中深度学习的技术应用。

(2)通过通义千问了解一下人脸识别技术在生活中的应用场景。

(3)通过 ChatGPT 了解一下 DNA 比对技术。

拓展资源

量子机器学习未来潜力有多大

习题答案

任务七习题答案

任务八
人工智能助力教育变革

【案例导读】

兰州资源环境职业技术大学作为西部职业本科高校,积极探索"AI＋专业"融合育人模式,为高职学生适应人工智能时代搭建成长桥梁。气象学院教师石磊借助 DeepSeek、Kimi 等 AI 工具搜集行业前沿素材、辅助科研,以"数字孪生大气"等实例引导学生感知 AI 对气象预测的革新作用;信息工程学院张小梅团队开发的"Python 程序设计"课程,不仅面向人工智能专业,更与气象、安全工程等专业联动,通过跨学院联合备课打造"AI 气象预报""智能监测系统"等实战项目,该课程作为国家级精品在线课程让不同专业学生掌握 AI 应用技能。面对 AI 师资挑战,学校通过教师访学行业一线、邀请专家入校分享、线上课程培训等方式推动师资转型,同时搭建 AI 模拟预报平台、开发智能设备运维系统等场景化实训环境,让学生在"做中学"中掌握 AI 实操逻辑。这所西部职校以行动证明,人工智能是职业教育升级的"必修课",当技术与专业需求深度融合,高职学生正以"技术应用者"身份拥抱智能时代的职业新机遇。

——《当职业教育遇上人工智能》,"学习强国"订阅号"中国青年报",
2025 年 2 月 10 日,有删改

问题思考:

人工智能究竟如何深刻地改变了职业教育的模式和内涵?它在教育领域的广泛应用又将如何重塑未来教育的格局,为学生的职业发展带来哪些新的机遇与挑战?

8.1　创造更智慧的校园

一、什么是智慧校园

图 8-1　智慧校园

智慧校园是指以促进信息技术与教育教学融合、提高学与教的效果为目的，以物联网、云计算、大数据分析等新技术为核心技术，提供一种环境全面感知、智慧型、数据化、网络化、协作型一体化的教学、科研、管理和生活服务，并能对教育教学、教育管理进行洞察和预测的智慧学习环境。

二、智慧校园中的人工智能技术

人工智能技术在智慧校园中的应用主要体现在四个方面：大数据教学能够实现因材施教；智能语音系统将语音变为文字，提高课堂效率；机器视觉侦测学生注意力，充当教师的智能军师，让课堂更优化；知识图谱技术让学习更精准高效。

（一）大数据教学实现因材施教

在大学校园，一场依托人工智能的"学习革命"正重塑课堂。大数据如同隐形"学习伙伴"，通过在线平台精准捕捉学习行为：当你反复观看学习视频，或深夜提交作业时，系统会记录时长、准确率、时段等数据，生成专属"学习画像"。教师据此为基础薄弱者推送《零基础通关手册》，为学有余力者解锁"企业实战项目包"，告别"一刀切"教学，让不同水平的学生都能找到成长节奏。

大数据系统化身贴心"学习规划师"，智能定制学习路径。若学科测试正确率低于

图 8-2　大数据个性化教学系统

60%，系统自动开启"分步学习模式"，从简易到提高逐步突破。提交作业后，秒级生成的"诊断报告"用红黄绿标注薄弱点，AI 小助手结合学习进度提供"流程图＋微课"解答。此外，大数据还能分析班级学习数据，及时预警学习状态下滑的学生，助力教师优化教学、及时干预。

从被动接受到主动适配，大数据教学让大学课堂成为"专属学习舞台"。它用科技读懂你的学习需求，以数据驱动个性化成长。下次登录平台时，不妨点开"学习报告"，看看这份智能"成长档案"如何助力你高效解锁知识新境界！

（二）智能语音系统提高课堂效率

在课堂上，自然语言处理技术掀起"声音革命"。智能语音系统化身"课堂小助手"，以语音交互打破教学壁垒。课堂上，学生轻声提问，系统实时捕捉并推送问题，让互动更便捷；双语课堂中，它同步翻译教师讲解，助你跟上外教节奏。此外，系统整合丰富资源，助力精准复习。

课后，智能语音系统变身"私人陪练"。你只需对手机 App 说复习内容，系统便依据作业错误率推送薄弱环节语音讲解。"问答闯关"模式更让复习趣味十足——答对问题，可解锁知识点勋章。数据显示，使用系统的班级课后作业耗时明显缩短，知识点记忆准确率提升显著。

从课堂实时互动到课后智能复习，智能语音技术让大学学习充满"声"机。这个会"听"会"说"的学习伙伴，正用科技力量让每个疑问有回应、每次进步可感知。下次上课，不妨开启这场"声音之旅"，让学习更高效、更轻松！

（三）机器视觉优化课堂节奏

在课堂上，机器视觉化身为教师的"千里眼"，如同不知疲倦的"课堂观察员"，借助摄像头捕捉细节，以科技力量优化学习节奏，让教学更贴合学生状态。机器视觉时刻关注着每位同学的表现。当你在课上专注听讲时，它会记录下你投入的眼神；若发现有同学眼神游离或低头玩手机，便会实时提醒教师，教师可适时变换课堂节奏，增加课堂讨论、竞赛等环节，让课堂从"单向输出"转为"互动模式"。机器视觉的"智能分析"也让课堂节奏更精准。课堂上，系统若检测到半数以上同学面露困惑（皱眉），教师会立即放慢语速，重讲难点；若发现大家频频点头（理解状态），则会加快进度进入实操。数据显示，引入该系统的班级，课堂有效互动时间大幅提升，学生分心次数明显减少。从监测注意力到规范行为，机器视觉如同隐形的"节奏大师"，让课堂张弛有度、充满活力。

下次走进教室，不妨留意头顶的摄像头——它并非"监控"，而是科技助力高效学习的"眼睛"。当机器视觉读懂你的状态，每一堂课都将成为为你量身定制的成长之旅！

(四)知识图谱技术让学习更精准高效

你是否在海量知识中迷过路?想不想让学习像导航一样精准高效?在校园,知识图谱技术正成为你的"学习导航仪",用科技重构知识脉络,让复杂内容变得清晰易懂。

知识图谱就像一位"知识设计师",通过数据采集、图形绘制等技术,把隐形的知识网络变成可视化的"知识地图"。知识图谱更是你的"私人学习管家"。当你打开学习平台搜索相关知识,系统会根据图谱关联推荐成体系的知识包,避免盲目刷题。它还会生成专属"知识清单",用星级标注"必须掌握""建议拓展"等学习层级,帮你理清"先学什么、再学什么"的逻辑。最厉害的是,当你复习时,图谱会自动关联延伸领域,让学习从"点"延伸到"面",轻松构建专业知识网络。

从被动接受知识到主动规划学习,知识图谱技术让大学学习更有"方向感"。下次打开课程平台时,记得试试"知识图谱"功能,让每一次搜索都成为知识网络的"扩建",每一次学习都走在高效成长的"快车道"!

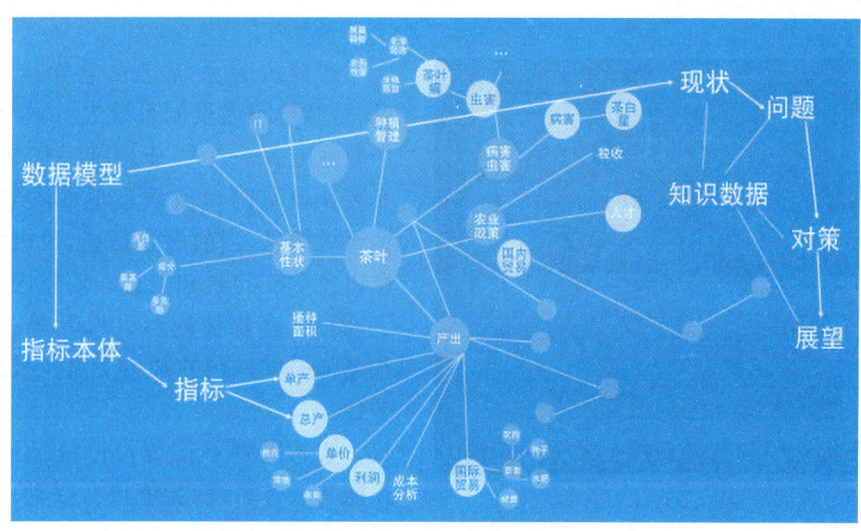

图 8-3 知识图谱系统

三、智慧产品

(一)人脸识别系统

人脸识别系统涵盖人脸识别一体机、人脸出入闸机、人脸考勤机、人脸消费机等,可用于校园门禁、考勤、消费等场景,实现快速精准身份识别,提升校园管理的安全性与效率。

在门禁管理方面,校园出入口、教学楼等地部署人脸识别设备,师生刷脸即可验证身份,自动开门,有效防止陌生人入校,维护校园安全秩序。考勤管理时,课堂上教师借助该系统考勤,能快速识别学生出勤情况,避免传统点名的弊端。考勤数据自动上传,方便教师查看统计,及时督促管理缺勤学生。生活服务中,人脸识别系统深度嵌入。图书馆可刷脸确认身份自助借还书,依据借阅历史推荐书籍;食堂能刷脸消费结算,关联一卡通便于查记录,还能按消费习惯提供个性化餐饮建议;宿舍则用于出入管理,保障住宿安全。

图 8-4　智能门禁系统

(二) 智慧班牌系统

图 8-5　智慧班牌

智慧班牌系统是目前学校文化建设、智慧校园建设的系统之一,学校为每个教室配置一个智能班牌一体机,一般安装在教室门口或教室里面,多用来显示班级信息,当前课程信息,班级活动信息以及学校的通知信息。信息内容为文字、图片、多媒体内容、Flash 等,为学生和老师提供新颖的师生交流及校园服务平台。

智慧班牌不仅替代传统纸质班牌,还能与教务系统、智能设备联动,实现自动化考勤、节能控制等场景化应用。其核心价值在于构建数字化家校沟通桥梁,通过实时数据反馈帮助学校科学决策,并为学生提供个性化成长档案。未来,随着 AI 和元宇宙技术的发展,智慧班牌将进一步融合 VR/AR 交互、情感计算等创新功能,成为智慧校园生态的关键入口。

(三) 智慧教室系统

智慧教室作为一类学习系统,是利用传感技术、网络技术、无线通信以及人工智能技术,通过物联网、大数据、人工智能等现代高科技,优化教学内容呈现、便利学习资源获取、促进课堂交互开展,实现全面感知学习情境、识别学习者特征,提供合适的学习资源与便利的互动工具;同时自动记录学习过程和测评学习结果,有效地支撑多元化的教学设计实施。

智慧教室是一个加强型的未来空间,是具有情境感知和环境管理功能的新型教室,是集多媒体教室、计算机教室、录播教室、校园电视台、互动教室等多种环境于一体的新型教学环境,充分发挥新技术给教学带来的便利。

图 8-6 智慧教室系统

(四)校园广播系统

校园广播系统属于小功率 FM 广播,在大中专院校、中小学广泛应用,其频率范围在 76—87MHz,能用普通电视伴音收音机接收,是智慧校园建设的重要部分,在学校多方面发挥关键作用。

在信息通知方面,校园广播可及时发布课程调整、考试安排等通知,紧急情况时迅速传达安全提示和应急指令,保障校园安全与秩序。教学辅助上,它能用于英语听力考试,清晰播放听力内容,保证公平公正,还能播放课间音乐、眼保健操和广播体操音乐,缓解学习压力,营造良好氛围。校园文化建设中,校园广播播放校歌、校园新闻、优秀学生事迹等,传播校园文化,增强师生归属感与认同感,设置特色节目如文学赏析、科普知识等,丰富课余生活,激发学生创作热情。

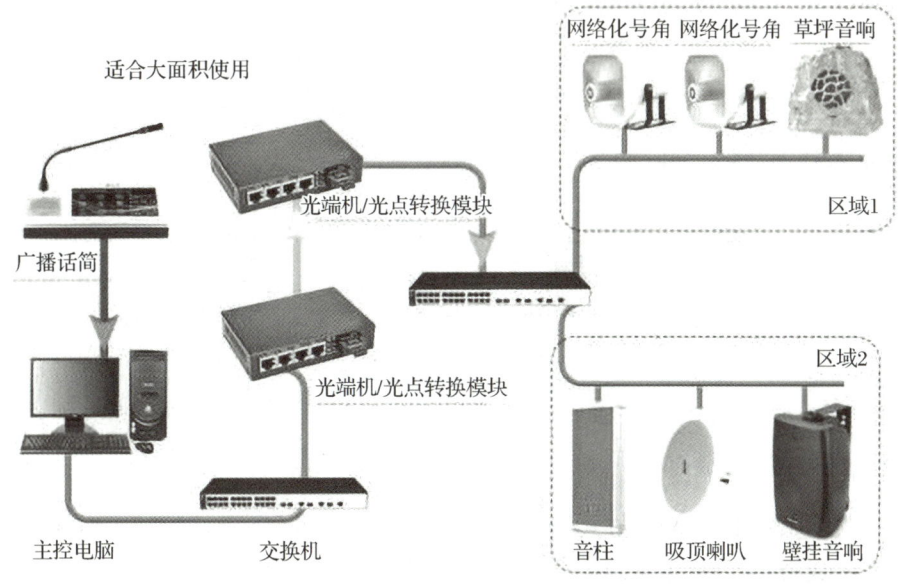

图 8-7 校园广播系统

任务八 人工智能助力教育变革

(五)网上阅卷系统

网上阅卷系统依托计算机网络技术和图像处理技术,结合传统人工阅卷经验与现代高新技术,客观题计算机自动判分,主观题教师在计算机上对答卷电子图像评分,计算机系统自动核分和统计分析。

在灵活的阅卷方式上,教师可在线阅卷,不受时空限制,系统支持多种阅卷模式,方便教师标注、打分、撰写评语,提高阅卷效率,像主观题可在电子试卷上批改,系统自动记录分数。实时的阅卷监控与管理方面,管理人员能实时监控阅卷进度和质量,评估管理阅卷教师工作,出现问题及时调整干预,保障阅卷顺利。详细的数据分析与反馈中,系统深入分析考试数据,提供成绩统计、错题分析等丰富统计报表和图表,教师依据数据了解学习和教学效果,为教学改进提供参考。

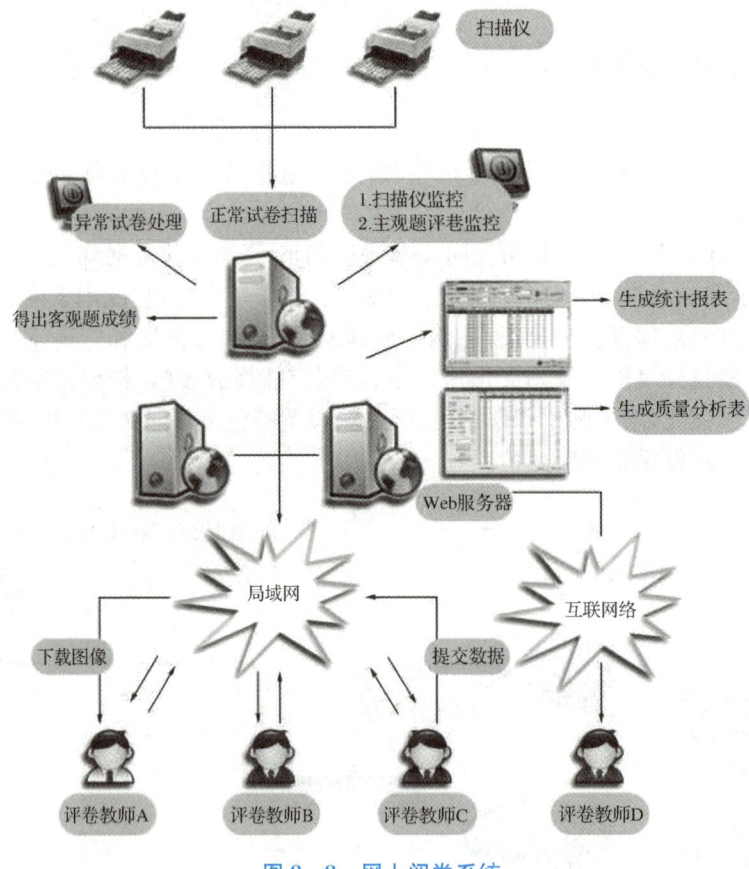

图 8-8 网上阅卷系统

(六)网络考试系统

网络考试系统采用 Web 方式,同时适用于局域网和 Internet,可实现网上在线考试、作业、练习、成绩排行、公告管理等功能,并能够实现答卷保存、自动判分、手工评卷、成绩查询和分析等功能。

网上在线考试系统同时拥有最开放的题库管理系统和最灵活的组卷系统,支持随机组卷和手工组卷两种方式,能够提供题目导入导出、题库和试卷导入导出等设计,提供资源的快速收集和高度共享,使考务管理突破时空限制,让教师和学生可以在任何时间、任何地点通过网络进行考试,完成考试任务以及自我练习等。试题分析、排名分析、机构分析,考试情况更加清楚明了,系统支持数据的备份与还原,可保障用户的数据安全,且对操作系统等软硬件要求不高,在同行业中,具有很强的实用性和优势,便于广大用户的使用。数据为教师了解学生的学习情况和教学效果提供了有力支持,帮助教师调整教学策略。

(七) 教务管理系统

教务管理系统以网络为平台,为各个学校教务系统的管理提供一个平台,帮助学校管理教务系统,用一个账号解决学校教务教学管理,并且学校可以根据需要自由选择适合本校的教务管理系统,或灵活地定制符合学校实际情况的教务系统。教务管理系统为学校打造全方位的校园信息化管理平台,涵盖学生管理、教职工管理、绩效管理、成绩管理、课表管理等实用功能模块,集学校所有教学、管理工作于一体,全面实现信息化校园。

> **测一测**
>
> 一、单选题
> 1. 下列应用不属于智慧校园产品的是( )。
>   A. 智慧门禁　　　B. 智慧班牌　　　C. 智慧教室　　　D. 无人驾驶
> 2. 下列关于智慧教室说法正确的是( )。
>   A. 智慧教室就是多媒体教室
>   B. 智慧教室就是计算机教室
>   C. 智慧教室就是互动教室
>   D. 智慧教室是一个加强型的未来空间,具有情境感知和环境管埋功能的新型教室
> 3. 下列属于智慧教室功能的是( )。
>   ①课堂录播　②双师课堂　③智慧教学　④校园电视　⑤视频监控
>   A. ①②③⑤　　　B. ①②④⑤　　　C. ①②③④　　　D. ①②③④⑤
>
> 二、填空题
> 4. 人工智能技术在智慧校园中的应用主要体现在大数据教学实现因材施教、智能语音系统提高课堂效率、_____、_____几个方面。

8.2 实现更高效的教学

高效教学是相对于低效教学提出来的一个特定概念。它与低效教学的本质区别在于,能否确保在规定的教学时间内,落实规定的教学任务。即学生能当堂学,当堂会;教师能保落实,减负担。20世纪,国外一些教育家就开始进行有效教学的研究,追求有效的教学(Effective Teaching)或好的教学(Good Teaching)。其核心是研究如何提高教学

的效益,即什么样的教学是有效的?教学是高效、低效还是无效的?现在,人工智能技术的发展和大数据在教育中的应用,极大地改变了传统的教学模式,使教学更加便捷和高效。

一、自适应学习系统

(一)什么是自适应学习系统

自适应学习是在行为主义心理学、认知心理学理论基础上,开始探索人的自我去适应一个学习模式,并产生习惯性的条件反射信息加工系统,被称为自适应学习构建模型系统。一般学习情况下,根据学习内容和学习方式的不同,可以将人的学习分为三种不同的类型,即机械学习、示教学习以及自适应学习。自适应学习通常是指给学习者提供相应的学习环境、实例或场域,通过学习者自身在学习中发现总结,最终形成理论并能自主解决问题的学习方式。

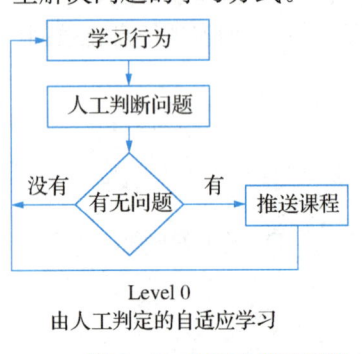

图 8-9 自适应学习系统

自适应学习系统是针对个体学习过程中的差异而提供适合个体特征的学习支持的学习系统,通过对学习者学习风格、认知水平等基于学习者自身背景因素的综合分析,能为学习者提供个性化服务学习。

自适应学习系统是收集学生学习中与系统交互的数据,创建学习者模型,克服以往教育中体现的"无显著差异"问题。自适应学习系统可以根据学习者在课程过程中反馈回来的信息,动态地改变内容以及内容呈现方式、学习策略等。

(二)自适应学习系统的原理

自适应学习系统中自适应的实现是通过实时交互数据的收集,并根据这些数据分析后提供个性化的服务来实现的。自适应学习是一种实现学习者个性化学习的具体方法,更多的是数据导向型的。自适应学习系统根据实时收集到的数据分析学习者的能力水平,并以此来推荐此时此刻最适合的学习材料(包括材料类型,如视频、文字等)和策略。

自适应学习有三个步骤:第一,要构建完善系统的知识图谱,将知识点体系标签化、结构化;第二,对用户的每个学习行为实现映射;第三,通过算法计算出最佳学习路径。

自适应系统一般包括以下三大基本构件:首先是内容模型,以此为依据来建立详细的学习内容和知识点结构图;其次是学生模型,它能够实时测评每一个学生对每一个知识点的掌握水平,并且通过大数据分析推算和量化学生在当前知识点以及相关知识点的能力水平;最后则是教学模型,根据每个学生的最新能力水平提供相应的反馈,并匹配出最为合适的学习内容。

(三)自适应学习系统的应用

随着人工智能技术的深入发展,它在教育领域中的应用也越发广泛,自适应学习系统也应运而生。自适应学习系统能够通过分析学习数据得到学习者的学习风格和认知风格，推荐适合学生的学习资源和学习路径，以满足学习者的个性化发展。较早开展这方面研究的美国匹兹堡大学的 Peter Brusilovsky 提出了自适应学习系统的通用模型，主要包括：领域模型、学生模型、教育学模型、自适应引擎、接口模块。在国内随着研究的不断深入和扩展，自适应学习系统的各个组件和系统功能在此基础上越来越丰富和完备。

在今天大数据和人工智能背景下，自适应学习将会被广泛推广并使用。在学习过程中，系统会根据学习者的学习行为、参与式的学习活动推荐相关的学习资源。每一个学生的个性化学习需求可以通过系统来判断并实施，通过学生的学习数据进行"矫正"，通过学生参与式的学习活动进行"评估"，以适应学生的学习与成长。

二、作业自动批改系统

目前，在对传统纸面作业和试卷批改的过程中，存在以下问题：一方面，教师要花费大量时间来批改，费时费力；另一方面，学生无法及时得到讲解甚至得不到讲解，因此形成知识点漏洞。

随着网络高速地融入现代人的生活，学校对网络技术的应用也在不断地提高，作业作为一项重要的教学活动，解决作业的方便提交、发布、批改等问题是教学顺利有效进行的重要条件。因此，基于人工智能的作业批改系统便成为高效教学不可或缺的组成部分。人工智能（AI）作业批改系统是一种基于机器学习（ML）、自然语言处理（NLP）和计算机视觉（CV）技术的智能教育工具，能够自动批改学生作业，并提供个性化反馈。自动批改系统支持选择题、填空题、数学计算、编程代码、作文等作业的智能评分，能提供错误分析、正确答案提示及改进建议；还能自动生成学生错题本，帮助针对性复习；还可以可视化学习数据，辅助教师调整教学策略。未来，随着多模态 AI（文本+图像+语音）和自适应学习技术的发展，AI 批改系统将更加智能化、个性化，成为教育领域的重要辅助工具。

三、基于人工智能与大数据的精准教学

精准教学（Precision Teaching）是 Lindsley 于 20 世纪 60 年代根据 Skinne 的行为学习理论提出的一种教学方法。最初，精准教学触及小学教育，希望通过设计测量过程来追踪小学生的学习表现并提供数据决策支持。之后，精准教学发展为用于评估任意给定的教学方法有效性的框架。如今，精准教学已历经 50 余年的发展，形成了自身的一套理论方法。

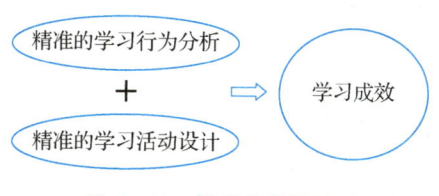

图 8-10　精准教学的关系

随着科技的发展,如今的精准教学是利用云计算、大数据、人工智能等信息技术,打造课前(大数据学情诊断)、课中(人工智能教室)、课后(AI学习系统)的教学闭环场景,开展具有针对性的差异性和个别化教学,真正实现因材施教。通过数据驱动精准教学,实现管理者数据决策,老师针对性教学,学生个性化学习,实现以学生为中心,画出每个学生差异特点,再通过数据实现自适应成长,从"知识的传授—能力的内化—素养的提升",来达到千人千面个性发展,最终培养具有人文底蕴、科学精神、学会学习、健康生活、责任担当和实践创新的全面发展的人,为社会输送具有竞争力的现代人才。

四、虚拟学习环境

虚拟学习环境(VLE)是借助虚拟现实(VR)、增强现实(AR)、混合现实(MR)以及人工智能等技术构建的模拟学习场景,为学习者提供了全新的学习体验,在教育领域具有独特的优势。

虚拟现实技术能够创建出高度逼真的学习场景,让学生身临其境,实现更加自然的交互,提高学习的趣味性和参与度。虚拟学习环境整合了各种学习资源,包括视频、音频、3D模型、模拟实验等。学生可以通过虚拟学习平台获取丰富的学习材料,拓宽学习渠道。利用人工智能算法,虚拟学习环境可以根据学生的学习进度、兴趣和能力,为每个学生定制个性化的学习路径和内容。系统能够自动调整学习难度和任务,满足不同学生的学习需求。在虚拟学习环境中,学生可以在安全的环境中进行探索和实践,避免了实际操作中的风险。虚拟学习环境还能够记录学生的学习过程和行为数据,教师可以根据这些数据对学生的学习进行评估,了解学生的学习进展和存在的问题,及时调整教学策略。学生也可以通过分析自己的学习数据,发现自己的优势和不足,有针对性地进行学习改进。

测一测

一、单选题

1. 下列关于自适应学习系统叙述错误的是(　　)。

   A. 自适应学习系统是一个在线学习系统

   B. 自适应学习系统能为学习者提供个性化学习服务

   C. 自适应学习系统能取代线下课堂教学

   D. 自适应学习系统自适应的实现是通过实时交互数据的收集,并对这些数据分析后提供个性化的服务

2. 下列关于精准教学说法错误的是(　　)。

   A. 精准教学可以实现因材施教

   B. 精准教学实现管理者数据决策

   C. 精准教学实现以学生为中心,画出每个学生差异特点

   D. 精准教学可以取代课堂教学

二、填空题

3. 自适应学习的三个步骤是_____、_____、_____。

4. 虚拟学习环境(VLE)是借助＿＿＿＿＿＿＿＿、＿＿＿＿＿＿＿＿、混合现实(MR)以及人工智能等技术构建的模拟学习场景。

8.3 实现终身学习

在当今时代,人工智能已深度融入各产业领域,对职业发展的要求产生了深远影响。在此背景下,终身学习已不再局限于某一阶段的任务,而是成为支撑职业持续发展的底层核心能力。国家职业教育智慧学习平台、行业企业培训系统等数字化载体,凭借技术创新,对传统学习模式进行重构,为大学生构建起"随需而学、随境而变"的终身成长体系。大学生应积极拥抱 AI 时代的学习变革,让每一次学习操作都化作职业跃迁的坚实基石,在持续学习成长中塑造更具竞争力的自我。

一、什么是终身学习

终身学习是指社会每个成员为适应社会发展和实现个体发展的需要,贯穿于人一生的、持续的学习过程,即我们所常说的"活到老学到老"或者"学无止境"。在特殊的社会、教育和生活背景下,终身学习理念得以产生,它具有终身性、全民性、广泛性等特点。自终身教育和终身学习提出后,各国普遍重视并积极实践。终身学习启示我们树立终身教育思想,使学生学会学习,更重要的是培养学生养成主动的、不断探索的、自我更新的、学以致用的和优化知识的良好习惯。

二、人工智能时代的终身学习能力

终身学习已经成为人工智能时代的一种生存方式,终身学习能力是一种生存能力,一种来发挥人类潜能然后去应用它们的能力。人的学习能力是人的一种生存、发展能力,是人生命力量的源泉,也是人的多种能力的混合产物。终身学习能力,也可以称作终身学习关键能力。20 世纪 90 年代开始,"终身学习"一度成为国际热词,各个国际组织(联合国教科文组织、欧盟、经合组织等)、各个国家和地区均有文献对此做出了定义。终身学习的关键能力(Key Competencies for Lifelong Learning),指的是个体学习时表现出的普遍的、可迁移的、对其终身学习发展起关键性作用的能力,涵盖了知识、技能与态度三个方面,是学习者持续开展学习活动的主、客观条件的总和。

可见终身学习有以下基础性意义:第一,终身学习能力不仅是一种能力的概括,而且包含了知识、技能与态度,即包含了多方面的兼具内外的因素,反映了其综合性;第二,终身学习能力具有普适性,既能为大多数人(学习者)所掌握,也能适应多样化的学习情境;第三,终身学习能力是一种持续的能力,随着时代变迁,这种能力是一种让人持续学习的关键条件,具有持续性;第四,最重要的,人的学习能力是一种让人持续生存的能力。

因此,人工智能时代,面临复杂多变的学习情境,面临千变万化的社会生活,面临难以预料的未来,终身学习能力是一种适应新时代的能力,是一种促进人综合发展的能力,是一种持续的生存能力。简而言之,终身学习能力是一种人工智能时代具有基础性地位的学习能力。

三、人工智能时代终身学习的途径

发挥网络教育和人工智能优势,创新教育和学习方式,是构建服务全民终身学习教育体系的重要途径。以前学习没有那么方便,最主要的学习方式就是看书。除了获取的效率低,书本上的知识也更加容易过时,最典型的就是大学教材。而现在学习越来越便捷,方式多种多样,在手机上就可以了解世界上的最新资讯;躺在家里也能听到清华大学、北京大学名师的课程;也可以方便地向各领域的专家大咖演讲。人工智能技术是实现"人人皆学、时时能学、处处可学"的途径和保障,可以极大支撑构建开放融合的终身教育体系、加速搭建融通衔接终身学习的立交桥。通过智能、快速、全面的终身教育分析系统,立体综合教学场,基于大数据智能的在线终身学习教育平台,人工智能技术可以加快推动终身教育人才培养模式、教学方法改革,构建包含智能学习、交互式学习的新型终身教育模式。

当今社会已迈入信息社会,对人类的生产、生活乃至思维、学习方式都产生了巨大影响,全球教育发展已被深深打上了信息化的烙印,信息技术不仅改变着现在的教育,同时也塑造着未来的教育。爱学习,在什么时代都是一种优秀品质,不学习、不思进取的人注定会被时代淘汰。现在,人工智能的时代已经到来,人类社会将会迎来一次大的变革。而关于学习的竞争也将更加激烈,坚持终身学习,不断提升个人能力,适应变化,是一个人最佳应对之策。

测一测

单选题

1. 下列关于终身学习的说法错误的是(   )。
   A. 学习贯穿于人的一生
   B. 终身学习是"活到老学到老"
   C. 终身学习启示我们树立终身教育思想
   D. 退休了就不用学习了

2. 关于终身学习能力,下列说法错误的是(   )。
   A. 是一种生存能力,能发挥人类潜能并应用它们
   B. 涵盖知识、技能与态度三个方面,具有综合性
   C. 不具有普适性,只适用于部分人群的学习情境
   D. 是一种持续的能力,是适应新时代的关键

3. 人工智能技术对终身学习的作用不包括(   )。
   A. 能让人们在手机上方便地了解最新资讯,听到名校课程
   B. 实现"人人皆学、时时能学、处处可学",构建终身教育体系
   C. 只能通过传统的看书方式进行学习,获取知识效率低
   D. 推动终身教育人才培养模式和教学方法改革,构建新型终身教育模式

练一练

一、借助知识图谱技术,将本节学习内容以结构化的形式呈现,展示知识点之间的关联,形成本节知识点思维导图。

二、以小组为单位,制作一个在线教育资源,上传学校教学平台,供全校同学学习分享。

(一)实训目的

体验惠普教育理念,分享教育成果。

(二)实训内容与步骤

1. 以小组为单位制作一个教育资源。

2. 将教育资源上传学习平台供全校师生学习。

3. 小组互评,评选出最佳学习资源。

【实训总结】
_____
_____
_____
_____

【教师对实训的评价】
_____
_____
_____
_____

习题答案

任务八习题答案

任务九
人工智能点亮现代城市

【案例导读】

燃气、供水、排水等系统，是维系城市正常运行、市民安居乐业的重要基础设施。近年来，在城市快速发展的同时，地下管网等基础设施"里子"问题也逐渐显露。

省住房和城乡建设厅相关负责人介绍，江苏于2021年启动省级工程，聚焦"燃气、供水、排水、桥梁、道路、第三方施工、地下管线"7个场景，选择南京、无锡、徐州、苏州、南通、宿迁、昆山7个城市作为试点城市，充分运用数字化、物联网等手段，打造城市基础设施"智慧大脑"，对其运行进行实时监测、及时预警、有效处置。2023年年底，省级和第一批试点城市市级监管系统试运行。目前，监管系统已汇聚21亿条监管监测数据和18.44万公里的地下管线基础数据，接入物联感知设备5.7万台（套）。

省住房和城乡建设厅相关负责人介绍，江苏在完成省、市平台建设的基础上，将加快推进省、市、县三级监管系统互联互通、数据共享、业务协同，今年初步实现了城市基础设施全省监管"一图览""一网管"。下一步，江苏还将推动第二批试点城市建设基础设施安全运行智慧监管系统，深入挖掘通信、地震、大气环境、地质等"智能监测"个性场景，为城市安全运行"保驾护航"。

——《江苏：聚焦"1+7"建设场景聚力打造城市基础设施"智慧大脑"》，
"学习强国"江苏学习平台，2024年9月19日，有删改

问题思考：

根据以上案例，请各位同学们思考并讨论一下，如果学校要建设"智慧校园"，你觉得哪些地方可以用到类似的智能监测技术？为什么？

9.1 智慧城市,塑造美好生活

一、智慧城市改变生活

不久之前,如果我们要去一座陌生的城市,需要提前做好充足的"功课",因为"人生地不熟",乘坐什么交通工具、如何前往目的地、住在哪里等都需要提前准备好,说走就走的旅行对大多数人来说,很难实现。但是在短短数年之后的今天,手机上的地图软件,利用全球定位系统(Global Positioning System,GPS),可以迅速而准确地告诉你现在所在的位置;只要你确定目的地,导航软件将告诉你最快到达目的地的方法,比如自驾的路线、最快的公交或地铁线路、最短的步行路线等;我们在家里、在办公室、在路上、在任何一个地方,就可以轻松买到汽车票、高铁票、飞机票;不需要现金,不需要银行卡,手机摄像头扫一扫,就可以实现付款、乘公交、乘地铁;最适合你的酒店、最具当地特色的美食、最值得打卡的旅游景点,一切都根据你的喜好出现在你的手机屏幕上,供你挑选;身份证、驾驶证、护照等证件都无需随身携带,因为它们都被收进了你的手机里,只要轻轻一点就出现在屏幕上;利用手机的近场通信(Near Field Communication,NFC)技术,公交卡、银行卡、门禁卡都可以用手机来实现……这一切变革,正在迅速改变我们的生活方式,使我们更加从容地面对日新月异的生活环境。

图 9-1 智慧城市飞速发展

智慧城市就是利用各种信息技术或创新概念,将智慧政务、智慧城管、智慧交通、智慧公共安全、智慧管网、智慧教育、智慧社区、城市运行中心、公共信息平台、公共信息化基础资源打通、集成、共享,以提升资源运用的效率,优化城市管理和服务,以及改善市民生活质量。

二、智慧城市的架构

智慧城市是一个非常庞大的系统,各个系统密切配合,才能组成一个高效、实用、有效的智慧城市框架。一个完整的智慧城市架构,包括物联网感知层、网络传输层、支撑层、智慧应用层等。

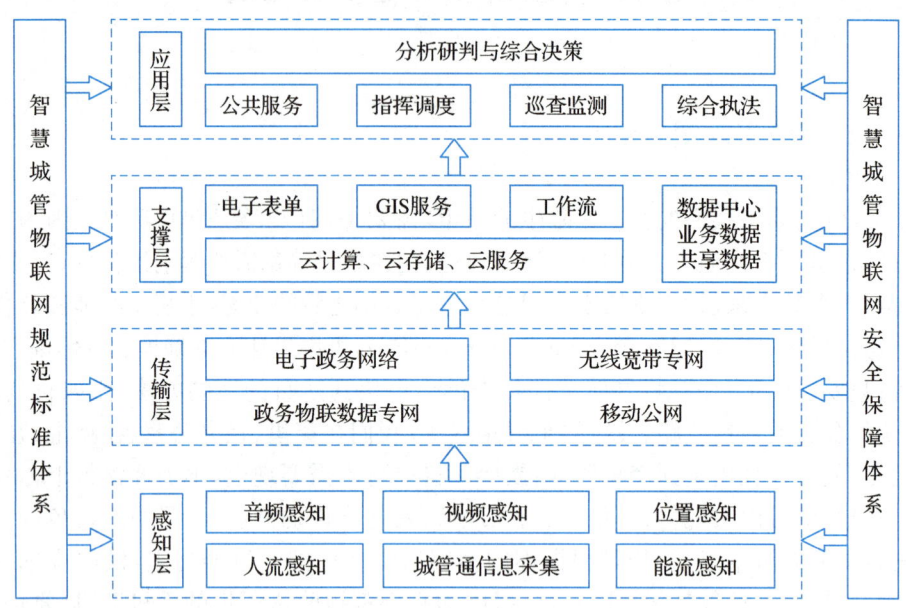

图 9-2 智慧城市架构图

物联网感知层为整座城市提供底层的基础数据。例如,每个交通节点的车流量,城市不同位置的温度、湿度、降水量,江、河、湖的水位等,这些数据为智慧城市的上层应用提供了基础支撑。

网络传输层的主要任务是将物联网感知层所获取的数据、信息进行传输,并储存到数据库中,等待系统调用数据。

支撑层的主要任务是计算、存储、处理数据及服务融合,目的是将感知层获得的数据、用户的数据以及计算后的数据按一定的规则进行存储,以方便系统的获取;同时,对这些数据根据设定好的规则进行处理、运算和监控,对异常数据及时进行干预;最后将数据与应用层的服务进行衔接,使数据满足应用层所需,起到承上启下的作用。

智慧应用层是直接面向用户的层次,通过网页、小程序、App等形式,与用户进行交互,满足用户需求,实现智慧城市的各种应用。

三、智慧城市怎样改变我们的生活

智慧城市的建设,在不知不觉中影响着每个人的生活,在无声无息中让我们的生活变得更美好。

(一)智能政务

政务领域是人工智能落地的重点场景之一。比如,作为政府与群众沟通的桥梁,近年来12345政务服务便民热线在服务民生、缓解社会矛盾等方面的作用日益凸显,12345

政务服务便民热线受理量不断攀升。为解决热线工单流转慢、转不动的问题,相关部门开发了12345政务服务智能体,提供智能客服、智能座席、智能处置、智能分析四类智能化场景,打造便捷、高效、规范、智慧的政务服务"总客服"。

图9‑3　中国政务服务平台小程序上线

(二) 智能管网

在城市看不到的地方,存在很多管线,如电网、水管、天然气管网等,这些管道会通到每家每户,因此形成了庞大而又复杂的网络,如何管理这些繁杂的管网成了一大难题。在人工智能系统和物联网技术诞生前,主要依靠人工的维护和检修,而随着人工智能技术的发展,城市管网的管理就越来越依赖机器来进行了。例如,利用传感器、窄带物联网等通信模块,系统实现了管道状态的监测和报警、自动抄表等功能,节约了人力,提升了效率。

除此之外,智慧城市中的典型应用还包括人脸识别、物品识别、车牌识别、智能交通、智慧社区等应用场景。

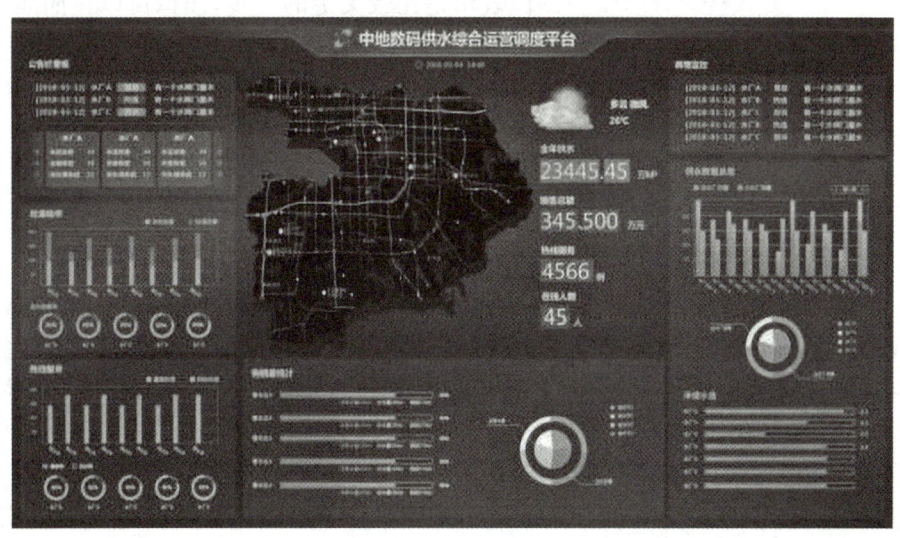

图9‑4　智能供水管理平台

任务九　人工智能点亮现代城市　161

> **测一测**
>
> **单选题**
>
> 1. 智慧城市的架构不包括以下哪一层？（ ）
>   A. 物联网感知层　B. 网络传输层　C. 人工巡检层　D. 智慧应用层
> 2. 下列哪项技术不属于智慧城市的支撑技术？（ ）
>   A. GPS 定位　　　　　　　　　　B. 人工抄表
>   C. 近场通信（NFC）　　　　　　 D. 物联网传感器
> 3. 智慧城市的哪一层负责直接与用户交互？（ ）
>   A. 感知层　　　B. 网络层　　　C. 支撑层　　　D. 应用层

9.2　人脸识别，永不忘带的身份证

一、人脸识别

计算机视觉是指利用摄像头等设备代替人的眼睛，进行图像采集，并利用计算机软件处理图像，来建立人类视觉的计算理论。人脸识别技术是计算机视觉的应用之一，通常通过摄像头进行人脸图像的采集，并以人的脸部特征为信息，利用程序加以分析和比对，从而进行身份识别的一种生物识别技术。

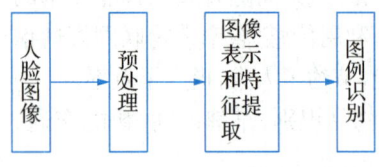

图 9-5　人脸识别的过程

人脸识别系统的主要功能模块包括图像采集、预处理、图像表示和特征提取、图像识别。图像采集是指用摄像头等设备获取人脸图像；预处理就是对图像进行初步处理，如消除噪声、调整灰度、几何校正等；图像表示是比较关键的一步，图像可以按照颜色、纹理、空间关系、形状等特征进行分类；特征提取就是提取图像中的某一类特征，是将一张人脸图像转化为一串固定长度的数值的过程；最后就是图像识别了，利用提取出的特征进行匹配和分析，进行图像的识别。

二、人脸活体检测

早期的人脸识别系统，主要是针对静态图像的识别，不法分子可以利用照片、提前拍摄的视频等图像冒充，造成系统将不该识别成功的情况误判为成功，会导致信息泄露、经济利益损失等情况发生。为避免此类情况发生，现在的人脸识别技术都加入了活体检测技术，即在进行人脸识别时，系统除了判断人脸是否为被识别人本人的同时，还需判断其是否为非静态图像或提前拍摄的视频。

活体检测技术是一系列问题的解决方法，无法用一个算法来完成。它是人脸识别算法与用户交互的结合，对应了完全不同的算法，其算法取决于交互方式的不同。因此，人

脸活体问题的解决,需要通过一系列软件和硬件的配合,例如红外线检测、生物信号(如脉搏、体温等)、摄像头、语音指令等。

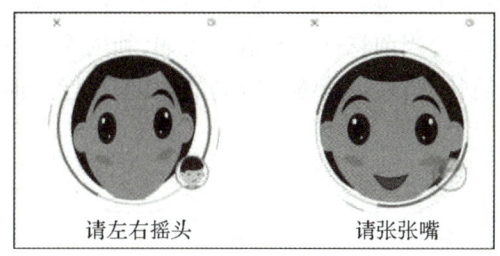

图 9-6　人脸识别活体检测

三、人脸识别的应用场景

(一) 人脸属性识别

人脸属性识别,是指通过人脸图像,判断人的性别、年龄、表情等属性的一项技术。系统可以通过属性识别,了解一个人的性别、大致年龄、体貌特征、现在的心情等信息,为实现人机互动打下了基础。

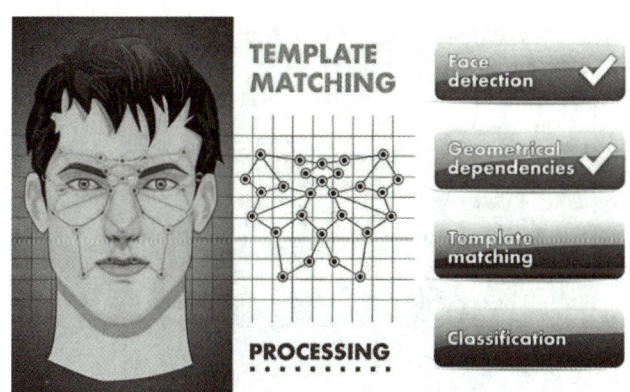

图 9-7　人脸属性识别

(二) 人脸比对

通过比较,判断两个人脸图像的相似程度,是人脸比对的主要功能。它是人脸识别、人脸验证、人脸检索等算法的基础。

(三) 人脸验证

人脸验证是人脸识别技术的基本应用之一,通过将待识别人脸图像与数据库中本来的图像进行对比,判断待测对象是否为本人。手机的人脸解锁、火车站的实名认证、支付宝的人脸认证等都是用的这个技术。

(四) 人脸检索

利用人脸检索,计算机可以将特定的人脸图像与系统后台数据库中的人脸特征进行逐个对比,从而筛选出最符合当前特征的身份。比如,利用人脸检索功能,将人脸图像与逃犯库中的人脸特征进行比对,对可疑程度较高的人进行盘问,提高逃犯抓捕的成功率。

> **知识链接**
>
> #### 12306 青年技术攻关团队:让旅客每一次出行体验更美好
>
> 彼时,铁路进站实名制核验主要依赖人工,出行高峰期经常出现旅客排队的情况。"依靠人脸识别技术在闸机实现人证一致自动核验的功能是铁路电子客票的关键业务环节之一。"景辉(12306 青年技术攻关团队成员)说。从 2018 年年底到 2019 年年中这段时间里,攻关团队驻扎在海南环线进行试点研发,发现旅客快速移动通过闸机造成运动模糊、旅客佩戴口罩和墨镜造成面部遮挡等情况会明显影响人脸识别准确率,进而造成通行效率低,旅客过闸体验不佳。
>
> 为此,团队成员各司其职,针对运动模糊难题,设计出多帧择优算法,从预采的多张旅客面部图像中,自动挑选质量最好的图像用于算法对比;针对面部遮挡难题,设计出基于注意力机制的人脸识别算法,实现让人工智能算法自动关注面部非遮挡区域,混合佩戴物品的数据集,大幅提升人脸识别准确率。
>
>
>
> **图 9-8　高铁站人脸识别闸机**
>
> 从旅客进出站刷脸检票到 App 密码找回认证,一套人脸识别系统成为 12306 系统服务旅客的重要一环。在 2024 年 12 月 31 日春运售票启动瞬间,12306 系统曾迎来一次极限考验。景辉说,当时人脸识别请求峰值突破 1300 人次/秒,远超原设计 600 人次/秒的承载值。
>
> 面对压力和风险,12306 团队最终凭借动态扩容、参数优化等创新手段,为每一条请求开辟专属通道,最终实现 90% 认证需求两秒内响应,用技术能力兑现了"不让一位旅客耽误行程"的承诺。
>
> ——《中国青年报》,2025 年 5 月 8 日,有删改

> 测一测

单选题

1. 人脸识别技术属于以下哪个领域的应用？（　　）
   A. 语音识别　　　　　　　　B. 计算机视觉
   C. 自然语言处理　　　　　　D. 机器人技术
2. 人脸识别系统中，哪个步骤是将人脸图像转化为一串固定长度的数值？（　　）
   A. 图像采集　　B. 预处理　　C. 特征提取　　D. 图像识别
3. 12306 团队针对旅客佩戴口罩的情况，采用了什么技术解决方案？（　　）
   A. 多帧择优算法
   B. 基于注意力机制的人脸识别算法
   C. 动态扩容技术
   D. 参数优化技术
4. 人脸识别在铁路系统的主要应用不包括（　　）。
   A. 进站实名核验　　　　　　B. 行李安全检查
   C. App 密码找回认证　　　　D. 电子客票核验

9.3　物品识别，成就智能化时代

一、物品识别技术

物品识别技术，是指通过物品检测算法，有效检测图像中的动物、交通工具、生活用品等生活常用物品。当我们遇到认不出的植物时，只要拿出手机，选择百度 App，拍一张照片，就可以知道这是哪种植物了；当我们想买一件商品却不知道商品的名称时，只要用淘宝 App 拍一张照片，就直接弹出了商品的购买页面。这些物品识别技术的使用，使我们的生活变得更为便捷。

物品识别技术的发展经过如下几个过程：早在 20 世纪 60 年代，物品识别技术处于萌芽阶段，物品识别的算法是基于物品的外观来设计的。由于物品呈现的外观在不同的光线、环境、位置下处于不同的状态，因此这时候的物品识别技术难以实现。在 1990 年之前，物品识别技术的研究主要是尝试通过三维建模的方式。通常，事先定义了一些几何形状，然后把物体表示为几何形状的组合，再去匹配图像。这阶段的识别问题，本质上就是匹配问题。由于不是所有物体都能用几何图形去表示，因此这种算法的识别准确度并不高。20 世纪 90 年代之后，主流的算法不再利用几何图形的匹配，而是回到关注物体本身，利用图像的特征进行判断和识别。2000 年之后，物品识别技术得到了飞速的发展，各种各样的图像特征被设计出来，利用机器学习的方法，为模式识别提供了强大的分类器。而在现在，随着硬件的发展，3D 传感器、深度摄像头使物品识别技术升级到了三维识别阶段。

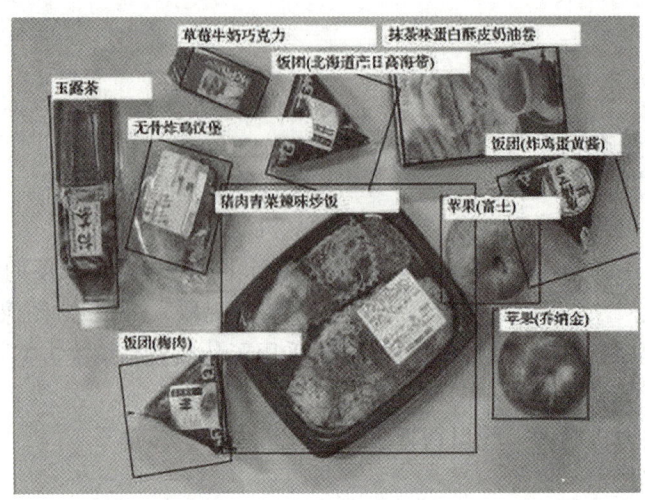

图 9-9 物体识别技术

> **知识链接**
>
> ### 重庆九龙坡：智慧环卫再升级
>
> 如今，垃圾转运站也拥有了"火眼金睛"和"智慧大脑"。在市环境卫生事务中心指导下，九龙坡区率先试点上线垃圾转运站视频 AI 智能分析系统。该系统运用先进的人工智能技术，通过硬件防腐蚀、自清洁摄像机及软件算法研究等，对垃圾转运车辆的车身和垃圾倾倒过程进行监控与智能分析，有效提高大件垃圾与车身脏污识别的工作效率，进一步提升城市精细化管理水平。
>
> "系统通过对前端摄像头拍摄的车身图像进行分析，自动识别出车身的脏污程度和位置，并实时发出提醒和告警信息。经过人工审核后，我们再通过平台告知违规车辆的所属单位，运输单位将对驾驶员进行教育整顿。"据陈庹路垃圾转运站计量工作人员伍冠州介绍，车身脏污识别算法的运用，有助于作业人员及时发现和处理车身脏污问题，保持车辆的良好状态，进一步提升垃圾转运的效率和安全性。
>
> 在站内的垃圾倾倒口，大件垃圾识别算法又开始对转运车辆进行新一轮的"考验"。"每一个倾倒工位前后都有摄像机记录车辆倾倒的全过程。基于对技术的深度学习和大量的图像数据训练，系统能够快速准确地识别出家具、电器、床垫等大件垃圾物品，对垃圾倾倒过程中的混装、混运情况进行及时抓拍，并实时推送给后方管理人员进行核查。"伍冠州表示，大件垃圾识别算法的引入，有效减少了人工监督的工作量和错误率，同时为垃圾转运站提供了更为精准的数据支持，帮助优化垃圾转运监督与管理工作。
>
> ——"学习强国"重庆学习平台，2024 年 10 月 29 日，有删改

二、物品识别的主要过程

作为图像识别技术的一个应用和拓展，物品识别技术的主要过程和图像识别的过程是相似的。首先，都要利用各种输入设备获取物品的信息，例如摄像头、X 光射线、超声波等，获取物品的图片、视频等信息；其次，对图片进行预处理，使每张图片的表观特征

（如颜色分布、整体明暗、尺寸信息等）尽可能一致；再次，特征提取，即提取出一幅图像中区别于其他图像的根本属性，例如大家所了解的颜色、纹理、亮暗等，也有可能是大家所不熟知的颜色直方图、空间频谱图等；最后，匹配，即将物品图像与训练好的模型进行识别和判断，输出结果。

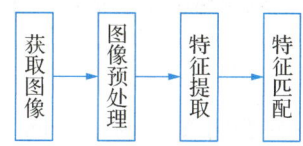

图 9‑10　物品识别流程

在上面所述过程的最后一步中，提到了已经训练好的模型。在经典的物品识别技术中，识别物品的前提条件是，提前对机器进行训练，即提前将大量同类物品的不同图像信息输入机器，利用算法提取出它们的特征信息，再利用一定的算法提取同类物品中的相同点，分辨它们的不同点，形成机器学习后的模型。这种机器学习的方法被称为深度学习。

三、物品识别的应用场景

（一）自动安检系统

相信大家对安检系统并不陌生，在机场、高铁站、地铁站等场所都需要进行安检，我们把包放进安检仪，安检仪利用X光对包裹进行扫描，并将扫描到的物品以不同颜色的图形显示到屏幕上，安检员根据看到的画面判断是否有违禁物品。因此，传统的安检系统依赖安检员的经验和工作质量，如果安检员开小差了，或者经验不足，就有可能误将违禁品放行，给人民群众的生命财产安全造成威胁。

随着物品识别技术的引入，利用计算机软件，对X光扫描到的图像进行自动识别和判断，一旦发现违禁物品，则自动进行报警。相比依靠安检员双眼进行识别的传统安检流程，自动安检系统可靠性更高，还能保护旅客的隐私。

图 9‑11　未来的机场安检

（二）垃圾分类投放系统

近年来，国家大力倡导实行垃圾分类，各地的垃圾分类工作如火如荼开展，将不同种类的垃圾分开投放，根据垃圾的不同特点进行不同处理，实现资源的再利用，减少垃圾堆积,保护环境,实现可持续发展。各地政府部门为垃圾分类工作投入了大量的人力、物力、财力,居民也积极配合,形成了良好的局面。

人工智能在垃圾分类中当然也有用武之地,利用物品识别技术,垃圾分类系统将自动分辨垃圾的种类,并把不同种类的垃圾自动投放到对应的垃圾桶中去,这样可以大幅减少垃圾分类中人力的使用,也让大家更方便地参与垃圾分类工作,更有利于垃圾分类工作的开展。

(三) 商业零售业

当你在某个地方看见一件很好看的衣服,你想在网上找到同款的衣服,可是找了很久都找不到,是不是很郁闷?现在你可以尝试一下淘宝的拍照购物,将你想购买的商品进行拍照,并将图片在淘宝的 App 里上传,就能找到同款式的商品啦!这就是智能物品识别在商业零售业中的一个小应用。此外,商品识别技术还能用于货架排面管理、无人超市、无人零售柜等场景。

9-12 淘宝拍照购物

> **测一测**

单选题

1. 下列不属于物品识别技术应用场景的是( )。

　A. 某无人超市,只要把物品放到摄像头下面,就可以自动识别物品并结账

　B. 某 App 可以通过照片或视频搜索相同的商品

　C. 某快递公司采用的快递自动分拣系统,根据条码判断快递的目的地

　D. 某 App 可以自动显示所拍摄的动物名称

2. 下列不是物品识别技术主要步骤的是( )。

　A. 图像预处理　　B. 特征提取　　C. 图像匹配　　D. 模型训练

3. 物品识别技术是( )技术的应用之一。

　A. 大数据　　　　B. 图像识别　　C. 语音识别　　D. 物联网

4. 淘宝的"拍照购物"功能主要依赖哪种技术?( )

　A. 语音识别　　　B. 物品识别　　C. 人脸识别　　D. 文字识别

9.4　交通精细管理，提升出行效率

一、交通精细化管理

随着国家的发展，大家的生活水平在逐步提高，私家车的保有量也在飞速提升，于是堵车成了城市发展中的"阵痛"。造成堵车问题的原因有很多，如车辆的增加、道路规划的不合理、道路建设的落后、交通管理的不足甚至城市发展的不均衡，等等。解决交通拥堵无法靠一朝一夕来改变，但是随着人工智能技术的发展，越来越多的城市选择通过人工智能来收集和分析交通、人口、企业等各种数据，为政府决策提供依据，从而影响道路规划决策、影响交通管理模式，进而减少城市的拥堵。

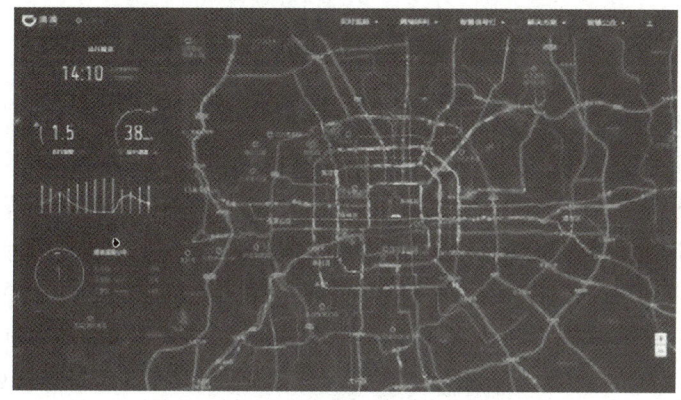

图9-13　智慧交通实时监控平台

因此，交通精细化管理包含了市内或者城市间道路状况的实时监控和管理、拥堵治理和快速疏散、城市道路规划和建设决策管理、公共交通规划和建设管理等多个方面，是一种全方位、立体化的交通管理方式。随着交通精细化管理在越来越多的城市管理中被应用起来，我们相信，将来的城市交通将不会再像现在这样拥堵，出行的快捷程度和舒适程度都将得到提升。

二、治理拥堵

利用遍布道路的摄像头以及各种传感器，城市交通指挥中心的"大脑"，也就是交通管理系统可以实时获取路面上的交通状况，每条主干道的车流量都了然于心，一旦有道路发生拥堵，甚至只是发生了事故等异常状况，系统判断即将造成拥堵时，系统就自动计算解决拥堵的方案：控制各个路口红绿灯的放行时间；在各平台发送拥堵通知以及绕行方案，提示车辆绕开拥堵路段；导航软件获得信息推送，实时更改最优路线，避开拥堵路段。

人工智能的加入,使城市道路在机动车越来越多、负荷越来越高的情况下,仍能实现基本畅通:对于在拥堵路段的车辆,能尽快缓解拥堵,减少等候时间;对于未进入拥堵路段的车辆,可以帮助车辆提前避开该路段,节约行车的时间,提升了城市交通的运行效率。

图 9-14　城市交通指挥中心

三、智能交通信号灯

大家可以先思考一下,路口的交通灯,两个方向的红绿灯时间是一样长的吗?这个时间是怎么决定的?通常来说,目前大部分路口交通信号灯的红绿灯时间,是根据经验提前设定好的,两个方向的放行时间可能相同,也可能不同,取决于两条道路车流量的情况。而遇到高峰时期,这个提前设定的时间可能就无法满足道路实际的通行需求了,这时候我们会看到,会有交警在交通信号灯附近手动控制信号灯,以实现快速通行。

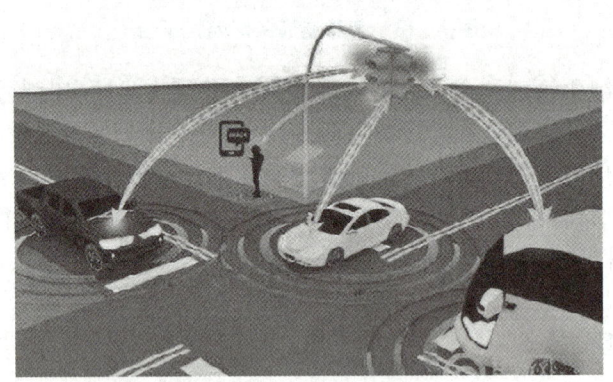

图 9-15　智能交通信号灯

而随着人工智能技术的深入应用,今后更多的交通信号灯就不再需要交警手动控制了。每个路口都会有一套感知系统,这个系统可以感知路口每个方向的车流量,然后决策系统会根据各个方向汽车的积压情况,自动计算出最佳的通行方案,从而根据方案给出不同的红绿灯放行时间。随着技术的进一步发展,系统除了根据当前路口的车辆状况,还会参考其相邻路口的车辆状况进行综合决策,给出最优方案。

> [知识链接]
>
> **聪明路长出 1.6 万个"感知神经"　湖北智慧交通入选全国十大典型案例**
>
> "欢迎您第 21 次来花湖国际机场高速。"12 月 9 日,从武汉开车前往花湖国际机场的李军,在离收费站还有五六公里时,前方门架的大屏幕上跳出这一信息,以及花湖国际机场的航班信息。
>
> 这条智慧、可感知的高速公路,应用新一代光纤光栅阵列传感技术,经省交通运输厅推荐,近日入选交通运输部首批公路水路交通基础设施数字化转型升级案例,成为全国十大典型案例之一。
>
> 花湖国际机场高速沿线安装了路灯,这在高速路上罕见。建设运营方湖北交投科技公司相关负责人称,这 700 多盏 LED 低杆智慧路灯,不仅在夜间为司机照亮前行路,还能感知车辆多少,实现渐变渐亮,防止司机眩晕的同时还节能。
>
> 在该高速公路指挥中心,11 米长的曲面屏幕堪称"最强大脑",实时显示车辆行驶轨迹,精确到车道级。它利用三维建模技术,能实时显示道路结构健康状况、路面运行状态、车速车距与行驶状态等,实行全域、全天候实时监测管控,即使在恶劣天气条件下,车辆也可实现全天候通行。
>
>
>
> 图 9-16　11 米长的曲面屏将整体路况"一网打尽"
>
> 这条路为何如此聪明?原来,湖北交投科技公司联合武汉理工大学姜德生院士团队,在国内首次将阵列光栅光纤技术应用于智慧高速领域。13 公里路段上,每间隔 5 米布设 1 个光栅传感器,全线共计 1.6 万个,结合视频、雷达等技术,形成全路"触觉+视觉+探测"多重高效感知神经网。该技术除了应用于花湖国际机场高速外,还将在京港澳高速改扩建、当枝松高速等在建项目上铺设"神经元"。
>
> ——"学习强国"湖北学习平台,2024 年 12 月 10 日,有删改

四、辅助决策

人工智能是治理拥堵的高手,但是相比拥堵后治理,如何避免拥堵是更为重要的工作。城市交通是一个综合体,包含城市道路系统、公共交通系统、地铁等交通参与者。每个城市都会有自己的道路建设规划、公交运行和调整规划、地铁建设规划等,这些交通基

础设施的建设关系城市未来交通的运行是否通畅,是否能满足城市居民的日常出行。

城市高架路线是如何确定的?公交线路的开通是如何确定的?是否需要建地铁,地铁线路和站点又是如何确定的?这些规划都是需要依据的,而这个依据就是根据过去若干年城市交通的运行状况以及城市的发展规划来进行预测的。人工智能的介入,使数据收集更为便捷和完整。人工智能系统可以根据过去若干年的数据,对未来的交通进行精准的预测,从而为政府的决策提供可靠的依据。

五、车牌识别

汽车牌照是全球唯一的对车辆身份识别的标记,只要读出车牌号,就能确定汽车的"身份"。各位同学应该都知道,车牌号是由文字、字母和数字的组合。车牌识别就是对文字、字母和数字的识别。它应用于地下车库入口、高速公路入口、道路监控等多种场合,大大节省了人力,提高了工作的效率。

图 9-17 车牌识别系统

车牌识别技术的主要步骤包括:①图像采集,即获取包含车牌的图像信息;②车牌定位,即确定采集到的图像中,车牌的所在位置,将不属于车牌的部分去除;③车牌字符分割,将车牌中的字符一一分开;④车牌字符识别,将分开的字符一个一个进行识别;⑤输出识别结果,将识别后的字符重新组合起来,并将识别的结果输出。

六、车型识别技术

如果说车牌识别只是对文字、字母和数字的识别,那么车型识别就又涉及了物品的识别和处理了。这个过程和上一节讲的物品识别相类似,对汽车的照片或者视频等信息进行人工智能系统的识别,可以获取汽车的品牌、型号、颜色、款式、生产年份等信息。

图 9-18 智能车型识别

通过这些信息,可以实现拍照识车、拍照购车、拍照修车等功能。在路上看到心仪的车辆,拍个照就知道是哪个品牌、什么型号、车价多少、配置多少、4S店在哪里等信息;如果是新手刚刚上路,通过拍摄汽车的照片,可以轻松获得汽车的使用说明书;当车辆发生故障,或者需要保养的时候,汽车厂只要拍个照片,就能了解车辆的型号、配件等信息。

七、电子警察

道路交通安全需要依靠大家自觉遵守交通规则,但是总有很多人不愿意主动遵守交通规则,闯红灯、超速等现象屡禁不绝,以前主要是依靠交警的巡逻和处罚加以规范,但是这种方式需要耗费大量的人力、物力,而且效率不高。而现在主要依靠电子警察来监控道路上的交通违法行为。其实电子警察也不是一下子就发展到现在的水平的,

图 9‑19　电子警察

早期的电子警察也是依靠人工来识别车牌的,自然工作量也不小,而且容易出错。现在的电子警察,利用车牌和车型识别技术,可以直接识别违章车辆的牌照,并在系统中进行记录。而随着车型识别技术的发展,电子警察除了可以识别车牌,还可以识别车型,并和系统中的数据进行比对,这样一些"套牌"车辆就无处遁形了。

> **测一测**
>
> **单选题**
>
> 1. 下列不是车牌识别所需要识别的内容的是(　　)。
>   A. 车牌颜色　　　　　　　　B. 文字
>   C. 字母　　　　　　　　　　D. 汽车品牌
> 2. 车牌识别技术是利用汽车的动态视频或(　　)进行车牌号码自动识别的模式识别技术。
>   A. 视频图像　　　　　　　　B. 动态图像
>   C. 静态图像　　　　　　　　D. 以上都不是
> 3. 车型识别系统主要使用了人工智能中的(　　)技术。
>   A. 图像识别　　　　　　　　B. 语音识别
>   C. 智能控制　　　　　　　　D. 智能决策
> 4. 智能交通信号灯如何优化通行效率?(　　)
>   A. 完全随机调整红绿灯时间　　B. 根据实时车流量自动调整
>   C. 仅依赖交警手动控制　　　　D. 固定时间不变
> 5. 电子警察的主要功能不包括(　　)。
>   A. 识别违章车牌　　　　　　B. 识别车型
>   C. 自动开具罚单　　　　　　D. 检测套牌车辆

9.5 智能出行，享受每一次旅程

提起全球卫星导航系统，人们最先想起的可能是GPS。其实，全球有四大卫星导航系统，包括中国的北斗（BDS）、美国的全球定位系统（GPS）、俄罗斯的格洛纳斯（GLONASS）和欧洲的伽利略（GALILEO）。美国的GPS因历史悠久而被大家熟知，而近年来北斗导航快速发展，迅速"出圈"。北斗卫星导航系统是中国着眼于国家安全和经济社会发展需要，自主建设、独立运行的卫星导航系统，可以为全球用户提供全天候、全天时、高精度的定位、导航和授时服务，是国家重要的空间基础设施。

一、智能行程管理

人工智能在电子导航系统中的应用远远不止更新个地图这么简单，很多非常实用的功能被一个个开发出来。

（一）智能导航

众所周知，驾驶员在驾驶途中看手机是非常危险的，如果要使用手机导航，必须在安全的地方将车停下后才能使用。但是，随着人工智能语音识别技术的应用，现在的导航软件可以使用语音唤醒，驾驶员只需要喊一个识别短语，就能唤醒手机或者车载地图，随后可以将需要导航的地点语音告知地图软件，从而在驾驶员眼睛保持持续观察路况的情况下开启导航。再如，人工智能的应用，使地图可以获取路线上的实时路况，甚至可以预测路况，因此可以在导航时及时更新路线，避开拥堵路线，提升驾驶体验。此外，导航软件可以根据大数据计算红绿灯的持续时间，从而更精准地估算到达目的地的时间。

值得期待的是，人工智能技术的不断发展，使各种新的应用场景被不断开发出来，将来的电子导航软件将更加智能，更加人性化。

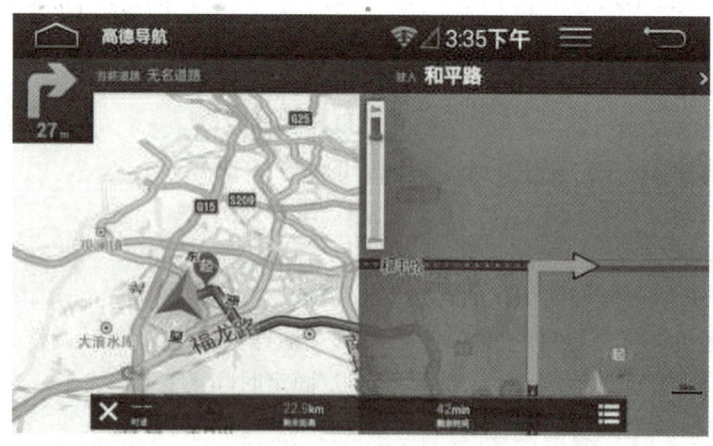

图 9-20　智能导航

(二) 路线规划

作为一款地图软件，除了可以实现导航的功能，自然也能实现路线规划的功能，路线规划包括自驾、骑行、公交、步行等方式的规划。自驾路线的规划，可以根据使用者的要求，给出例如时间最短、路程最短、不走高速等选项；如果使用公交车出行的选项，则系统能根据要求给出时间最短、步行最少、系统推荐等选项，如果设定了出行时间，系统还能根据历史数据判断该时间段的最短路线；在有些城市，系统还能根据公交车的到站信息来判断等待时间，从而尽可能减少路上所需时间。

腾讯地图　　　　　　　　高德地图

图 9-21　智能路线规划

（三）行程管理

除了导航、路线规划等功能，行程管理也是人工智能技术在智能出行领域的重要应用之一。系统可以根据用户的需求或者目的地，自动选择合适的交通方案，高铁、飞机、公交相互配合，形成一个完整的行程规划，系统可以推荐最合适的高铁班次、性价比最高的航班、合适的出行时间，甚至还能为用户推荐合适的饭店、酒店和景点等，形成综合的方案提供给用户。

图 9-22　手机里的行程管理

二、自动驾驶技术

(一)自动驾驶的概念

自动驾驶又被称为无人驾驶、电脑驾驶,主要指自动驾驶机动车,包括汽车、地铁等交通工具。它们是一种通过电脑系统实现自动驾驶的交通工具,主要依靠人工智能、机器视觉、雷达、监控装置和全球定位装置等系统协同工作,让电脑在没有任何人类主动干预的情况下,实现机动车辆安全、平稳的运行。

自动驾驶可以极大程度地节省人力成本,交通工具可以不需要驾驶人员,只需要有若干个管理和维护人员,对车辆进行实时监控,确保安全稳定运行就可以了,这可以进一步降低大家的出行成本。

(二)自动驾驶的主要技术

自动驾驶车辆要在道路上实现安全行驶,除了需要行车电脑(相当于汽车的大脑)的控制外,还需要很多模块协同工作,密切配合才可以实现。从大类上来分,主要包括环境感知模块、行为规划模块、车辆定位模块、控制与执行系统模块、高精地图与车联网模块五大模块。环境感知模块主要是指车辆感知车身周围环境的系统,包括车道识别、周围车辆识别等,它的主要技术路线包括利用摄像头进行图像识别的方法,以及利用雷达和传感器进行识别的方法。

行为规划模块是指车辆在行驶过程中所需要具备的相应行为,包括车道保持、车道变更、路口直行、路口转弯、掉头、绕障、智能启停、自动泊车等驾驶行为,这些行为的有序排列和有效衔接,才能实现车辆的自动驾驶。

图 9-23 自动驾驶

车辆定位模块主要实现对车辆当前位置的感知,主要包括卫星定位、地面基站定位和视觉感知定位。在空旷的路面自然可以采用卫星进行定位,但是在隧道等无法收到卫星信号的路段,就需要视觉感知等方式进行定位了。

控制与执行系统模块是自动驾驶车辆的主要功能模块,它控制着车辆的启动、停止、前进、后退、加减速等基本功能,也对车辆的运行状况进行实时监控,并且模拟驾驶员的行为操作。

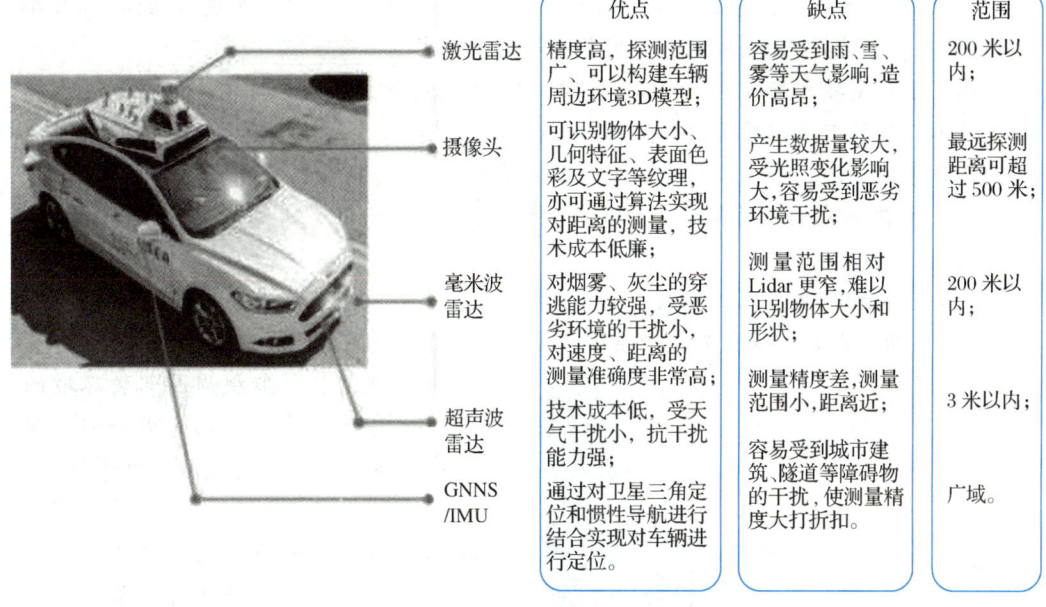

图 9-24 常见车载环境探测传感器

高精地图与车联网模块除了可以实现路线、行程的规划,还可以自动获取路面上的交通状况,以实现躲避拥堵、选择最优路线等功能。

(三) 自动驾驶的安全性

说起自动驾驶,大家最关心的首先就是安全问题,无论汽车也好、地铁也好,自动驾驶交通工具真的能保证交通的安全吗?出现意外怎么办?

例如,作为试点无人驾驶公交车,其采用的是安全员代替驾驶员的做法,安全员无需做任何操作,一切驾驶行为都是自动行车系统在进行,安全员只需要监控车辆运行是否正常,并及时处理异常就可以了。同样的道理,飞机在天上平飞的过程中,飞行员也不需要对飞机进行操控,飞机上的自动驾驶系统同样可以让飞机安全平稳地运行,飞行员此时也只是对飞机的运行进行监控。

自动驾驶交通工具主要依靠具有人工智能算法的系统来对危险进行识别,这是自动驾驶的大脑,它还需要很多摄像头、传感器、雷达等,以识别当前的车道、车身周围,特别是车身前后的车辆距离和速度等信息。当然,一种安全设备存在故障的可能,但是多种设备协同工作后,故障率可以得到有效降低。我们可以做一个简单的计算,假设某个传感器的故障率是 0.1%,那么如果同时有 3 个传感器,它的故障率就变成了十亿分之一。因此,自动驾驶车辆依靠人工智能系统和多种传感器协同工作,来保证车辆运行的安全。

知识链接

无人驾驶的等级划分

SAE 是一个创立于美国但在全球范围活跃的多领域工程学专业技术组织、标准组织，主要负责领域是汽车、航空和商用车辆等运输行业。

热衷于制定技术标准的 SAE，在英国、印度等地均设立了附属机构。SAE 的技术标准文件不具有任何法律效力，但有些时候美国高速公路安全管理局和加拿大交通部都会将其用作参考。而我们今天讨论的无人驾驶技术的 L 级别，就被包含在其中。

SAE 将汽车自动化的程度分为 6 个等级，也就是我们经常看到的 L 级别。每个级别的描述如下：

L0：无自动化，完全人工驾驶。

L1：自动化系统可以在某些时候可以帮助驾驶员完成某些驾驶任务。

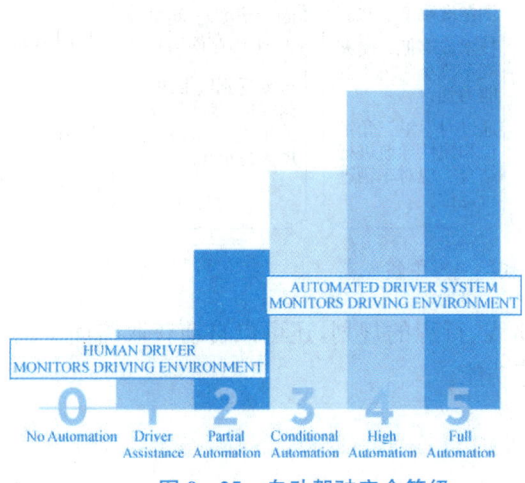

图 9-25　自动驾驶安全等级

L2：在驾驶员监视周围驾驶环境的前提下，自动化系统可以完成一部分驾驶任务，并由驾驶员完成剩余的部分。

L3：自动化系统可以自我监视驾驶环境，并且完成一部分驾驶任务。但驾驶员必须时刻监督，并随时准备手动处理任何突发情况。

L4：自动化系统可以在特定环境下独立完成驾驶任务，整个行驶过程不需要人类采取任何措施。

L5：自动化系统可以独立完成驾驶员可以完成的任何驾驶行为。也就是我们认为的自动驾驶。

由上面的分类可以看出，真正的自动驾驶要在 L3 及以上级别，其他级别都不是真正的自动驾驶。

（四）自动驾驶的应用

1. 自动驾驶汽车

说起自动驾驶，大家第一个想到的就是自动驾驶汽车，也叫无人驾驶汽车，未来可能大家接触最多的自动驾驶就是这些无人驾驶的公交车、出租车甚至私家车等。当然，自动驾驶难度最大的，可能也是自动驾驶汽车，因为道路情况千变万化，需要处理的突发状况特别多，需要系统能够及时应变。

2. 自动驾驶地铁

自动驾驶地铁，主要优势体现在三个方面：首先，更准点，效率更高；其次，运行速度更稳、更安全；最后，司机脱离繁忙，可以更灵活地调配列车。目前，北京、上海、广州等地均已有自动驾驶地铁车辆开通。而更多的自动驾驶地铁线路正在建设中，例如苏州的轨道交通 5 号线，是江苏首条无人驾驶地铁。此外，全国还有近 40 条无人驾驶线路正在建设中。

国际标准按照轨道交通自动化程度,定义了自动驾驶的5个等级,自动化程度从低到高为GOA0—GOA4。GOA0须由人工进行进路确认,列车行驶、对行车轨道和乘客上、下车监控,没有系统介入;GOA1为完全人工驾驶,列车的启动、停止、车门开关及突发情况处理均由司机处理;GOA2是半自动驾驶,车辆的启动、停止是自动运行,由司机控制车门的开关以及处理突发情况;GOA3是自动驾驶,但是列车会配备一名司乘处理紧急情况;GOA4是完全自动运行,不需要任何工作人员参与。

图9-26 无人驾驶地铁

3. 飞机的自动驾驶

其实,飞机自动驾驶的出现远远早于汽车的自动驾驶,这主要是由于飞机和汽车面临的运行环境是不一样的。飞机在平流层飞行时几乎没有障碍物,因此其自动驾驶比汽车容易许多。飞机的自动驾驶可以实现保持飞行方向、保持飞行高度和速度、航路跟踪、路线选择等功能。

飞机的自动驾驶可以减轻飞行员的负担,让飞行员集中精力完成其他与飞行安全相关的工作,例如导航、观察交通、与塔台沟通等。并且,自动驾驶的存在,可以减少飞行员的体力损耗,特别是长途飞行,可以让飞行员将更多体力分配到起飞和降落这样比较危险的阶段,从而最大限度地保障飞行安全。

图9-27 自动驾驶的飞机

> **知识链接**
>
> #### 江苏南京首批无人驾驶公交上路测试　7月上旬可预约免费乘坐
> 5月11日上午,一辆L4级无人驾驶公交车从位于江苏省南京市秦淮区的白下高新

区管委会出发,沿着测试道路开往南部新城管委会,这是南京市正在进行道路测试的首批无人驾驶公交巴士。记者从南京公交集团了解到,首批无人驾驶公交预计在5月底完成道路测试,7月上旬市民可预约免费乘坐体验。

"这辆车共配备了8个激光雷达和15个摄像头,在自动驾驶中可360度无死角查看周围的情况。"开沃集团创维汽车自动驾驶运营工程师赵振宇说。

据介绍,参与此次道路测试的共有两辆公交,由开沃集团创维汽车为南京公交定制,自主研发生产,采用L4级别单车智能自动驾驶,搭载激光雷达,全方位监控摄像头,全方位补盲雷达,具备强大的环境感知能力,通过高精度传感器、智能算法等,能精准识别路况、障碍物及交通信号,具有自动启停、自主线路规划、自主避障等功能,为车辆安全行驶提供有力保障。

当天的无人驾驶公交上,还坐着一位安全员。南京公交集团副总工程师易安强说,为了应对紧急突发情况,自动驾驶公交必须配有一名安全员,确保遇到突发情况后能够第一时间接管。

图 9-28　无人驾驶公交上路

记者了解到,无人驾驶公交车测试共分为三个阶段。其中,道路测试阶段作为整个项目的起点具有重要意义。此阶段主要聚焦于车辆性能测试,自4月28日起,将进行不少于1000公里或240小时的道路测试,为后续示范应用阶段和示范运营阶段提供技术支持和保障。道路测试阶段结束后,经南京市智能网联汽车道路测试与示范应用联席工作小组审核批准,转入示范应用阶段。

据悉,没有乘客的道路测试阶段预计5月份结束,7月上旬进入示范应用阶段,届时,南京公交将推出线上预约免费乘车体验服务。

——交汇点新闻,2025年5月12日,有删改

测一测

单选题

1. 现代智能导航系统相比早期电子导航的主要改进是(　　)。
   A. 只能离线使用　　　　　　　　B. 需要手动输入目的
   C. 支持实时路况更新和语音交互　　D. 仅提供固定路线

2. 路线规划功能可以优化以下哪种出行方式?(　　)

A. 自驾、公交、步行 B. 骑行、飞机、轮船
C. 自驾、骑行、公交、步行 D. 仅限自驾

3. 智能导航系统预测路况主要依靠(　　)。

A. 天气预报 B. 历史数据和实时交通信息
C. 驾驶员经验 D. 随机算法

4. 自动驾驶汽车主要依赖以下哪项技术？(　　)

A. 人工智能、机器视觉、雷达 B. 仅靠卫星导航
C. 完全依赖驾驶员操作 D. 仅使用摄像头

5. 自动驾驶的 L4 级别是指(　　)。

A. 完全人工驾驶 B. 特定环境下可完全自动驾驶
C. 需要驾驶员全程监督 D. 仅能完成停车操作

6. 南京测试的 L4 级无人驾驶公交配备了哪些设备？(　　)

A. 仅摄像头 B. 激光雷达和摄像头
C. 仅超声波传感器 D. 不需要任何传感器

9.6　智慧社区，让家更温暖

一、智慧社区

服务是智慧社区的核心，通过创建智慧社区，可以为社区居民创造幸福美好的生活。例如，当发现小区里的灯不亮了，或者垃圾没有及时清理，在过去，我们会打电话给物业或者找管家，然后物业再安排人来清理。但是现在，我们只需要在手机 App 上点一下报修，物业就会安排人来维修或者清洁了。有客人来家里，以前需要保安电话里询问业主后放行，现在只要在手机上动动手指，就能申请访客二维码，客人利用二维码就可以直接进入小区，免去了询问和等待的时间。

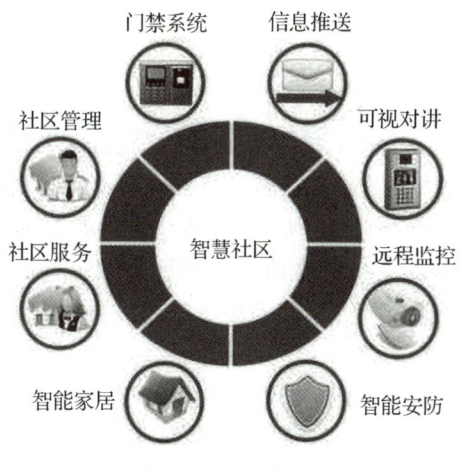

图 9-29　智慧社区

因此，智慧社区是指通过利用各种智能技术和方式，整合社区现有的各类服务资源，为社区群众提供政务、商务、娱乐、教育、医护及生活互助等多种便捷服务的模式。从应用方向来看，"智慧社区"应实现"以智慧政务提高办事效率，以智慧民生改善人民生活，以智慧家庭打造智能生活，以智慧小区提升社区品质"的目标。

二、智慧社区的系统架构

智慧社区的系统架构主要包括基础设施与感知单元、网络单元、数据处理单元、平台单元和应用单元。

基础设施与感知单元是智慧社区的基础，基础设施是指建设社区的建筑、车、器材等数据实体，感知单元是指对各种数据的采集、监测和控制；网络单元是指将感知单元的数据进行连接的通道，是智慧社区的支柱；数据单元是指将采集到的数据上传到数据中心，并进行分析和处理，从而实现信息化和智能化的单元；平台单元是指对感知功能进行应用支持的平台，以及社区内部与外部交流对接的平台；应用单元是指面向最终用户的应用系统，用来满足用户的各项需求。

三、智慧社区如何改变我们的生活

（一）智慧物业管理

对小区居民来说，在小区里接触最多的，除了邻居，就是物业管理人员了。物业公司的管理效率一方面影响其自身的盈利能力；另一方面也影响居民对物业公司服务的评价。

利用智慧社区建设，物业公司可以利用信息化手段，包括微信、客户端、小程序等渠道，方便地获取居民的报修、保洁、表扬、投诉等信息，并提高处理效率；可以利用 App 方便居民缴纳物业费、水电煤气等费用，提升用户体验；此外，还可以进行访客管理、组织活动、发布公告等。

> **知识链接**
>
> #### 南通启东：数字赋能焕新颜　智慧社区惠民生
>
> 建于 20 世纪 90 年代的南通启东市南苑新村小区，历经岁月洗礼，曾面临设施老化、管理滞后等难题。而如今，一场"数字焕新"行动让南苑新村小区发生蝶变，人脸识别门禁代替锈蚀铁门，智慧大屏点亮斑驳墙面，AI 守护 24 小时"在线"……老社区与新技术碰撞，让"旧时光"与"新智慧"温暖相拥，为居民织就一张"有温度、有记忆、有未来"的幸福网。
>
> 近年来，南苑新村小区先后增加了智慧屏幕、智能门禁、高清摄像头等硬件设施，助力构建智慧社区。智慧屏幕内设政策通知、社区活动动态更新、天气预报等功能，字体大小可调节，语音自动播报等便捷操作让不熟悉智能手机的老人轻松掌握社区动态；智能

门禁自带"刷脸"开门、手机远程授权访客,便利居民日常生活;26个高清摄像头搭载智能识别系统让居民安全感"全天候",车辆剐蹭自动抓拍上传云端、垃圾堆放超时提醒、独居老人异常行为预警等,成功让小区安全事故发生率下降85%。

社区动员网格员线上线下多形式收集信息,对网格内的设施设备状态、人口流动信息了如指掌,将采集到的信息上传至社区网格化智慧管理平台,确保数据的准确性与时效性;同时社区设立"码上办"服务群,居民可以通过微信扫码报修、缴费,预约活动一键完成,累计解决水管漏水、路灯故障等急事300余件,响应速度提升70%。除此以外,社区开通"银龄助手"专区,志愿者在线接单,代购药品、上门理发等服务获老人好评。

图9-30 社区服务智能应用平台

社区定期组织开展线上线下议事汇、智能设备教学、智慧社区茶话会等活动,同步开设直播间,打工在外的年轻人也能云端参与;同时建立"金点子"积分榜,垃圾分类督导、共享工具捐赠等行为可兑换智能家居用品,激发居民自治热情。今年以来,社区就停车位规划、充电桩增设等事项采用在线投票,后台大数据分析居民需求,确定社区全年规划。70岁的张阿姨表示:"我用语音就能提建议,社区改造真正听到了我们的声音!"

三十载春秋,南苑新村小区从"单位大院"到"智慧家园",变的是不断迭代的技术,不变的是邻里相守的温情。在这里,科技不是冰冷的替代,而是让生活更从容的帮手;数字化不是遗忘过去的推手,而是珍藏记忆的载体。让我们携手同行,在数字时代续写属于南苑新村社区的烟火故事!

——"学习强国"南通学习平台,2025年5月9日,有删改

(二)电子商务服务

如今电子商务服务形式多样,除了传统的线上购物,还包括外卖、跑腿服务、社区团购等新的服务形式。而无人快递车、无人机配送也正在逐步走近大众身边,这些新式的配送方式打通了物流环节的最后一公里,节约了人力成本,提高了物流效率,也为恶劣天气下的配送服务提供了更多可能性。如果在炎炎烈日下,轻点手机,就能收到无人机送来的冰镇饮料,是多么令人惬意的事啊!

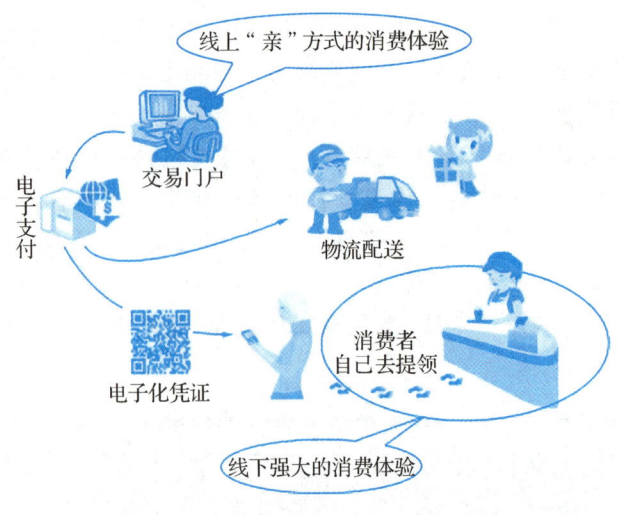

图 9‑31 社区电子商务服务

(三) 智慧养老服务

老年人居家养老,是我国社会的主流养老模式,对于在自己家里的老年人,特别是独居老人,无论是亲友也好,还是社区工作人员也好,都会特别关注他们身体好不好、吃饭问题怎么解决这些最基本的民生问题。智慧养老就是要解决这些问题。利用摄像头、传感器等监控老人在家里的活动状况,遇到问题及时发出报警并进行干预,可以第一时间保障老年人的生命安全;对于部分老年人,可以通过手机进行订餐,获取社区准备的安全放心的午餐、晚餐,让子女放心,政府方便管理。

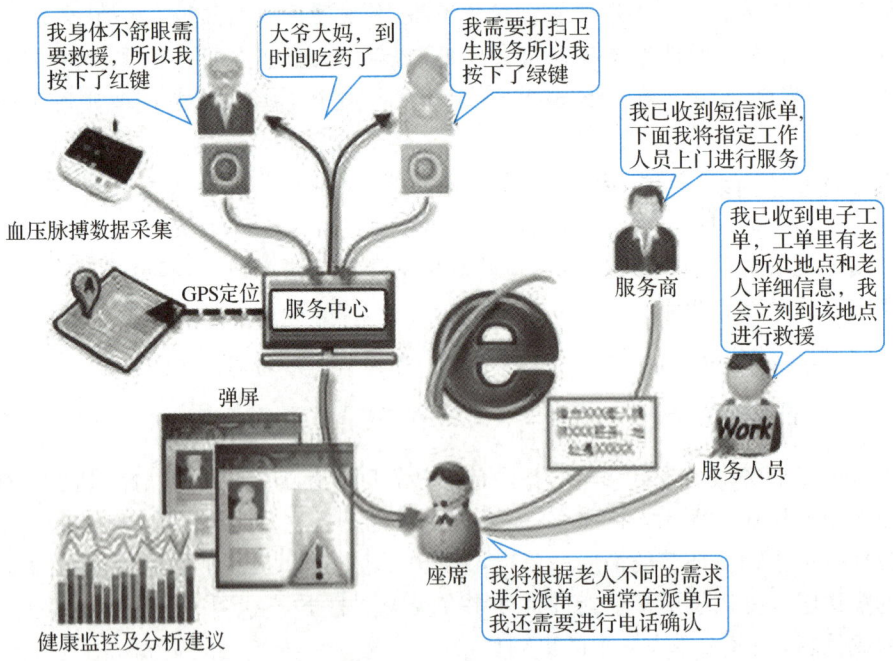

图 9‑32 智慧养老服务

(四)智能家居服务

智能家居也是智慧社区的组成部分,主要可以实现远程控制家里的电器设备、语音控制、远程监控、自动控制等功能,实现舒适、安全、便利、环保的居住环境。

图 9-33 智能家居服务

测一测

单选题

1. 智慧社区的核心目标是(　　)。
 A. 提高物业收费　　　　　　　　B. 通过智能技术改善居民生活服务
 C. 完全取代人工管理　　　　　　D. 仅用于监控居民
2. 南苑新村小区的智慧改造不包括(　　)。
 A. 人脸识别门禁　　　　　　　　B. 智能垃圾提醒
 C. 无人机巡逻　　　　　　　　　D. 独居老人异常预警
3. 智慧物业管理的优势主要体现在(　　)。
 A. 居民可通过 App 报修、缴费　　B. 完全取消物业人员
 C. 仅支持年轻人使用　　　　　　D. 需要居民到物业办公室办理所有业务
4. 智慧养老服务主要解决什么问题?(　　)
 A. 独居老人的安全监测和基本生活保障
 B. 代替子女照顾老人
 C. 仅提供娱乐活动
 D. 限制老人外出

练一练

个性化活动策划

1. 任务背景。

为社区端午节活动设计方案,需吸引不同年龄群体参与。

2. 任务要求。

输入以下信息到 AI 大模型:

节日:端午节

参与人群:儿童、年轻人、老年人

限制条件:预算5000元内,户外举行

生成:

一份活动策划表(含活动项目、分工、预算分配)。

一篇微信推文草稿(标题+3段正文,带互动提问)。

用AI生成一个活动风险预案(列出3条潜在风险及应对措施)。

【实训总结】

【教师对实训的评价】

习题答案

任务九习题答案

任务十
人工智能驱动智慧商业变革

【案例导读】

想象一座无需人工干预,从入库到配送全由机器自主运转的仓库——这正是京东无人仓的真实图景。2017年,全球首个全流程无人仓落地上海,实现从收货、存储、分拣、包装全流程的智能化作业。截至2020年,京东物流"亚洲一号"数量超过30座,不同层级的机器人仓超过100个。

在技术进化上,京东不断突破:2017年,上海嘉定"亚洲一号"无人仓启用300多个红色AGV机器人"小红人",以每秒3米速度分拣,单日处理订单超20万;2021年,5G全连接智能仓将AGV调度时延压缩至10毫秒,设备维护效率提升70%;2024年,"智狼"货到人系统让拣货效率提升3倍;2025年,3D视觉分拣技术实现每小时3600次分拣,准确率达99.99%。

在全球实践中,京东无人仓成果显著:2023年荷兰芬洛仓启用"货到人+动态分拣",人工成本降低70%;2024年德国多特蒙德仓推出"正逆一体工作站",退货处理时效从小时级缩短至分钟级,库存周转率提升60%;2025年,中东沙特借助京东技术处理石油设备零部件,物流成本降低40%。

从"人找货"到"货找人",京东无人仓不仅是物流行业的里程碑,更通过技术创新让传统产业焕发新生。未来,随着AI大模型与数字孪生技术的深度应用,无人仓将为全球供应链提供更智能、更环保的"中国方案"。

图10-1 智狼飞梯机器人

图10-2 智狼搬运机器人

——《京东无人仓:重塑全球物流新范式》

问题思考:

京东无人仓从入库到配送都由机器完成,你觉得这样的仓库和传统仓库相比,最大的不同在哪里?

10.1 人工智能重塑商业逻辑

一、商业变革的核心驱动力

（一）数据要素：重构商业决策的"数字基石"

在传统商业中，决策依赖经验判断与抽样数据，而人工智能时代，全量数据采集与深度分析成为核心竞争力。

用户画像：从"模糊标签"到"立体建模"。电商平台通过整合用户浏览记录、交易数据、社交行为甚至地理位置，构建多维度的动态画像。

需求预测：从"经验预估"到"智能推演"。机器学习算法可处理天气、促销活动、舆情热搜等变量，实现精准需求预测。

数据资产化：从"业务副产品"到"战略资源"。企业通过数据中台整合全域数据，形成商业决策的"数字孪生"。

（二）算法创新：激活商业效率的"智能引擎"

算法作为人工智能的"大脑"，正在重塑商业流程的底层逻辑。

优化类算法：让复杂决策自动化。动态定价算法根据实时供需、竞品价格、用户支付能力等参数，实现毫秒级价格调整。

生成类算法：开拓商业创新边界。生成式 AI 正在重构内容生产模式。

预测类算法：预见商业未来。深度学习模型可通过历史数据预测用户流失、设备故障、市场波动等风险。

（三）算力支撑：搭建技术落地的"基础设施"

算力作为人工智能的"能量源"，通过三层架构降低技术应用门槛。

云端算力：弹性扩展的"超级计算机"。云计算提供按需分配的算力资源，中小企业无需自建服务器即可部署 AI 模型。

边缘算力：本地化实时响应。边缘计算在智能终端就近处理数据，解决云端延迟问题。

算力协同：云边端一体化。大型企业构建"云—边—端"协同网络，实现数据分级处理。

二、智慧商业的关键特征

（一）智能化：从"人工决策"到"AI 自动化"

智慧商业的核心是用机器替代重复性劳动，释放人类创造力。

流程自动化：让机器处理"标准化工作"。智能客服系统可处理大量重复性咨询，响应时间从人工的3分钟缩短至15秒,服务成本下降60%;财务机器人自动完成发票识别、报销审核,可以帮助企业减少大量财务基础岗位,使人员转向战略分析岗位。

决策智能化:让算法辅助"复杂判断"。零售企业的智能选品系统,通过分析历史销量、竞品数据、季节因素,自动生成采购清单。某连锁超市据此提升畅销品覆盖率,大幅降低滞销品库存。银行的智能风控系统,数秒内完成贷款申请的风险评估,小微企业放款效率提升若干倍。

设备自主化:让机器实现"自主作业"。京东无人仓的AGV机器人可自主规划路径、避让障碍物,单日处理订单超20万单,分拣效率是人工的5倍。美团无人机配送系统在深圳实现3公里半径内15分钟送达,解决城市"最后一公里"配送难题。

图 10-3 美团无人机载货

(二) 个性化:从"千篇一律"到"一人千面"

数据与算法的结合,使商业服务从"规模化生产"转向"个性化定制"。

产品定制:按需生产的"数字工厂"。青岛海尔互联工厂支持用户在线定制冰箱面板图案、储物分区,通过AI排产系统实现"每台冰箱都是定制款",交货周期从15天压缩至7天,定制化订单占比大幅提升。

服务定制:精准匹配的"专属方案"。在线教育平台的自适应学习系统,根据学生答题数据实时调整难度,实现真正的个性化教学。

交互定制:动态响应的推荐算法。通过分析用户停留时长等行为特征,实现"每个人的首页都是专属频道";电商平台的智能客服,能根据用户语气自动切换"专业模式"或"情感模式",提升客户满意度。

(三) 生态化:从"单打独斗"到"协同共创"

智慧商业通过开放平台、数据共享、用户参与,构建多方共赢的商业生态。

企业间协同:企业通过开放平台共享库存、产能、物流等数据,实现供应链上下游需求预测协同。例如,零售企业与供应商基于用户消费数据(如地域偏好、季节波动)动态调整生产计划,减少库存积压或断货风险。

用户参与共创:以华为鸿蒙系统为例,华为通过花粉俱乐部广泛收集超20万用户对系统功能的反馈。利用AI技术对海量反馈数据进行深入分析,提取出诸如系统流畅度优化、个性化主题定制等高频需求。依据这些需求,华为在后续的鸿蒙系统版本更新中,推出了多项针对性功能,其中用户参与设计的功能占新功能总数的 35%,系统更新后的用户安装率高达 95%,有效提升了用户对系统的满意度和忠诚度。

跨领域融合:在医疗领域,海尔生物医疗同样积极创新。其开放自身先进的低温存储技术,与国内知名的疫苗企业如智飞生物、疾控中心等合作共建智慧冷链生态。通过整合各方资源,构建了从疫苗生产、储存到运输的全程监控体系,使疫苗在冷链运输过程中的损耗率从 5% 大幅降至 0.5%,为保障疫苗的质量与供应稳定性发挥了重要作用。

知识链接

海尔青岛互联工厂

进入海尔青岛洗衣机互联工厂,仿佛踏入了"未来世界",处处涌动着生机勃发的"智造"热潮:在"科技灰"的底色下,亮橘色的机械臂有节奏地挥舞着臂膀;空中物流链条输送零部件自动滑入规定区域……

海尔青岛洗衣机互联工厂持续创新,应用 5.5G 高频定位、数字孪生等技术,打造智能化生产线。在洗衣机内筒生产车间,钢卷经机械臂 18 道工序,3 分钟就能变成内筒。凭借数字智能技术,不同生产节拍的零部件也能精准"相遇"。智慧检测台作为自主研发的洗涤检测集成平台,通过自动检测模型,将原本需四五人的检测工序减至 2 人,效率提高约 50%,降低漏检风险。移动边缘计算(MEC)视觉平台利用 AI 技术,2 秒内为每台洗衣机拍摄 6 张多角度高清照片,使外观检测效率提升 56%,实现零漏检。

工厂从下单到交货仅需 7—10 天,订单系统将生产全环节记录云端,生产班组与供应商都能实时掌握订单信息,凭借这些跳动的数据,支撑起行业领先的智能生产线。

测一测

一、选择题

1. 京东无人仓中,哪一项技术实现了从"人找货"到"货找人"的转变?(　　)
   A. 智能调度系统　　　　　　　　B. 5G 全连接网络
   C. 3D 视觉分拣技术　　　　　　D. 绿色节能技术
2. 人工智能在新零售中,对"人、货、场"三要素进行了怎样的优化重构?(　　)
   A. 以"货"为中心,优化"场"和"人"　B. 以"场"为中心,优化"人"和"货"
   C. 以"人"为中心,优化"货"和"场"　D. 以"数据"为中心,优化"人、货、场"

二、填空题

3. 智慧物流体系的标志是_____。
4. 智慧商业的三大关键特征是_____、_____、_____。

练一练

1. 结合学习经历,谈谈数据在商业决策中的作用。

你在电商平台购物时,平台如何通过数据(如浏览记录、搜索关键词)推荐商品?这对你的消费选择有何影响?如果未来从事零售或制造业,你认为应如何利用数据优化工作流程?

2. 举例说明算法在商业中的实际应用。

外卖平台的配送路线优化、短视频平台的内容推荐等场景中,算法如何提升效率?若你是职业学校计算机专业学生,未来可能参与开发哪些类型的商业算法。

10.2　新零售的智能化转型

近年来,在国家政策的大力扶持和业内企业的不断努力下,零售业持续良好发展势头,市场规模持续扩张,经济效益显著。新零售是一种以互联网为依托,通过运用大数据、人工智能等先进技术手段,对商品的生产、流通与销售过程进行升级改造,进而重塑业态结构与生态圈,并对线上服务、线下体验以及现代物流进行深度融合的零售新模式。新零售的本质是对生产、销售、物流等环节的重塑,实现线上线下的深度融合和相互引流,人工智能对新零售的效率提升发挥至关重要的作用,有望引领新一轮的零售行业变革。

一、智能门店

当前新零售正经历由生成式 AI、数字孪生、6G 通信等前沿技术驱动的深度变革,形成四大核心业态:全场景无人零售系统(智能货柜、AR 虚拟试衣间)、人机协同智慧门店(配备数字店员、动态价签)、元宇宙生鲜体验馆(3D 全息果蔬展示+区块链溯源)、沉浸式消费空间(脑机接口情绪交互+气味模拟系统)。人工智能、大数据等新技术在商业零售领域的应用,正在彻底改变传统零售方式甚至整个流通方式,从而给互联网时代新经济带来无限想象和发展空间。

> **知识链接**

无感支付便利店

2023 年 7 月,天津天开高教科创园核心区首家 24 小时无人售卖智能便利店正式亮相。"欢迎光临!"走进多点无人值守智慧门店,顾客听到的问候语不是来自店员,而是自动广播。选购商品、称重、扫码结账……在这个 110 平方米的 24 小时便利店,这一系列操作全部由顾客自主完成,这也是物美多点在天津设立的第一家无人值守智慧门店。

以往的无人便利店,通过单一的模式或夜间无人值守实现所谓的"无人化"。物美智慧门店利用云值守系统、自助收银系统、AI 智能防损、AI 智能补货、AI 生鲜秤、智能轨迹记录、智能消防警报等智能产品,构建云端智慧门店大脑,通过远程云端值守监控,及时推送温湿度异常报警,以实时监测门店经营情况,全方位实现无

图 10-4　无感支付便利店

人零售。这家门店的开业,吸引了众多顾客前来体验。通过数字化和智能化技术的引领,该店在无人零售领域取得了显著进展。门店综合运用了多种智能系统技术和设备,不仅改善了消费者的购物体验,还提高了经营效率。它成功实现了商品、交易、营运、营销和防损等业务场景的全链路闭环融合,为园区内的就业人员以及周边的居民提供了便捷、安心且高效的购物体验。

二、智慧物流

随着大数据、云计算、人工智能、区块链等技术加快推广应用,建设高效的物流体系已成为当今物流行业发展的基本要求。以现代信息技术为标志的智慧物流正步入快速发展阶段。众多企业依靠人工智能技术实现智能搜索规划、动态识别、智能仓库选址、精准获悉产品库存等功能,构建了"物流+互联网+大数据"相融合的、覆盖线上线下的物流产业生态系统。

(一)人工智能优化仓库选址

物流仓库的选址在整个物流系统中具有重要的作用,是属于物流企业战略发展层面的问题。合理的仓库选址,可以有效地降低企业的经营成本,提高经济效益。传统的仓库选址往往是基于地图及地理数据来选择,缺陷是除了自然环境因素外,未能全面考虑到涉及运输经济性的因素及其他方面。基于人工智能技术的仓库选址能够根据生产商和供应商的地理位置、仓库建设和营运成本、运输量及经济性、国家政策等众多要素进行大数据提取和分析,最终给出应对不同选址考虑因素和分析尺度的最优仓库选址模型和解决方案。它摆脱了人为主观因素的干扰,克服传统模式下面临的地理数据获取及分析难度大等障碍,使选址更加科学精准,从而有效降低企业物流成本、提高物流运营效率及经济效益。

图 10-5 人工智能优化仓库选址

(二)合理管理库存量

库存管理的方法是人工智能技术应用较早的领域之一。传统的库存管理对员工的经验依赖性较大,库存物料的存放位置、在库时长、出入库时间等管理的科学化水平普遍不高。运用人工智能技术,可通过分析顾客历史消费数据、出入库数据和库存信息,实时动态调整库存水平,推动库存管理向实时化、智能化、高效化转变。人工智能技术有效降低库存及仓储物流成本,员工通过智能眼镜扫描仓库中的条码图形以采集统计库存商品信息。

(三)提高仓储作业效率

智慧化仓库是人工智能提升物流行业运转效能的最佳体现。目前智能仓库中多采用机器人技术,如搬运机器人、分拣机器人和货架穿梭车等。机器人之间进行有条不紊的作业配合,使仓储作业的搬运速度、拣选精度以及存储密度得以极大提升。

图 10-6 机器人在智能仓库

(四)优化运输配送路径

运用智能算法等人工智能技术,可以根据收发货地址、车型、订单类型等现实的约束条件,在极短时间内运算出满足不同业务需求的优化配送路线及方案,减少出车次数及行驶里程数,有效节省物流运输成本,显著提升物流服务能力及用户体验。基于无人驾驶技术的智能物流车将使物流运输更加快捷和高效,通过实时跟踪交通信息并调整优化运输路径,物流配送的路线优化水平及时间精度将进一步提升。

> **知识链接**
>
> #### 物流新纪元,从"亚洲一号"启航
>
> 京东上海"亚洲一号"于 2014 年 10 月正式投入使用,隶属于京东集团,是国内最大、最先进的电商物流中心之一。
>
> 在硬件方面,上海"亚洲一号"配备了自动化立体仓库(AS/RS)、自动分拣机等先进设备,这些设备如同钢铁巨人般矗立在仓库中,高效地执行着各项任务。而在软件方面,仓库管理、控制、分拣和配送信息系统等均由京东公司开发并拥有自主知识产权,整个系统均由京东公司总集成。目前,90%以上的操作已实现自动化,大大提高了工作效率。
>
> 1 分钟,分拣机器人累计可奔跑 196 200 米,它们如同不知疲倦的运动员,在仓库中穿梭自如,将商品准确无误地送到指定的位置。
>
> 1 分钟,智能设备能为商品拍照 320 000 次,这些照片不仅记录了商品的外观,更通过 AI 算法对商品进行识别和分类,为后续的分拣和配送提供了有力的支持。
>
> 1 分钟,智能大脑可为机器人计算千亿条路线,这些路线如同错综复杂的神经网络,将仓库中的每一个角落都紧密相连,确保每一个商品都能在最短的时间内被送到消费者手中。

1分钟，智能拣货系统能帮员工少走67公里"弯路"，通过智能算法的优化，拣货员的工作变得更加轻松高效，大大减少了体力消耗和时间浪费。

到2024年，整整10年，全国各大城市已经建成了43座"亚洲一号"物流园区，而且一座比一座自动化、先进，每个都是十几万到几十万平方米以上的超大厂房、园区。"亚洲一号"已经成了亚洲乃至全球领先的智能物流中心。在京东"亚洲一号"里，软硬件一体化的基础设施和人机CP的创新作业模式共同构成了强大的物流体系。

10-7 京东物流"亚洲一号"

三、精准营销（用户画像、推荐系统）

（一）实现精准营销的三个要素

1. 精确的信息

精确信息是基础。实施精准营销需要有精确信息作为支撑，这样才能精准把握消费者的真实需求。那么如何精确采集信息呢？受益于现今信息化程度的飞速发展，消费者会通过各种信息手段产生消费行为，包括通话、购物、网页浏览等。而用户的消费行为会在信息通道留下轨迹和数据，我们可以借助这些数据来分析用户、分析市场。麦肯锡的一份研究显示，金融业在大数据价值潜力指数中排名第一。以银行业为例，中国银联涉及43亿张银行卡，超过9亿的持卡人，超过一千万商户，每天近七千万条交易数据，核心交易数据都超过TB级。通过对大数据资料库所在地的人口特征、年龄及交易量等数据分析，以及客户在网站、手机银行、微信银行等软件使用习惯进行分析，精准捕获用户信息。

2. 精准的投放

精准投放是核心。精准投放是建立在精确信息的基础上，对采集到的信息进行系统分析，再通过对市场进行有效的细分，根据细分结果有效组织资源，实现消费者和资源的精准匹配。事实上，与人工智能相结合的精准营销的独特之处，不仅在于对用户群体的精准定位，还在于对"人性"深处的洞悉。

消费者的诉求在不断提升，他们需要的不再是简单的商品，而是功能、情感、社会属性等多方面的满足，他们需要的是一种深度的消费。人工智能精准营销有效地解决了

"消费焦虑症"的问题。所以在精准营销体系中,营销要素的匹配应该更多地考虑变得智能化和具有情感性。

3. 精细的管理

精细管理是保障。精准营销中的精细管理就是要确保精准营销的顺利实施。精准营销的执行是一个过程,整个过程就像生产车间的流水线一样环环相套。如果流程不合理或不畅通,就会直接影响营销效果。

在未来的商业世界中,市场只会越来越细分。客户在庞大的信息海洋中,最终只会选择自己最感兴趣的那一个,而对于企业来说,客户的选择才是企业的机会,因此精准营销对于企业来说愈加重要。

(二)精准营销实现选择性推送

目前,人工智能在广告推送领域较为广泛的应用是通过对用户数据进行过滤、判断,有针对性地向他们投放广告。以前,当用户逛体育类网站时产生了临时购买行为,我们就会向他投放与体育有关的广告。而现在,AI经过学习后,能够识别这些用户当中谁是体育活动中某类运动的爱好者。比如通过数据分析得出用户是网球爱好者,可以更加精确地向用户投放和网球运动有关的广告。这种选择性推送进一步提升了对目标受众的定位精度,有效提升转化率。

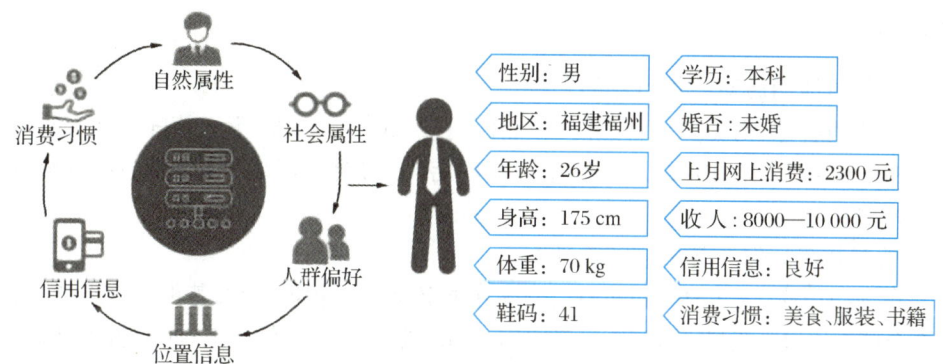

图10-8 精准营销可实现选择性推送

在电商销售平台,如淘宝和天猫已经从以人工运营为主分配流量和资源定位的方式成功转变为以大数据和人工智能为导向的新方式。在淘宝和天猫平台,用户登录后呈现的网页是"千人千面"——几亿用户登录后呈现的界面是符合每个人偏好的几亿种形态。即便同一个人,周末和平时、假期和工作日看到的界面也会有所不同,这样的结果就是因为有强大的数据技术在进行支撑。

(三)市场营销自动化

市场营销自动化是基于人工智能大数据基础的用于执行、管理和自动完成营销任务的方案。市场营销自动化可以帮助识别潜在客户,自动执行将潜在客户培育成有效客户的过程。它以达成交易和开始持续关系为目标,自动让潜在客户在适当的时机直接与销售团队接触,使用各种策略组合迅速将大量潜在客户转化成目标客户来实现这一目标。

潜在客户开发对于任何企业都是极其重要的步骤。通过从市场营销到销售过程的自动执行，营销团队可拥有更多时间专注于企业总体战略以及培育出更多有希望的潜在客户。

测一测

一、选择题

1. 人工智能在商业领域应用最早的技术领域是什么？（　　）
   A. 仓库选址　　　B. 库存管理　　　C. 仓储作业　　　D. 运输配送
2. 精准营销实现选择性推送的关键是什么？（　　）
   A. 精确的信息　　　　　　　　B. 精准的投放
   C. 精细的管理　　　　　　　　D. 用户的反馈
3. 智慧物流中，人工智能优化仓库选址时不考虑的因素是（　　）。
   A. 天气状况　　　　　　　　　B. 运输量
   C. 政策因素　　　　　　　　　D. 仓库建设成本

二、填空题

4. 精准营销的三个要素是_____、_____和_____。
5. 常用的客流统计技术有_____、_____、和_____。

练一练

1. 分析智能门店对零售行业的影响。

无人便利店（如物美多点智慧门店）如何通过 AI 技术实现"无人值守"？如果你是零售管理专业学生，未来在传统门店转型智能门店时，需要掌握哪些技能（如数据解读、设备操作）？

2. 智慧物流如何改变供应链管理？

京东"亚洲一号"无人仓通过机器人分拣、智能库存管理提升效率，若你是物流专业学生，未来在仓储岗位中可能与哪些智能设备协作？如何看待"机器替代人工"对就业的影响？

10.3　商业机器人的应用与发展趋势

一、商业机器人的分类

商业机器人，顾名思义主要是指运用于商业服务领域的机器人，根据应用场景可以分为四大类。

（一）工业人形机器人

特点：高精度、强负载、适应复杂工业环境，主要用于汽车制造、电子装配等场景。代表产品：优必选 Walker S（已在蔚来、比亚迪工厂实训）。

(二)服务型人形机器人

家庭服务:如家务助手(折叠衣物、清洁)、老人陪护(健康监测、紧急呼叫)。
商业服务:物流配送(仓库分拣)、餐饮服务(智能点餐与送餐)。
代表产品:宇树 H1(全球首个量产电驱人形机器人)。

(三)特种人形机器人

应用领域:救援(地震、火灾)、医疗(手术辅助)、军事(侦察与排爆)。
技术突破:抗干扰传感器(如六维力矩传感器)、柔性关节(适应非结构化环境)。

(四)商业服务机器人

商业服务机器人已成功实现替代或辅助人工作业,降低企业人力成本,提高管理效率。以下是生活中常见的商用机器人。

1. 送餐机器人

餐厅送餐服务机器人可自动完成点餐、送餐、结账等服务,无需人工干预,提供餐厅内控位管理信息、娱乐互动内容、业务推广等多项服务。送餐机器人的核心原理是通过自主导航技术实现路径规划,结合多模态环境感知系统完成避障与交互。

典型工作流程示例:

顾客扫码下单→云端系统分配任务→机器人通过 SLAM 规划路径→多传感器实时修正轨迹→机械臂抓取餐品→人脸识别确认顾客身份→语音交互完成交付→自动返回充电桩。

图 10-9 送餐机器人

2. 智能客服

智能客服又称智能机器人,伴随 AI、5G 等新技术的商业化落地,客户服务场景发生了多元变化。研究指出,机器客服正在以 40%—50% 的比例代替人工客服工作。智能客服系统是一种面向行业的基于大规模知识处理的自动问答系统。它涉及大规模知识处理、自然语言理解、逻辑推理等技术,为企业与海量用户之间的沟通提供了一种有效的技术手段,同时还为企业提供了精细化管理所需的统计分析信息。

图 10-10 智能客服

3. 养老机器人

2025年2月,国际电工委员会(IEC)正式发布由中国牵头制定的世界首个养老机器人国际标准(IEC63310《互联家庭环境下使用的主动辅助生活机器人性能准则》)。该项标准依据老年人生理和行为特点,为各类养老机器人的产品设计、制造、测试和认证等提供基准。这一标准规范的率先发布,既是国内智慧养老产业快速发展态势的集中反映,也是中国在机器人领域技术实力和全球影响力的综合呈现。

国家统计局数据显示,截至2024年年底,中国60岁以上人口已超3亿,占比22%;其中65岁以上人口超2亿,占比超15%。养老机器人的出现,有望减轻社会和家庭对老年人的照料负担,重塑养老生活体验,帮助老年人有尊严地生活。

当前,市场上的养老机器人按功能和应用场景主要可分为三类:一是康复机器人,功能是辅助失能老人恢复行动能力,如下肢助行器、行走辅助机器人等;二是护理机器人,主要为老人提供日常照护服务,如电动护理床、健康监测、紧急救助等;三是陪伴机器人,功能包括情感交互、娱乐陪伴、家居管理等。

这些养老机器人打破了传统养老服务的时空限制,让老年人在熟悉的环境中也能享受到专业、高效的安全监护与生活照料。随着技术的不断进步,养老机器人也在持续升级,从最初的安全监护,逐渐向情感陪伴、生活辅助、智慧健身、健康饮食等多元化方向发展。

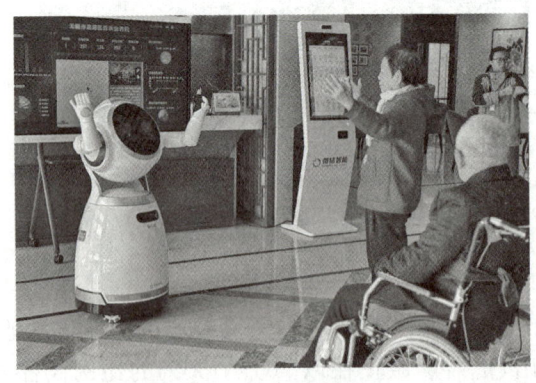

图 10-11 养老机器人

二、商业机器人的技术趋势与挑战

（一）技术趋势

1. 智能化

随着人工智能技术的发展,商业机器人将具备更强的环境感知、自主决策和学习能力。通过深度学习、神经网络和自然语言处理等技术,机器人能够更好地理解和适应复杂的环境,与人类进行更自然、流畅的交互。例如,服务机器人可以通过语音和图像识别技术,准确理解客户的需求并提供相应的服务;工业机器人能够利用机器学习算法进行故障预测和自我优化,提高生产效率和质量。

2. 小型化与轻量化

新材料和制造工艺的进步使得机器人的小型化和轻量化成为可能。小型机器人具有更高的灵活性和机动性,能够在狭小空间或复杂环境中作业,如微型巡检机器人可在管道、电缆沟等场所进行检测和维护。同时,轻量化设计有助于降低机器人的能耗,提高能源利用效率,延长续航时间,也便于机器人的安装和搬运。

3. 集成化

商业机器人将越来越多地集成多种功能和技术,形成一个综合性的智能系统。例如,将机器人本体、控制系统、传感器系统、软件系统以及网络通信等有机结合,实现机器人的高度集成化和智能化。此外,机器人还将与其他设备和系统进行无缝对接和协同工作,如与物联网、大数据、云计算等技术融合,构建智能工厂、智能物流等应用场景。

4. 人机协作

协作机器人(Cobots)的发展将使机器人与人类的协作更加紧密和安全。通过采用先进的传感器技术和安全控制算法,协作机器人能够实时感知人类的存在和动作,自动调整工作模式和速度,避免对人类造成伤害。在工业生产中,协作机器人可以与工人共同完成一些复杂的任务,提高生产效率和质量;在服务领域,机器人可以辅助人类进行工作,如医院中的护理机器人协助护士进行病人护理。

（二）技术挑战

1. 能源效率

目前,商业机器人的续航时间普遍较短,这严重制约了其在一些需要长时间连续作业场景的应用。提高机器人的能源效率,开发高性能、轻量化的电池技术,以及优化机器人的动力系统和能耗管理算法,是当前面临的重要挑战之一。例如,对于物流仓储机器人来说,需要在长时间的运行中保持高效的工作状态,因此需要解决电池续航和快速充电等问题。

2. 成本控制

商业机器人的研发、生产成本较高,尤其是一些高端机器人产品,这使得许多企业和用户难以承受。降低机器人的成本,需要从多个方面入手,如提高核心零部件的国产化率和规模化生产水平,优化机器人的设计和制造工艺,降低原材料成本等。此外,还需要建立完善的产业链体系,加强上下游企业之间的合作,提高产业协同效率,进一步降低成本。

3. 可靠性与稳定性

在复杂的商业环境中,机器人需要长时间稳定运行,确保工作的准确性和可靠性。然而,目前部分机器人在高强度任务或复杂环境下容易出现故障,影响其正常使用。提高机器人的可靠性和稳定性,需要加强对机器人硬件和软件的研发和测试,提高零部件的质量和耐用性,优化算法和控制系统,增强机器人的抗干扰能力和容错能力。

4. 伦理和法律问题

随着商业机器人的广泛应用,伦理和法律问题日益凸显。例如,机器人的行为和决策可能会对人类的权益和安全产生影响,如自动驾驶机器人发生交通事故、服务机器人泄露用户隐私等。此外,机器人的责任界定、知识产权保护等问题也需要明确的法律规定。因此,需要建立健全相关的法律法规和伦理准则,规范机器人的研发、生产和使用,保障人类的合法权益和社会的安全稳定。

测一测

单选题

1. 送餐机器人的核心原理是什么?(　　)
   A. 语音交互　　B. 机械臂抓取　　C. 自主导航　　D. 人脸识别
2. 养老机器人国际标准是由哪个国家牵头制定的?(　　)
   A. 美国　　　　B. 日本　　　　C. 德国　　　　D. 中国
3. 智能客服机器人可以替代人工客服工作多少比例?(　　)
   A. 10%—20%　　B. 20%—30%　　C. 40%—50%　　D. 50%—60%

练一练

1. 你认为送餐机器人在学校食堂的应用前景如何?它可能会带来哪些好处和挑战?
2. 如果学校图书馆引入智能客服机器人,你会希望它具备哪些功能?它能如何帮助你更好地学习和使用图书馆资源?
3. 想象一下,未来你的家里有一台养老机器人,它会具备哪些功能?它会如何改变你和家人的生活?

习题答案

任务十习题答案

任务十一
人工智能促进医疗腾飞

【案例导读】

　　肺癌发病率与死亡率在我国恶性肿瘤中多年位居首位,早筛早诊至关重要。2025年4月12日,常州市新北区启动肺癌机会性筛查体系,该体系依托国家健康医疗大数据东部中心和市肿瘤医院肺小结节中心,借助AI大模型,能在云影像平台快速筛查中高危肺小结节人群,十几秒即可阅读一张胸部CT片,精准度达94%。

　　14岁初中生小刘因骨折到常州市肿瘤医院手术,意外被查出早期肺癌。原来,医院引入"AI—肺结节智能诊断系统",将非计划性检查纳入早筛范围。经过团队的深入沟通,小刘最终接受了肺小结节切除手术,术后病理报告确诊为"微浸润腺癌",即早期肺癌,印证了"AI—肺结节智能诊断系统"的判断。由于发现早,术后恢复良好,小刘无需再进行放化疗。

　　这套AI系统深度融合了众多呼吸科、影像科专家的临床经验与诊断逻辑,构建出强大的分析模型。首先,研究人员为其提供海量标注清晰的肺部CT影像数据集,让AI在不断"学习"中,掌握肺结节的形态、密度、边缘等细微特征差异。其次搭配先进的深度学习算法,能够敏锐捕捉到毫米级微小肺结节,甚至能根据结节的发展趋势,预判其恶性概率。在实际应用中,它不仅显著提升了肺结节检测的敏感性与准确度,还能为医生生成详细的分析报告,辅助制定个性化诊疗方案,真正实现了人工智能与医疗专业的深度融合。

　　　　——《常州新北:人工智能正在重塑肺癌早筛格局》,"学习强国"学习平台,
　　　　2025年4月17日,有删改

问题思考:

　　AI技术如何革新医疗领域的疾病筛查和诊断?其对提升医疗质量和效率的意义何在?

11.1　人工智能助力疾病预防和诊断

医疗是紧密关系我们每一个人健康的重要行业。我国国民经济迅速发展、人民群众基本的生存需求已经得到了极大的满足与提升。根据马斯洛需求理论,我们在解决了生存问题之后,对于健康的需求开始与日俱增。从医疗资源供给角度来讲,一个合格医生的培养是需要非常长的时间周期以及巨大的资源投入,在可预见的未来,我们的医疗资源都是稀缺的,优质的医疗资源更是珍贵的;从需求角度来讲,经济水平上升带来的庞大的医疗需求与我国海量的老年人口进行了叠加,产生了对医疗资源的大量需求。如何破解这个难题?

现在我们迎来了强大的援军,破解医疗资源供给不均衡的重要手段——AI医疗。AI将用于减轻人类的痛苦,消除折磨人类的疾病,研究对抗疾病的药物,甚至会拿起手术刀拯救人类。在这里,人工智能对人类的善意被发挥得淋漓尽致,我们看到了AI美好的一面。医疗行业变成了人工智能的主要赛道之一,人工智能在医学方面应用会带来什么样的挑战和机遇?

目前,人工智能在医学方面将会产生三个层面的影响:一是从医生层面来讲,在AI这个强大助手的帮助下将会减轻医生的繁重负担,极大地提升工作效率;二是从整个医疗系统来讲,可以高效分配医疗资源,提高医疗系统的效率,降低系统压力,减少整个医疗流程中的医疗差错;三是从患者角度来讲,患者可以享受到更多更优质的医疗资源,更好地促进自己的健康。比如人工智能系统可以精确确定脑部出血面积,快速准确地确定哪些需要立刻进行紧急处理,即时转移给专业医生。再比如,一个病人的医疗影像需要一个医生3—6个小时看片时间,现在成熟的系统可以在几十毫秒做出识别判断,识别的准确率甚至可以达到99.9%以上,实时给出诊断结果。如果这些系统普及,那么即使是最偏僻的地区都能享受到顶级的医疗诊断资源。

目前人工智能在医疗领域的分析,主要包括医学影像、辅助诊断、药物研发、健康管理、疾病预测等五大领域,下面我们主要从医学影像和药物研发角度进行阐述。

一、人工智能在医学影像上的应用

现代医学是建立在实验基础上的循证医学,医生在相应的医学影像上进行医学诊断。临床医生需要大量、各式各样的历史影像资料作为判断依据,做出专业的判断。目前,人工智能系统在医学影像处理上的能力分为以下方向:医学疾病影像分类、医学病灶目标定位、医学器官分割。

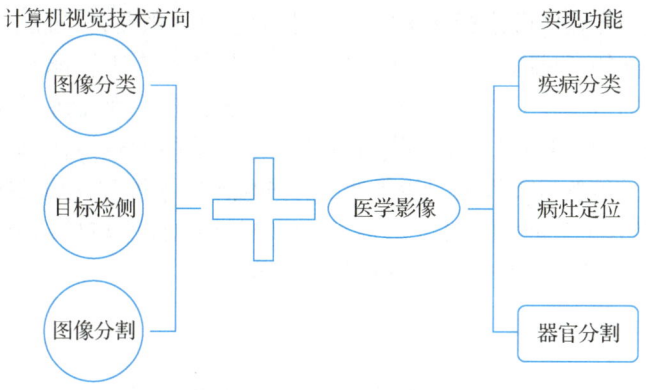

图 11-1 计算机视觉技术在医学影像上的应用

人工智能和医学影像结合的应用示例如下。

（一）疾病识别（肺部筛查、心电疾病识别、脑瘤识别等）

肺癌是所有恶性肿瘤中死亡率最高、发病率排名前三，同时发病后五年存活率最低的疾病，因为其早期表征不显著，引起病人注意的时候已经是晚期。而肺部出现结节是肺癌早期的警示，因此早发现、早预防、早诊断、早治疗能在很大程度上降低肺癌的发病率。肺结节是一种原因未明的多系统多器官的肉芽肿性疾病，常侵犯肺部、双侧肺门淋巴等器官。尤其是对于长期吸烟、长期接触粉尘、家族史及既往有慢性肺部疾病的高危人群，要定时进行肺部结节的检查和筛选。鉴定一个人肺部是否有肺结节病变，需要医生观察 200 张以上肺部影像。一天 300 个病人，一个医生就要看六万张图片，医生是非常辛苦的。一个病人的胸部 CT 经过医生检查后发现了大量的小结节，人工是无法进行统计计数的，但是人工智能肺结节识别系统快速、精确地识别出了 800 余个结节，并且能够非常明确地定位其中的恶性结节。

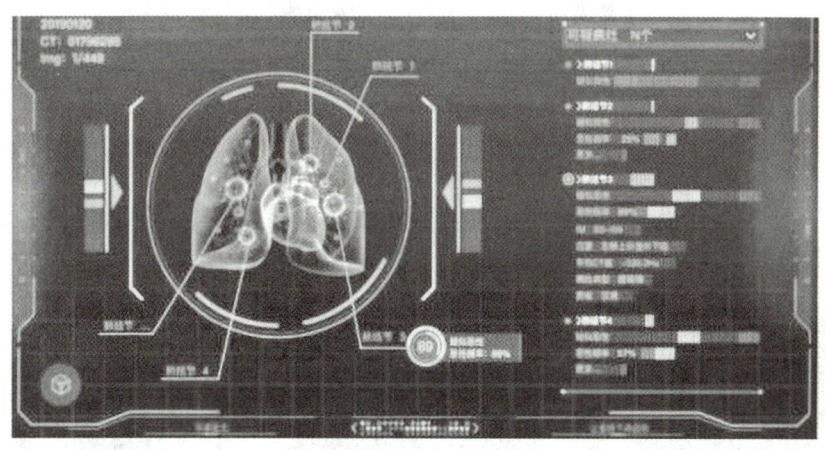

图 11-2 肺结节识别系统（深睿医疗）

那么，人工智能系统是如何进行疾病分类的训练的呢？目前是这样做的，首先是对某种疾病的影像图片进行标注。要集合大量的某一个领域内的专家（比如肺结节领域），同时集合大量某一领域的疾病影像图片，一种疾病最少需要成千上万张图片进行标注，每一张图片由几个专业医师进行交叉标注,互相验证。一般是两位以上的专家对同一个标注点都给出相同的意见时候,才能作为标准答案反馈给人工智能。其次,将标注好的图片输入特定的网络。在 GPU 的高速平行计算下进行多次反复练习和预测,如果预测结果和标准答案不同,网络进行反向传播自动进行权重的调整,直到训练出来合适的网络以及网络权重。虽然目前人工智能仍然没有进化出因果推理这项关键能力,处于弱人工智能阶段,但是人工智能已经可以识别多种肺部结节,如磨玻璃结节、血管旁小结节、微小结节、多发小结节等认为比较难以判断的结节。

(二) 器官分割

医学影像设备成像技术包括磁共振成像(MR)、计算机断层扫描(CT)、超声、正电子发射断层扫描(PET)等。有报道显示,全世界医学影像信息量占全世界信息总量的 1/5 以上。图像分割是图像处理的关键部分和环节,目的是将医学影像中具有某些特定组织或者器官从影像中分割出来,提取相关特征,为临床诊断和病理学研究提供可靠的依据,辅助医生作出更为准确的诊断。医学图像器官分割的质量高低对于医疗整体水平提升具有重要的意义。医学器官分割的方法有很多种,最近基于深度学习的图像分割算法取得了巨大成功,准确率超过了传统算法。图 11-3 就是目前我们经常使用的医学图像分割网络 U-net 网络结构图。

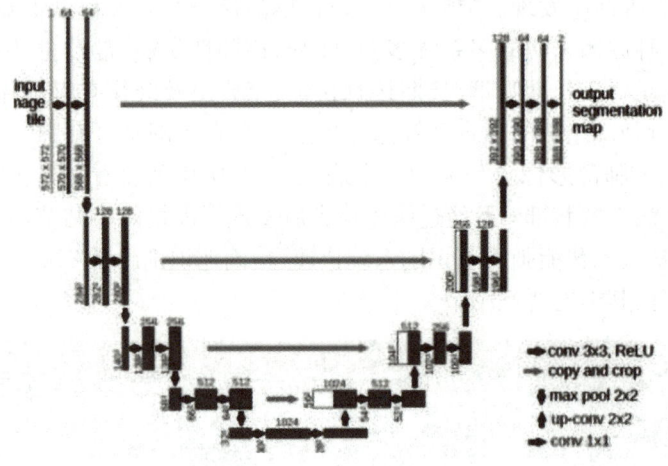

图 11-3 U-net 网络结构图

在 U-net 网络结构基础上进行了其他的探索,结合其他分类网络,提出了更多的网络模型,下面就是在 U-net 网络结构基础上进行的一些医学器官分割案例。

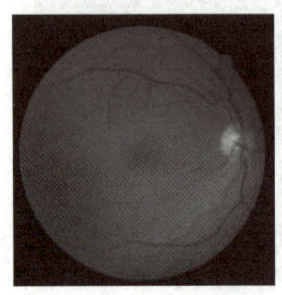 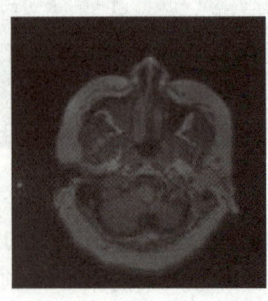 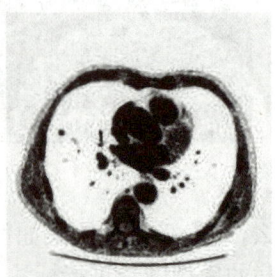

图 11-4 眼底血管分割　　图 11-5 脑部 MRI 分割　　图 11-6 肺段分割

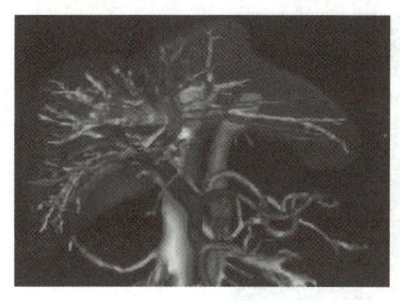 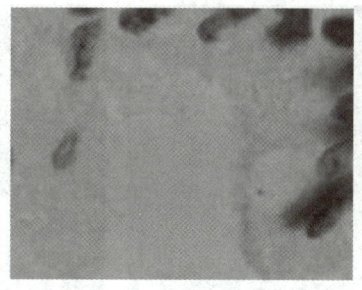 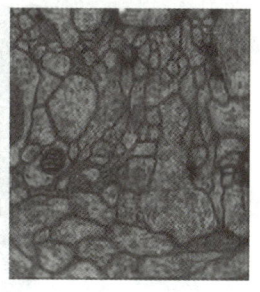

图 11‐7　3D 肝脏分割　　　　　　图 11‐8　细胞分割　　　　　　图 11‐9　细胞壁分割

（三）病灶定位（以结肠息肉检测为例）

如果我们将计算机的目标检测算法应用到医学图像上来，那么是否能够对病灶部位进行目标定位呢？答案是肯定的。这里我们介绍一下目前主流的 YOLO 家族算法在病灶定位上的应用。

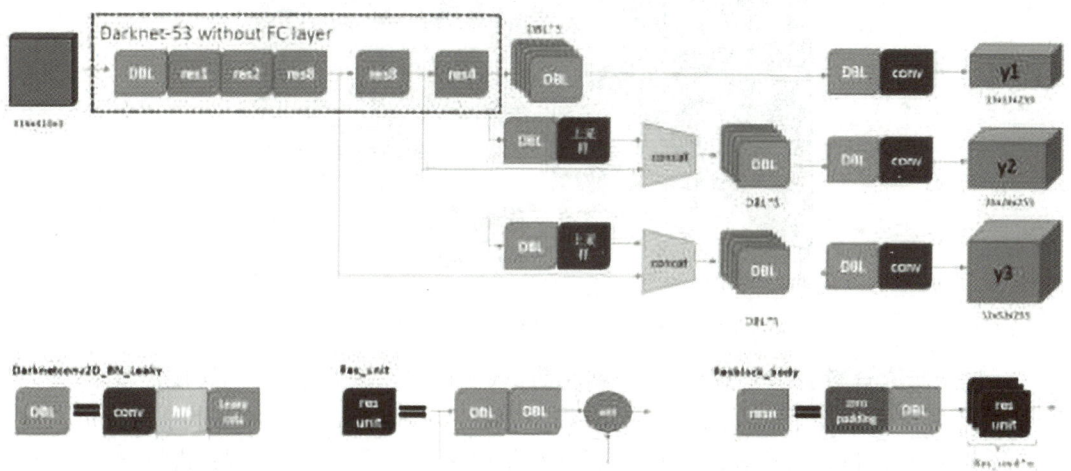

图 11‐10　YOLO 家族算法

结直肠癌是最常见的消化道恶性肿瘤之一，近年来发病率与致死率逐年上升。2014年，中国大陆新增结直肠癌患者共 37 万例，仅次于肺癌和胃癌。2018 年，中国结直肠癌发病率已经达到 52 万之多，远远超过胃癌，排在所有癌症的第二位。2014—2018 年，结直肠癌发病率以每年大约 8% 的速度增长。目前结直肠癌检测主要以医生病理诊断为依据，结直肠息肉是结直肠癌的早期病变。但是结直肠息肉检测严重依赖于医生的临床经验，医生工作量大，工作重复性高，容易误诊。从医学图像（超声、CT 图像、核磁共振图像等）中精确定位疾病一直是医学图像分析中最具挑战性的问题之一。

近年来，深度学习目标检测被广泛应用于医学图像处理，比如肺部肿瘤检测、肺结节检测等。然而由于相关数据的缺乏，应用在 CT 图像中检测结直肠息肉的开源算法并不多见。

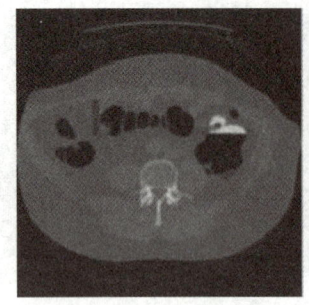 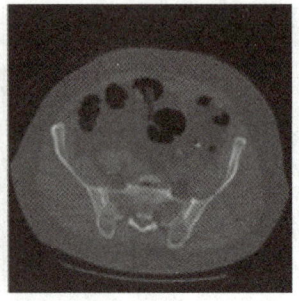

图 11‑11　医学图像

二、人工智能在药物研发方面的应用

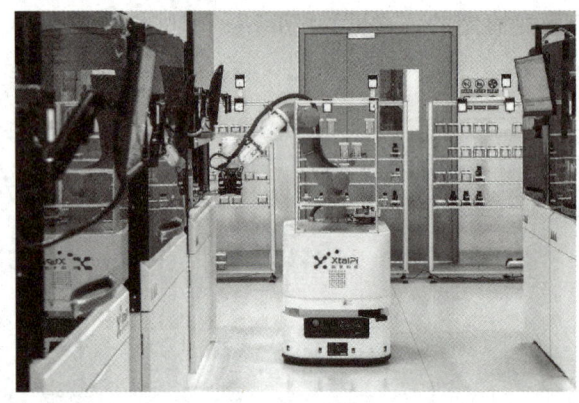

图 11‑12　AI 助力药物研发

根据研究资料显示，药企开发一款新药，从项目启动到上市，时间跨度需要 10—15 年，成本需要几十亿至上百亿元投入，高昂研发投入未必能给药企带来丰厚的回报。目前很多的研发机构将 AI 和医药研发相结合，使用深度学习模型对数据集进行学习，达到模型自动生成分子结构、合成、药物性质预测等过程，进而提高投资回报率。比如，SDGR 公司每周可以评估数十亿种化合物分子，能够在合成和测试前反复迭代，对化合物进行全面评估和优化，其技术较传统技术有更高成功率。

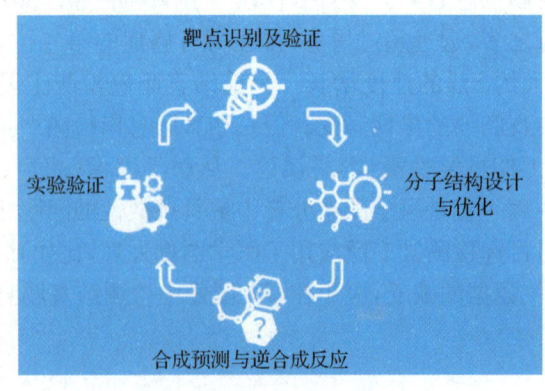

图 11‑13　人工智能与医药研发

> 测一测

1. 目前人工智能在医学影像处理上的能力分为以下方向：_____、_____、_____。
2. 目前我们经常使用的医学图像分割基础网络是_____。
3. 目前我们是如何利用人工智能系统进行疾病识别的？

> 练一练

根据文中提到的 AI 在医学影像中的三大应用方向（疾病分类、器官分割、病灶定位），绘制一张思维导图，梳理以下内容：
核心技术（如 U-net、YOLO 等算法）
典型应用场景（如肺结节识别、肝脏分割、结肠息肉检测等）
数据标注与训练流程（专家标注、网络训练等）
技术挑战（如数据缺乏、因果推理缺失等）

11.2 医疗机器人

一、医用机器人

医用机器人是指用于医疗场所，辅助医生工作或诊断，拥有独自编程操作计划，按照环境需要确定动作程序，并转化为对应操作的智能型机器人。根据我国的情况，机器人主要分为三大类：工业机器人、服务机器人和特种机器人。医疗机器人属于服务机器人，分为手术机器人、康复机器人、诊断机器人和护理机器人四大类。医疗机器人的研发如同医生手中的刀剑，是双手之延伸，可以做到很多传统医疗上无法完成的事。无论对于医生还是患者都是一大福音。

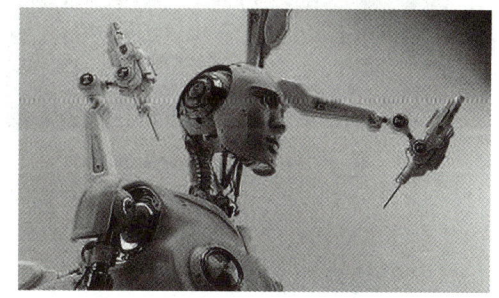

图 11-14 医用机器人（示意图）

> 知识链接

四类医用机器人的优点

手术机器人具有高精度性，可以避免医生因劳累、手部抖动所产生的不良影响，例如我国天智航公司所研发的"天玑"骨科手术器，精度可以达到亚毫米级，位于世界领先水平。

康复机器人能够帮助患者完成肢体活动度和运动功能恢复，是康复医学和机器人的结合体，能够有效刺激患者的肢体感受器，重建大脑皮质下的功能区，如我国程天科技研发的悠行外骨骼机器人，是国内首款采用意图检测技术的智能高端医疗机器人。

诊断机器人是一种自动化的医疗设备,利用大数据、人工智能等技术协助医生进行病症诊断,帮助掌握病情、排除误诊等。诊断机器人可分为影像诊断机器人、检验诊断机器人和问诊机器人,广泛应用于医疗、疾病预防等领域。

护理机器人是一种能够提供照顾、护理、监护等服务的机器人,可以为患者提供日常生活照顾、测量生命体征等服务,帮助减轻医护人员的工作压力。

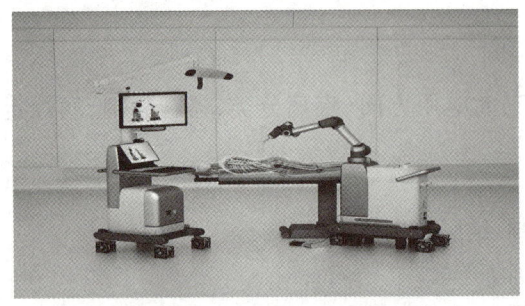

图 11-15　第三代"天玑"骨科手术器

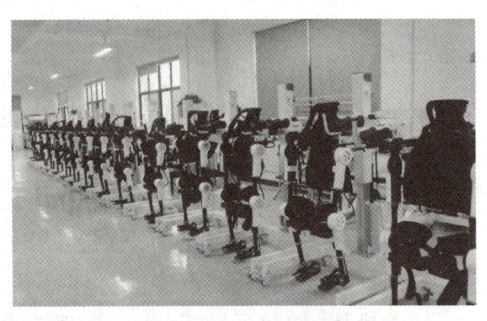

图 11-16　悠行外骨骼机器人

图 11-17　中医问诊机器人

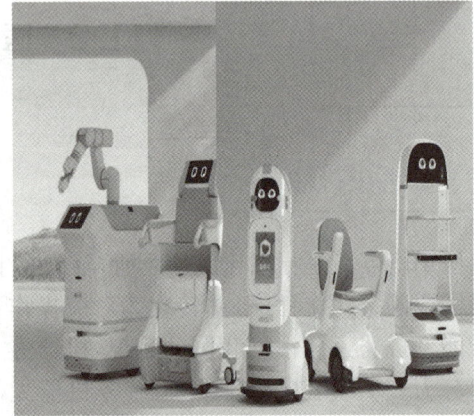

图 11-18　护理机器人

二、纳米机器人

以上的机器人大多是我们肉眼可见的,然而当前还有一种机器人并非肉眼可见,却同样在医疗领域中占领重要地位,甚至是未来着重发展的对象,它就是纳米机器人——根据分子水平的生物学原理,以纳米为尺度,具有编程控制的分子机器人。

自 2004 年美国研制出双足分子机器人后,世界各国都开始了对纳米机器人的研究。2025 年 2 月,《纳米视野》期刊上刊登了中国科学家的一项最新研究成果:中国科学院与安徽大学联合团队成功打造了首个能够智能"围攻"生物靶标分子的 DNA 纳米机器人模型。这一突破意味着中国科学家巧妙地利用了生命遗传物质 DNA,为纳米机器人注入了"生命活力"。

人们之所以在纳米机器人上投入了大量的科研精力,主要是因为其具有非常强大的发展潜力。纳米机器人可以修复人体内损伤的细胞，疏通养护血管，清除体内垃圾。更重要的是，纳米机器人可以充当人体内的定向"导弹"，它可以将携带的药物指定性地带到疾病的病灶区域，提高药物作用效率的同时减少对其他内脏器官的损伤。在未来，纳米机器人还有更多的前景有待开发。

三、医疗机器人如何协助医生

随着深度学习的逐渐发展，目前已有不少先进模型可以识别肺结节、癌症等的CT或MRI图像，并对图像进行分割，圈画出病灶区域，同时，其识别率往往在97%以上，这样的智能化机器人可以大量节省医生的读片时间，提高医生的工作效率，将更多的精力投入到对患者本人的关怀上。

手术机器人是目前大型医院可以常见的机器人，其主端为医生，从端为机械臂。医生通过主端的操纵杆，远端控制机械臂对人体实施手术。手术机器人具有精度高、微创的优点，同时可以将患者内脏结构通过显示屏数倍放大，使医生更方便地完成各项精微、细密的操作，提高医生手术的成功率。

然而，当前除了在危险场所工作的服务型机器人以外，其他机器人都只是起到辅助作用，协助医生更好地开展工作、照顾患者，并不能直接取代医生的位置。首先，机器的识别度无法做到100%，哪怕是0.0001的概率出错都有可能让患者丧失宝贵的生命，而这0.0001往往才是医生高水平的体现。其次，患者在患病时不仅是生理上带来的疼痛，精神层面在巨大的疼痛压力下也可能处于濒临崩溃的边缘，这时候非常需要医生的人文关怀，需要人的温暖，仅仅依靠冰冷的机器，是无法做到这一点的。

四、应用实例

以身边的小小机器助手：基于深度学习和PYNQ所设计的心电监测机器人为例。

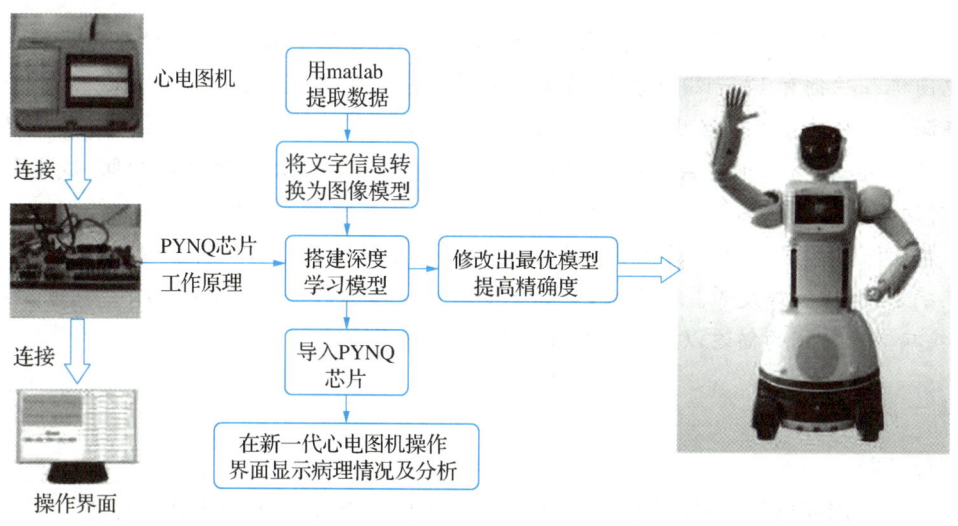

图11-19 基于深度学习和PYNQ所设计的心电检测机器人组成结构

基于深度学习和 PYNQ 所设计的心电检测机器人的核心技术主要体现在以下几个方面：

首先，将收集到的大量心电数据转化为图像模式，并对提取出的图像进行增强、旋转、平移等一系列预处理，为后续的模型训练做准备，在加大数据库的同时提高训练结果的精确性。

其次，对近年来图像识别中较先进的几种模型，如 DenseNet、ResNext、EfficientNet 等模型上加以取舍和改进，修改卷积池化层数、激活函数、损失函数和连接方式等，找出最适合识别心电信号的结构模型。

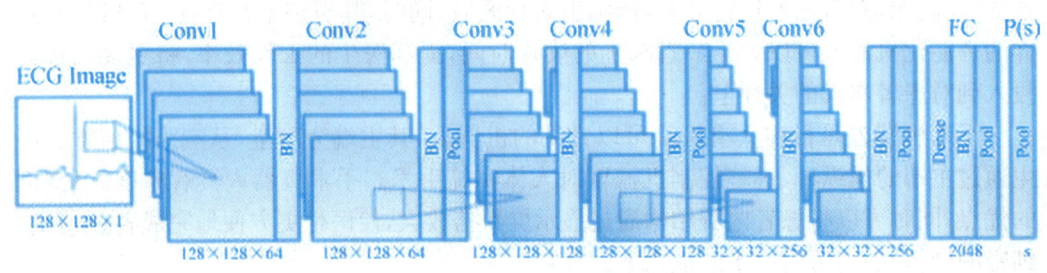

图 11-20　DenseNet 模型结构示意

将设计好的模型载入 PYNQ 芯片中，让识别脱离超高显卡的计算机单独运行，为最终形成机器人的核心运算做准备。

以上几个部分包含了比较多的前沿科技，如深度学习对心电信号的识别，PYNQ 芯片的模型嵌入，等等。当然，做完这些工作只是大体完成最核心的设计，想要进一步提高识别的精确度还需要对数据库进行大量的充实，需要专业医生对这些数据的诊断判定形成标签，这中间的工程量往往更为巨大，然而也能体现出一个产品背后真正孕育的价值。

知识链接

心电检测机器人的技术难题及未来发展

心电信号不同于 CT、MRI 图像识别信号，其数据类型复杂，模型设计难度大。一台心电图机往往拥有 12—18 个导联，每个导联的信息需要通过单独的通道完成，这就意味着在深度学习的模型中至少需要 12—18 个通道数。然而当前前沿的模型中大多只有 2—3 个通道，过多的通道数会导致运算量呈几何倍数上涨，加大了运算的时间、成本和代价，对运算的电脑要求更高，操作代码载入 PYNQ 芯片的难度也更大。

基于深度学习和 PYNQ 所设计的心电检测机器人目前可以识别出心电信号所对应的疾病名称、心室厚度等。在未来，会有更多的内容增加进去，如患者病灶区域的 3D 图形、疾病病理特征的描述以及诊断建议及急救手段，等等。

测一测

单选题

1. 根据国际机器人联合会(IFR)对医用机器人的分类，以下不属于其中的是(　　)。
   A. 手术机器人　　B. 康复机器人　　C. 纳米机器人　　D. 服务机器人

2. 基于深度学习和 PYNQ 所设计的心电检测机器人,其心电的智能识别用的是深度学习技术,以下不属于深度学习组成部分的是(   )。

  A. 卷积池化层 B. 激活函数 C. 连接方式 D. 以上都是

3. 辅助类机器人在医疗界的名声并不是很响亮,但这并不影响它对于医疗世界的贡献,以下不属于辅助类机器人的是(   )。

  A. 第三代"天玑"骨科手术器 B. Lokohelp 机器人

  C. CLOi suitBot 机器人 D. OMOM 胶囊内径系统

4. 基于深度学习和 PYNQ 所设计的心电监测机器人核心技术主要包括将心电信号转化为图像信息、_____、建立修改模型、将模型导入 PYNQ 芯片四个步骤。(   )

  A. 对提取图像的预处理 B. 对提取心电信号预处理

  C. 将提取图像直接运用于模型 D. 将提取心电信号直接运用于模型

5. 相对于利用深度学习对 CT、MRI 图像识别,心电信号的识别与之最大的区别是(   )。

  A. 心电信号是数字信号 B. 心电图机拥有的导联过多

  C. 心电信号无法用深度学习模型检测 D. 深度学习只能用于图像检测

练一练

医疗机器人伦理辩论:正方"手术机器人应完全取代人工操作"vs 反方"机器人永远只能是医疗辅助工具"。

11.3 虚拟护士

在全球范围内,都存在看病难的问题。造成这一现象的根本在于医疗资源的供给和患者需求之间存在巨大差异。在任何国家医疗资源都是稀缺的,尤其是极为优质的医疗资源的供给是极为有限的。庞大的市场需求以及日益成熟的人工智能技术,使很多公司开始从虚拟护士助理切入医疗服务市场,为患者提供高质量、全方位、全天候的医疗护理服务。目前的虚拟护士助理可以通过语音和 AI 实现健康检查,以更低的成本推动更好的医疗成果。感受过虚拟护理的患者,六成以上表示虚拟医疗助理能全天 24 小时监控患者的身体状态,快速回答病人关于药物方面的问题,能够在任何时间得到相应的医疗服务和支持。

一、虚拟护士

虚拟护士,是指利用虚拟现实或者增强现实技术作为显示手段,利用人工智能技术作为大脑,以治未病、帮助患者康复以及辅助医疗系统为目标的医疗载体。

当人工智能在医疗系统中通过对医学影像的分析扮演了医生的眼睛和其他助手角色,减轻医生工作量,将部分医生从琐碎重复的工作中解放出来,相当于提供了更多的医疗资源,增加了医疗资源的供给。

那么人工智能能否减轻护士的工作量将护士从一些繁重琐碎的工作中解脱出来,将更多的时间和精力用于从事病人照顾工作呢?是不是可以脑洞更大呢?有一个随身虚拟护士,对每一个人提供24小时不间断医疗服务呢?同学们是不是很激动呢?有商业头脑的同学脑子都炸了,哇,这个市场未来可以成为没有天花板的巨大的刚需市场,并且载体可能只是一块小小手表。社会公益意识较强的同学可能觉得这是一个提升整个社会健康水平的巨大飞跃,实现从治有病到治未病的转变,从根源上极大减少了疾病的发生。

AI医疗护士能够医疗的场景从医院走向家庭、学校、餐厅等任意场所,AI应用飞入寻常百姓家。同学们可以想象,只需要增加服务器数量,就可以以很低的成本增加服务患者的数量,靠着算法的迭代就可以提升病患对于医疗服务的满意度,每一个人身边都有一个最强大的医疗团队不休息地提供医疗和健康指导,这是多么激动人心的事情啊!因为每增加一个虚拟护士的边际成本很低,所以未来每一个病患都能够享受到非常高质量的量身定制的医疗服务。

二、虚拟护士场景

医疗需求是人类最大的刚需之一,随着生活水平、医疗认知水平的提升,我们对于医疗需求的数量和质量都提出了更高的要求;从另外层面来看,医疗场景逐步扩散,从点到面,从面到体,从边缘计算到云上服务,从医院到公共场所医疗设施,慢慢地扩散到家庭、到个人,逐步形成一个庞大的医疗云,构建整个医疗生态系统,可以预见虚拟护士的场景会扩展到生活的方方面面。具体来讲,虚拟护士主要应用的医疗场景有如下几种。

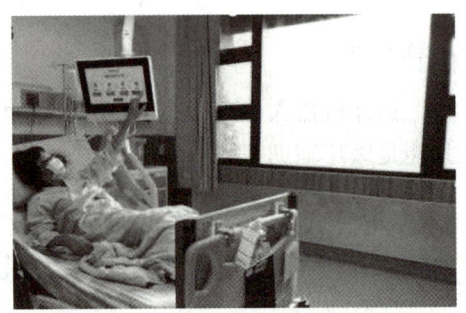

图11-21 身边的虚拟护士

(一)医院场景

虚拟护士可以在不同科室为患者提供专业的医疗沟通和服务,24小时实时监控病人生命体征,减轻护士的工作量和工作时间。在医疗建议之外,虚拟护士可以为患者提供娱乐游戏、聊天沟通等的交互。比如虚拟护士节省了医生对于慢性病患者进行常规检查的时间,经过了解,引入虚拟护士后,患者与虚拟护士的沟通交流热情很高,患者可以积极主动地参与进医疗过程,这就有效提升了患者与程序沟通的程度。虚拟护士还可以提升治疗效率,程序可以提供随时随地的咨询服务,这样就减少了医院的就诊次数,减少了医护人员的工作时间和劳动强度。人工智能从技术上来讲已经可以很专业地回答患者提出的很多问题,但是限于部分监管原因,目前没有全面普及。

(二)公共场所场景

在地铁、车站、广场等人流量密集的公共场所,针对突发性的医疗情况,进行现场紧急救护,可以第一时间呼叫最近的或者最对口的医院和医生,情况紧急时,利用虚拟现实或者增强现实技术,由内置专业程序或者专业医生直接远程指导行人对患者进行急救。

(三)家庭场景

在保证隐私的情况下,监控并且记录家庭成员的健康状况,如有异常,提供专业医疗机构联系方式或者直接联系专业医师,远程对接。对较为常见的、轻微的家庭病症,在监管允许的条件下,可以直接对家庭成员进行指导。

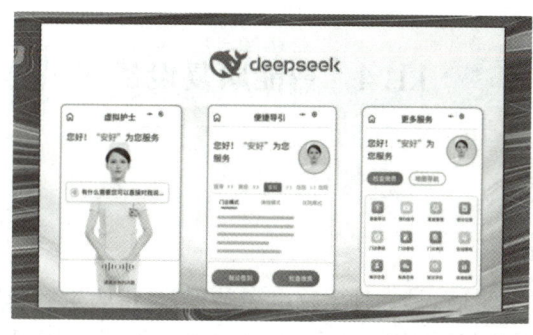

图 11-22 虚拟护士服务

(四)教学场景

在医科大学的教室里面,虚拟护士可以对学生进行专业教学活动,对一些难以获得的医学设备、医学材料进行模拟,对手术过程模拟。学生可以进行无限次数的练习,可以有效地缓解教学资源不足的问题,短时间极大地提升学生技术水平。

> **知识链接**
>
> **虚拟护士机遇与挑战**
>
> 机遇:人类已知的疾病超过一万种,人类的医疗人员是无法理解掌握所有的疾病知识的,但是人工智能不受疾病种类的限制,能够提供更加宽广的医疗知识。虚拟护士成本很低,企业和家庭都能够承担,对于医疗这种刚需,虚拟护士具有极为宽广的市场空间并且看不见行业天花板。
>
> 挑战:对于虚拟护士来讲,由于医疗责任主体不清晰,医疗事故责任不明确,监管部门会禁止虚拟护士提供疾病诊断的任何建议;目前深度学习技术具有黑箱属性,部分具有不可解释性,面临患者和医生对于过程不可解释性的质疑;患者缺乏基本的医疗知识,无法使用较为专业的医学术语描述自身的病症,虚拟护士无法从病人的描述中进一步深挖更多病症信息,人类医生能够更有针对性地提问和前瞻性地引导,能够高效深入地挖掘病人的潜在信息;相较于人类的医护,机器人目前无法具备人类的同理心、同情心,无法有效安抚病人情绪,给患者以心灵上的安慰和温暖,而人类的医护可以给病人温暖。

> 测一测
>
> **多选题**
> 1. 虚拟护士需要的技术有（　　）。
>   A. 自然语言处理　　B. 语音处理　　C. 增强现实　　D. 虚拟现实
> 2. 虚拟护士的优点有（　　）。
>   A. 不眠不休　　　　　　　　　　B. 可升级迭代
>   C. 机器冰冷，缺乏同情心　　　　D. 会引起患者的恐慌

11.4　智能康复设备

一、智能假肢

智能假肢，也叫神经义肢，是一种生物电子装置，是指医生们利用现代生物电子学技术为患者把人体神经系统与照相机、话筒、马达之类的装置连接起来以嵌入和听从大脑指令的方式替代这个人群的躯体部分缺失或损毁的人工装置。

即便筋肉骨骼损毁或丧失，曾经控制着它们的大脑区域及神经也会继续存活。对许多伤残者而言，与断肢对应的脑区和神经都在静候联络，如同被扯掉的电话线。目前已有大量的专项外科手术，把患肢与仿生装置连接起来。所使用的这些仿生装置被称作智能假肢。这是一项十分考验精度难度的工作，需要经历大量临床试验。虽说科学家们了解把机器与思想相连的可能性，但保持这种连接非常困难。

> 知识链接
>
> **智能假肢未来发展的几个方向**
> 1. 将人工智能与假肢相结合，实现假肢的智能化。
> 2. 仿生假肢将最终取代生物肢体。
> 3. 通过3D打印技术与人工智能相结合，实现高精度3D打印假肢。

图 11-23　应用深度学习的智能假肢

二、智能假肢的核心技术

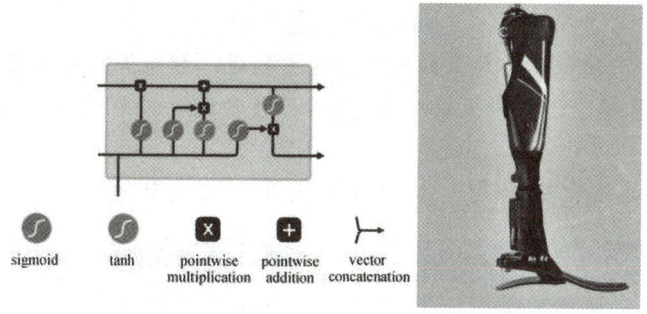

图 11-24　基于深度学习模型 LSTM 的智能下肢假肢

智能假肢的核心技术如下：

(1) 搭载深度学习模型。以搭载 LSTM 为例，LSTM 的核心概念在于细胞状态以及"门"结构。细胞状态相当于信息传输的路径，让信息能在序列连中传递下去。可以将其看作网络的"记忆"。理论上来说，细胞状态能够将序列处理过程中的相关信息一直传递下去。因此，即使是较早时间步长的信息也能携带到较后时间步长的细胞中来，这克服了短时记忆的影响。我们通过"门"结构来实现信息的添加和移除，"门"结构在训练过程中会去学习该保存或遗忘哪些信息。采集患侧残肢肌电信号的时序数据，选用长短时记忆神经网络自动提取特征，并对下肢假肢运动意图进行识别，使假肢更智能化。

(2) 3D 打印假肢。将 3D 打印技术和假肢相结合。

(3) 仿生假肢最终取代生物肢体。

以上三部分不仅涉及了比较多的前沿技术，如深度学习知识、自然语言处理、传感器技术，还需要进行工作量巨大的临床实验研究、数据采集、大数据分析，在大数据的基础上，实现高精度的智能化。

三、智能假肢如何帮助截肢患者

假肢是截肢患者恢复正常生活的重要依托，智能假肢是仿造人的肢体功能进行研发、制作的。那么，它肯定具有生物肢体的大部分功能，还具有自动调节的功能，可以根据患者的行走情况自动调节假肢的模式，让患者更安全、舒适地使用假肢。假肢市场上有很多的伪智能假肢，很多不了解假肢的患者很容易被忽悠。例如，一些电子假肢腿就被宣传成智能假肢，其实不然，电子腿达不到智能的效果，它需要患者根据自身情况手动调节行走模式，需要患者手动调节的假肢真的是智能假肢吗？

智能假肢最大的特点就是安全、平稳，它可以根据患者的运动幅度调节假肢的行走模式，行走模式有慢走、快走、跑步、上下楼梯等模式。在安装智能假肢的时候，假肢公司会收集患者的运动幅度，然后传导进假肢的微电脑，微电脑就会通过之前的数据自动调节假肢的模式。在患者行走的时候，假肢还可以收集患者的使用情况来进行微调，让患者更安全、舒适地行走。

> **知识链接**

智能假肢的三大优势

1. 能自动调节,使假肢与原来的肢体功能更接近。智能假肢可以提高患者的生活效率,在爬楼梯、下阶梯等过程中提供助力,而不用患者通过关节过度发力,从而提升患者使用的幸福感。

2. 与患肢间连接紧密,融为一体,让患者使用、行走更自如。

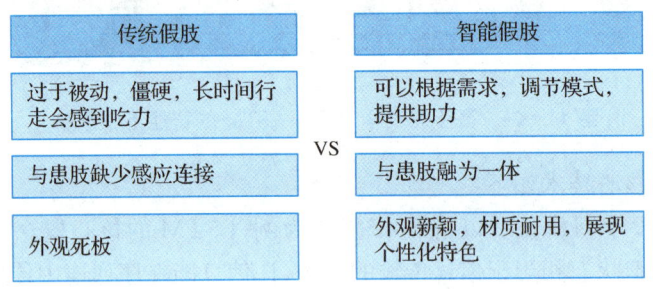

图 11-25 智能假肢与传统假肢优势对比

3. 具备较好的仿真造型,高度模仿人体力学结构,美观耐用。

智能假肢的核心价值在于对成本、效率、患者使用契合度等多方面解决痛点,并且在融入人工智能深度学习模型之后实现智能假肢功能升级转型,为广大伤残患者带来福音。

四、智能机械手

智能机械手主要包括:肌电手、电动假肢、机械假肢。

(一) 肌电手

这种手比较普遍,原理是通过肌肉电信号来控制假肢的开合及速度。但是该款假肢普遍存在较多问题,首先是肌肉电信号强度识别不准。由于皮肤的存在,体表肌肉电信号非常不容易识别。通过多通道肌肉电信号能够做出多个动作切换。至于传统假肢,有人用得非常流畅,但是更多人用不到一个月,就放弃了,原因在于经常发生识别不准确、误操作、体表出汗导致灵敏度下降等问题。

(二) 电动假肢

这是一种新技术,原理是通过肌肉变形,触碰光电传感器或者其他类型传感器,控制手的抓握。其原理虽然不难,但是相对靠谱实用。缺点是一次只能操作一个动作,如果要切换动作,需要配合按键或者蓝牙,多次按压传感器等动作进行。但是这种可靠性强的假肢,能够满足大部分日常生活,比如能够根据触碰者的身体情况,比如说肌肉起伏幅度,自动校正范围;根据肌肉起伏速度,控制手指抓握速度。

（三）机械假肢

通过机械传动的方式，带动手指的抓握。也叫自身力源假肢。优点在于，简单方便，不需要电池，体积小，操作灵敏。适合手指截肢的人群。手掌截肢的人群，则必须通过弯曲指定部位，比如说弯曲腕关节带动手指抓握，没有腕关节的人，通过弯曲肘关节进行抓握。

知识链接

想象未来的智能假肢、机械手

智能假肢、机械手，主要是为了让伤残患者像正常人一样生活，借助设备，帮助他们最大程度地康复身体。但是除了满足最基本的帮助伤残患者们更好地重返社会，重建生活之外，智能假肢、机械手是否还可以让患者们拥有比正常生物肢体更灵敏强健的力量？在很多科幻电影中，我们不难看到非常多的机械手、智能假肢所拥有的力量超越了人类生物肢体的极限，未来我们可以朝着这个伟大的目标奋进……

测一测

单选题

1. 智能假肢（又称神经义肢）相比传统假肢其优势在于（　　）。

A. 能自动调节，使假肢与原来的肢体功能更接近

B. 与患肢间连接紧密，融为一体，让患者使用、行走更自如

C. 具备较好的仿真造型，高度模仿人体力学结构，美观耐用

D. 造价高昂

2. 智能机械手主要包括（　　）。

A. 肌电手　　　B. 机械假肢　　　C. 电动假肢　　　D. 以上都是

3. 随着人工智能技术的发展，智能假肢的研发势不可挡。智能假肢未来的研发方向主要包括（　　）。

A. 将人工智能与假肢相结合，实现假肢的智能化

B. 仿生假肢将最终取代生物肢体

C. 通过3D打印技术与人工智能相结合，实现高精度3D打印假肢

D. 以上都是

4. 传统假肢的不足主要体现在（　　）。

A. 识别不准确，误操作

B. 体表出汗导致灵敏度下降

C. 自身比较重，不够仿真

D. 以上都是

5. 相对于传统假肢，智能假肢主要是给患者提供（　　），它是真正实现智能化的核心技术。

A. 自动调节模式，主动助力　　　　B. 仿生外观

C. 结实耐用   D. 以上都是

练一练

小组讨论：人工智能未来还会运用于医疗的哪些方面？

1. 实训目的

在开始本实训之前，请认真阅读相关内容。

(1) 熟悉本任务中人工智能在医疗疾病识别方面的知识。

(2) 了解一些基础疾病常识。

2. 实训内容与步骤

开展头脑风暴小组讨论：立足现在，展望未来，大家思考一下，未来人工智能与人类医生的关系是怎样的？

记录小组讨论的主要观点，推选代表在课堂上简单阐述你们的观点。

【实训总结】

【教师对实训的评价】

知识链接

上海："AI"人工智能服务百姓医疗

习题答案

任务十一习题答案

任务十二
人工智能营造智能家居

【案例导读】

很多科幻电影中会出现很多新奇的智能家居,这些家居虽然只是对未来美好的设想,但是其中的一部分已经逐渐走进了我们的视野,给我们眼前一亮的感觉。

一、全息交互技术的本土突破

近年来,深圳柔宇科技推出的柔性屏技术,结合京东方的全息显示方案,正在打造可穿戴式 AR 交互设备。杭州 Rokid 公司开发的 AR 眼镜已实现手势识别、空间定位等功能,用户可通过手势操作虚拟界面控制智能家居设备,这与《流浪地球2》中刘培强操作空间站控制系统的场景已十分接近。

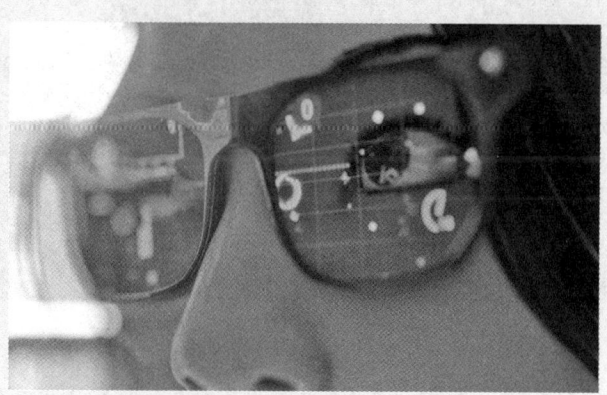

图 12-1 AR 眼镜

二、中文语音交互的跨越式发展

中国智能语音市场已形成"科大讯飞+小米+百度"的黄金三角格局。小米的"小爱同学"智能音箱累计激活设备数突破 1.75 亿台,支持 2000+智能设备互联。

图 12-2 小米"小爱同学"

更值得关注的是方言交互技术的突破。科大讯飞研发的方言语音识别系统已覆盖22种中国方言,准确率达98%。在广东佛山,美的集团推出的"美的美居"系统,能精准识别粤语指令控制空调、冰箱等设备,让智能家居真正"入乡随俗"。

三、分布式AI系统的中国方案

华为鸿蒙系统开创的"超级终端"理念,将智能家居带入全新维度。通过分布式技术,手机、平板、智慧屏等设备可自动组网,实现算力共享和任务流转。这种"一个系统覆盖所有设备"的架构,与《三体》动画中描绘的"未来之家"高度吻合。

图 12-3 "小米之家"

在健康管理领域,海尔智家推出的"三翼鸟"场景方案颇具代表性。通过AI视觉算法,冰箱可自动识别食材新鲜度并推荐菜谱;浴室镜能通过微表情分析用户情绪,联动智能香氛系统调整室内环境;睡眠监测系统则与床垫、空调联动,实现智能助眠。这种全场景主动服务,正在重构中国人的居家生活方式。

问题思考:

从全息交互技术的突破到方言语音识别的广泛应用,再到分布式AI系统的创新,智能家居正在从科幻走向现实。那么,这些人工智能技术的应用究竟如何改变我们的生活方式?智能家居的智能化发展又将如何影响家庭生活的便利性、舒适性和安全性?

12.1 物联网与智能化生活

一、什么是物联网?

物联网是以感知为目的,利用互联网等通信技术把传感器、控制器、机器、人和物等通过某种方式连接在一起,形成人与人、人与物、物与物相连,从而实现信息化、远程管理控制和智能化的网络。

物联网的本质是为物品赋予主动性,方便用户使用该物品。物联网的应用中有3项关键技术,如图12-4所示。

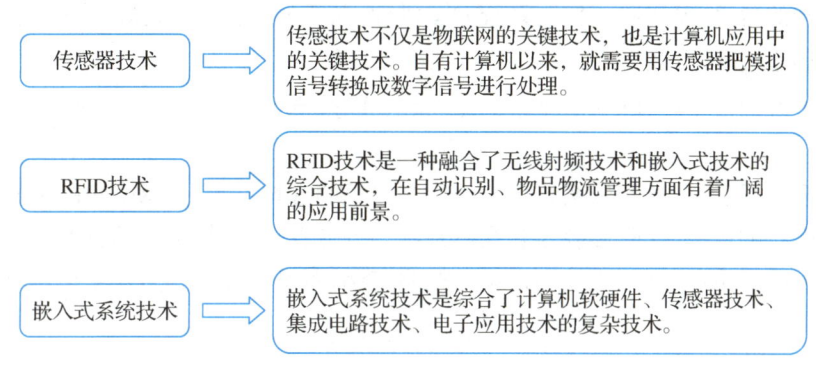

图 12-4 物联网应用中三项关键技术

现在电脑和通信技术越来越厉害,像人工智能、物联网这些新技术正在改变很多行业,智能家居也跟着火起来了。

智能家居就是把高科技(比如让家电联网、能自动控制)用到家里,让生活更方便、更舒服。它能感知环境、联网通信、自动做决定(比如自动开灯、关空调),满足大家想要更现代化生活的愿望。

在智能家居中,物联网的目标是通过射频识别(RFID)、红外感应、探测系统、智能插座和开关、智能手机等设备,按约定的协议,通过网络把家居中的灯光控制设备、音频设备、智能家电设备、安防报警设备、视频监控设备等任意设备与互联网连接起来,进行信息交换和通信,从而实现智能化设备的监控和管理,如图12-5所示。

物联网技术对传统家居的影响为其带来了全新的产业机会。传统

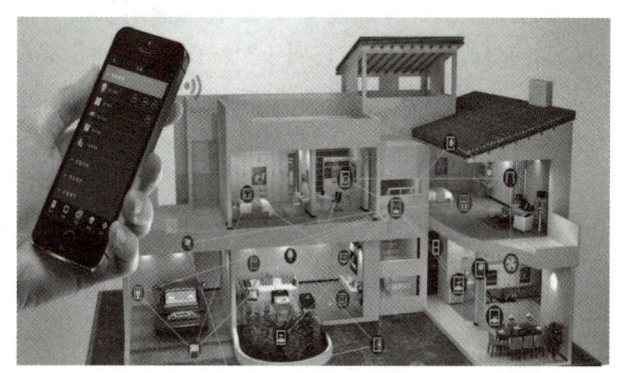

图 12-5 智能家居物联网

任务十二 人工智能营造智能家居

家居行业虽然发展了很多年,但其技术落后、创新乏力、观点陈旧,发展一直停滞不前。物联网的出现,为家居行业带来了生机,一些优秀的传统企业纷纷涉足物联网智能家居行业。

二、物联系统

智能家居系统就像你给家里装的一套"聪明帮手"组合包。

(一)这套组合包里有8大类"帮手"

埋线的帮手(家居布线系统):负责家里电线网线的布局。
联网的帮手(家庭网络系统):保证家里手机、电脑、智能设备都能连上网。
总指挥(智能家居中央控制系统):🧠(核心帮手)像大脑,用手机、平板或面板控制家里所有智能设备。
管灯光的帮手(家居照明控制系统):💡(核心帮手)能远程开关灯、调亮度、变颜色,甚至设置场景(比如"回家模式"自动亮灯)。
看家护院的帮手(家庭安防系统):🔒(核心帮手)包括摄像头、门磁、烟雾报警器等,保障安全。
放音乐的帮手(背景音乐系统):比如嵌在墙里的音响,让家里每个角落都有音乐。
家庭影院的帮手(家庭影院与多媒体系统):打造看电影、打游戏的震撼影音效果。
管环境的帮手(家庭环境控制系统):控制空调、新风、加湿器等,让家里温度、湿度更舒服。

(二)哪些是"核心帮手"?哪些是"选装配件"?

核心帮手(必备系统):总指挥(中央控制)、管灯光的(照明控制)、看家护院的(安防系统)。这三个是必须有的!少了它们,整个系统就不够"智能"。
选装配件(可选系统):埋线的、联网的、放音乐的、家庭影院的、管环境的。这些可以根据你家的情况和预算,想装就装,不装也行。

(三)怎么区分"智能家居产品"这个名字?

只有"核心帮手"才能单独叫"智能家居"或"智能家居产品"。比如,一个能联网、用手机控制的灯光开关,因为它属于"管灯光的帮手",是核心之一,所以可以叫"智能家居(照明产品)"。"选装配件"不能单独叫"智能家居"!它们必须加上具体是干什么的。比如:背景音乐系统只能叫"智能家居背景音乐",家庭影院系统只能叫"智能家居家庭影院"。
为什么这么严格?因为如果一个厂家只卖个音响,就敢说这是"智能家居",那就是在忽悠你!它可能连灯都控制不了,更别说看家了,根本不够格叫完整的"智能家居"。

(四)什么样的家才算真正的"智能家居环境"?

必须把三个"核心帮手"(总指挥、管灯光的、看家护院的)都装上。同时,至少再选装一个"选装配件"(比如装个背景音乐,或者装个环境控制)。简单说:3个核心+1个(或多个)选配＝真正的智能家居环境。只装核心没选配,或者只装选配没核心,都不能算完整的"智能家居环境"。

总结一下:智能家居＝3个核心系统(控制、灯光、安防)＋N个可选系统(网络、音乐、影院、环境等)。只有核心系统的产品才能直接叫"智能家居"。可选系统的产品必须带上具体名字,比如"智能家居背景音乐"。你家想叫"智能家居环境",必须装齐3个核心,并且至少再加1个可选。

三、智能化生活

(一)智能家居给人的第一印象:贵!像奢侈品

大家一听到"智能家居",脑子里蹦出来的画面是不是电影、电视剧里那些超级豪宅？灯光自动亮、窗帘自己开,感觉特别酷、特别高级！所以啊,第一感觉就是:这东西肯定巨贵！跟名牌包、豪车差不多,甚至更贵,普通人根本玩不起。

(二)智能家居其实变了,更亲民、更实用了

智能家居以前确实又贵又复杂(主要靠埋线),感觉就是给有钱人准备的。但是！现在不一样了。靠着物联网(让设备联网)、云计算(数据放网上算)这些新技术,智能家居也升级了。

无线化:不用满屋子凿墙埋线了,方便多了！

更聪明更好用:功能更多,用手机App控制也更顺手。

更潮流更接地气:不再只是"炫富",而是真真切切让生活更方便、更安全、更舒服。厂家现在都琢磨怎么把产品做得实用、好用、大家买得起用得上。

(三)大佬们都看好,这是个朝阳行业

厂家也明白,得站在消费者的角度想问题:这东西到底值不值？好不好用？大家都觉得智能家居是未来发展的方向,前途一片光明。所以你看,好多大公司冲进来了:国外的苹果、谷歌、亚马逊(搞智能音箱那些),国内的小米、中兴、京东也都在做。小米最近还猛推了好多智能硬件(比如智能插座、灯泡啥的)。为啥发展这么快？因为智能手机和网络太普及了,人人都能用手机控制,这基础打得好！

(四)价格大跳水！从"天价"到"亲民价"

以前做智能家居(尤其那种要埋线的),动不动就几十万甚至上百万！像霍尼韦尔、Control4那些国际大牌,主要就做有钱人的生意。现在无线技术成熟了,价格战也打起来了！国内厂家,比如物联传感这些,目标就是让普通家庭也用得起。他们主打中低端市场。搞过几次大促销后,无线智能家居的门槛大大降低,有的基础套装甚至只要一千多块就能入门了！(想想看,一部手机钱？)

(五)为啥还是感觉"叫好不叫座"

虽然价格下来了,技术也行了,但很多人心里还是犯嘀咕:"这东西真有宣传的那么

好用吗？""值不值得我现在花钱买？""会不会很复杂,装不好或者用不明白？"这种疑虑和观望的心态,导致很多人还是不敢轻易尝试。

结果就是：智能家居在国内搞了这么多年,真正掏钱买、用起来的人还是不算多。这就是这个行业没能迅速火爆起来的一个重要原因。

总结一下核心意思：

过去：智能家居＝富豪专属奢侈品,死贵（几十万元、上百万元）,靠埋线,感觉高大上但不接地气。

现在：技术升级了（无线、物联网、云计算）,更好用更智能。厂家思路变了,追求实用、好用、让普通人用得起。很多大公司（苹果、小米、京东等）都看好,纷纷入场。无线技术成熟＋价格战,价格暴跌（入门级千元时代）。

问题：虽然便宜了,但很多人还是担心效果、怕麻烦、不确定值不值。实际掏钱的用户增长没那么快,市场还没完全打开。

简单说：智能家居从"遥不可及的奢侈品"变成了"越来越亲民的实用品",价格也亲民多了,但要让更多人放心大胆地买回家用,还需要时间和更好的体验证明。

> 知识链接

物联网的产业应用示例

除了智能可穿戴设备、智能家电、智能网联汽车、智能机器人等消费生活领域的应用之外,物联网最典型的应用来源于工业领域。工业领域之外,物联网还在智慧城市建设中发挥着不可或缺的作用。

图 12-6　应用示例——碧合开放平台

以碧桂园的碧合开放平台为例,该平台主要包括四部分:物联网平台、互联网平台、支付平台和大数据平台。前两个平台是核心,构筑了碧合开放平台对第三方的应用和能力,向运营平台附着能力。碧桂园作为地产开发商本身具有资源整合属性,可以链接城市运营和建设中的各方,物联网平台、互联网平台以统一标准接入各方数据,经过大数据平台的数据整理,再将数据和服务需求开放给第三方应用服务商,企业服务和生活服务提供商可以通过统一的碧合 App 调用平台的开放能力为用户提供多样服务。

在安防方面,小镇会利用无人机对主要干道和重点区域进行定点定时巡逻,利用鹰眼对小镇室外区域,进行全局监控与追踪,利用视频结构化对人员和车辆进行视频分析,以及单兵的调度,访客预约,人脸识别门禁等一系列手段,保障小镇企业员工与居民的办公、生活安全;交通方面,小镇将提供定时往返深圳、惠州城区的巴士实现内外交通出行,百度无人车技术将用以实现园区智能交通接驳,小镇会通过智能分析进行辅助决策是否需要交通引流或调整潮汐车道,避免令人烦恼的交通堵塞。以上仅是部分智慧城市生活场景,生活在这样的城市中,居民生活将变得更为便利和谐。

> **测一测**

单选题
1. 物联网是以( )为目的。
 A. 视觉　　　B. 感知　　　C. 触觉　　　D. 网络
2. 下列哪项不是物联网应用中的关键技术?( )
 A. 传感器技术　　　　B. RFID 技术
 C. 嵌入式系统技术　　D. 并行技术
3. 物联网最典型的应用来源于( )。
 A. 机械领域　　　　　B. 工业领域
 C. 商业领域　　　　　D. 教育领域

12.2　智能安防

一、智能安防技术

智能安防技术,指的是服务的信息化、图像的传输和存储技术,其随着科学技术的发展与进步和已迈入了一个全新的领域,智能化安防技术与计算机之间的界限正在逐步消失,没有安防技术社会就会显得不安宁,世界科学技术的前进和发展就会受到影响。

物联网技术的普及应用,使城市的安防从过去简单的安全防护系统向城市综合化体系演变,城市的安防项目涵盖众多的领域,有街道社区、楼宇建筑、银行邮局、道路监控、机动车辆、警务人员、移动物体、船只等。针对重要场所,如机场、码头、水电气厂、桥梁大坝、河道、地铁等场所,引入物联网技术后可以通过无线移动、跟踪定位等手段建立全方位的立体防护,兼顾了整体城市管理系统、环保监测系统、交通管理系统、应急指挥系统等应用的综合体系。特别是车联网的兴起,在公共交通管理上、车辆事故处理上、车辆偷盗防范上可以更加快捷准确地跟踪定位处理,还可以随时通过车辆获取更加精准的灾难事故信息、道路流量信息、车辆位置信息、公共设施安全信息、气象信息等。

二、智能安防系统

智能化安防技术的主要内涵是其相关内容和服务的信息化、图像的传输和存储、数据的存储和处理等等。就智能化安防来说,一个完整的智能化安防系统主要包括门禁、报警和监控三大部分。这三个方面共同作用,构成了智能家居安全的第一道防线。

(一) 智能门锁

智能安防的发展已取得了瞩目的成就,随着住宅小区、长租公寓、酒店等智能安防需求的凸显,智能安防当前面临新的发展契机。在安防领域,锁在经历了挂锁、电子锁、指纹锁之后,终于进入了智能锁的阶段。

以凯迪仕 K20 Max 3D 人脸识别智能锁为代表的创新产品,正重新定义居家安全边界。如图 12-7 所示。

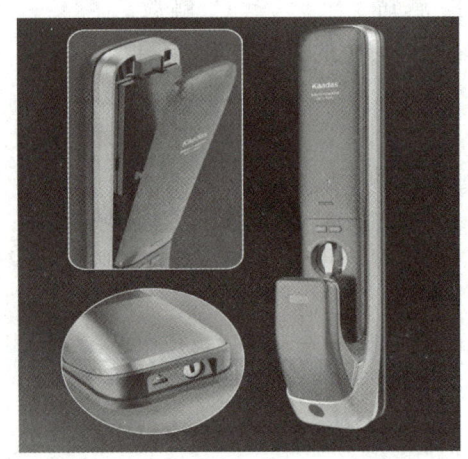

图 12-7 凯迪仕智能锁带来安全感

凯迪仕联合自动化所研发的多维立体识别系统,突破性实现:

1. 3D结构光活体检测。通过3万+红外光点构建面部立体模型,有效防御照片/视频/硅胶面具攻击。

2. AI动态学习算法。每次开锁自动更新指纹/人脸特征库,适应儿童成长、指纹磨损等生理变化。

3. 无感防劫持模式。当检测到异常胁迫动作时,自动向预设紧急联系人发送加密定位信息。

智能锁室外锁体的结构如图 12-8 所示。

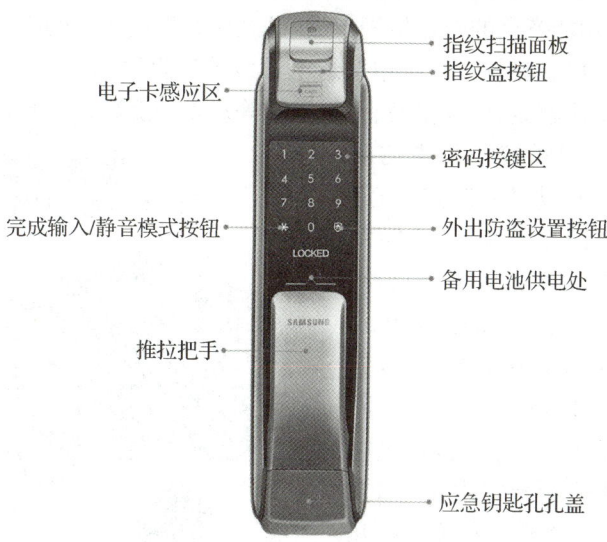

图12‑8　智能锁室外锁体的结构

（二）智能摄像头

近年来，智能摄像头已经成为智能家居炙手可热的产品，智能摄像头不仅可以让用户随时知道并查看家里的异常情况，还极大地丰富了人们的视觉交互。

图12‑9　智能摄像头

（三）家庭防盗防火系统

家庭防盗报警系统可以根据区域的不同分为两部分：一部分为住宅周界防盗，即在住宅的门、窗上安装门磁开关；一部分为住宅室内防盗，即在主要通道或重要的房间内安装红外探测器。家庭防火报警系统由家用火灾报警控制器、家用火灾探测器以及火灾警报器组成。

当我们遇到突发事件、如火灾,铁窗防盗网对救援及逃生带来很大的影响。选择安全可靠、使用方便、功能齐全的防盗报警产品,已经成为现代生活的必备。智能防盗报警系统利用成熟的微电脑控制技术,采用普通电话线传输报警信号,将防盗、防火、防有害气体、抗暴、防劫、急病救援、现场报警、无线报警等众多功能集于一身。

需要外出时,您只需按下手中的遥控器,报警系统就会自动进入防盗状态。期间如有歹徒企图打开门窗,就会触发门磁感应器;假如非法之徒从阳台闯入,厅内的红外探测器会马上检测到非法入侵者。这时,报警主机会发出报警声,尖锐的报警声可把歹徒吓得落荒而逃,同时引起邻居、保安的注意。同时,通过电话线将警情报告传输给指定电话(如接警中心、保安部、居委会或亲友等),在几秒内收到报警信息后,您也可以对家里情况进行异地监听,迅速采取应对措施,让歹徒得到相应的制裁,保障财产和生命的安全。

图 12-10　家庭防盗防火系统

三、数字化技术要求

在组建智能化安防系统时,必须采用国际上通用的总线和接口,软件、硬件也必须采用开放式模块化结构,使得整个智能化安防系统互换性和互操作性好,系统的标准化程度高,以方便与诸多类别的虚拟仪器相关部件兼容,并且方便修改、更新和升级换代。软件的设计必须达到如下要求:

(1) 软件的设计应具有高质量的可靠性。

(2) 软件的设计应具有高质量的效率。

(3) 软件应保持不同平台和不同操作系统之间的可移植性,不同测试接口之间最大兼容及互换性和不同测试系统之间的通用性。

上述软件的设计不仅有高的要求,而且在设计时必须应用如下关键技术:

(1) 为保证不同平台和不同操作系统之间的可移植性,必须采用符合 VPP(VXI Plug&Play)规范软件的开发环境。

(2) 采用虚拟仪器软件 VISA 软件的结构技术,保证不同测试接口之间最大的兼容性及互换性。

(3) 采用 VPP(VXI Plug&Play)规范软件的驱动程序结构,保证仪器驱动程序具有良好的兼容性及通用性。

(4) 应用开放数据库 ODBC 互联技术及 SQL 数据库查询语言,保证软件的通用性。

(5) 应用模块软件结构的设计方法,提高系统软件的灵活性、移植性和可维护性能,以降低系统的复杂性能。

测一测

单选题

1. 下列对于智能门锁的描述正确的是(　　)。
   A. 智能门锁只能通过手机进行开锁
   B. 智能门锁如果没有电了就不能打开了
   C. 目前大部分智能门锁采用了生物识别技术
   D. 智能门锁只能通过指纹进行开锁

2. 下列锁中最安全便利的锁是(　　)。
   A. 传统的机械锁
   B. 普通感应锁
   C. 具备多种开锁方式、安全保险的智能门锁
   D. 用指纹识别打开的锁

3. 智能安防系统软件的设计需要注意的方面不包括(　　)。
   A. 可靠性　　　B. 可移植性　　　C. 通用性　　　D. 外观性

12.3　智慧管家

一、智慧管家的综合应用

(一) NB-IoT 技术

下班回家想骑个共享单车,但是扫码后不能一下子打开智能锁,其原因是物联网传输技术的局限。如何解决这个传输技术的缺点,NB-IoT 就是一项新的物联网技术。

图 12-11　NB-IoT 技术

在第四届世界互联网大会上,就可以看到利尔达科技集团股份有限公司展出的专业物联网产品,其中包括了 NB-IoT 模组、LoRaWAN、测试终端、USB Dongle 等硬件产品,

以及共享单车锁、电动报警器、智慧楼宇、智能水气表等应用解决方案，涉及的领域从微观的智能产品、智能家居一直到宏观的智慧城市、智慧云端。

该公司所展示的智能医院解决方案就让医院变得更为"智能"。通过物联网云平台，医护人员不但可以对病房进行远程监控，实现无人化自动消毒，还可以记录数据，对消毒行为进行管理和溯源；智能教室解决方案则可以通过物联网设备让上课变得更为多样化，帮助教室节能。在上课、早晚自习、投影、休息等不同的课堂需求下，可以自动打开、关闭教室电脑并自动调节不同的光线。

（二）艾米机器人

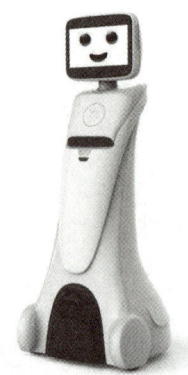

图12-12　艾米机器人

世界互联网大会现场机器人很多，其中包括一个可爱的家用机器人"艾米"，由杭州艾米机器人有限公司出品，如今已经在商超、家庭生活、社区中经常出没。

"这是一款专为精英阶层量身定制的家庭服务机器人，我们希望它用于高知识高收入家庭。"杭州艾米机器人有限公司负责人说，本次大会上艾米机器人展示的机器人是AMY-A1型家用服务机器人，具备智能导航定位、纯语音控制交互、智能家居控制、在线健康管理、在线教育辅导、自主安防巡视等功能，在收到参展观众的语音要求后，艾米机器人可以进行拍照、导航、查询天气信息等一系列的工作。

该公司透露没有到现场参展的还有AMY-M1型商用机器人，这款商用机器人可以接受个人定制，并能为医院远程系统服务，满足远程视频会议、远程协作工作以及远程技术指导等商务需求。

（三）私人翻译官

不懂外语也想出国旅游？这放在几年前可能有点困难。但随着智能手机的普及和翻译软件的成熟，语言不通早就不再是阻碍我们出国旅游的障碍了。

作为入选首批国家新一代人工智能开放创新平台的企业，科大讯飞在互联网大会上带来了八大AI产品。其中，晓译翻译机颇具亮点，还开起了"个人粉丝见面会"。

图12-13　晓译翻译机

经过两次升级后,晓译翻译机已经能够实现中英离线翻译并支持中文与多国语言之间的互译。在本次大会上,晓译担任了志愿者的角色,为国内外参会人员提供翻译服务,除了提供日常的中英交流之外,还提供日、韩、法、西小语种服务。翻译的准确性让现场的与会者都直呼:"厉害了!"如果在短期内,你需要与外国人交流,又觉得自己外语水平有限,让晓译成为你的私人随身翻译官是一个不错的选择。

(四)"魔镜"照出用户的心思

"魔镜魔镜,谁是世上最美的人?"魔镜对你眨眨眼,没说话,然后给出了一大堆搭配建议。

这幕发生在互联网大会上的真实场景,是杭州比智科技有限公司带去的。"这是我们公司旗下产品奇点云实际的应用场景。"比智科技经理林晓锋介绍,这款有趣的广告系统,采用了业界领先的深度学习算法和海量多样的人脸标注数据,通过人脸检测、人脸识别等一整套技术方案,依托云计算平台,利用大数据智能推荐引擎,为用户实现一对一商品推荐和广告展现。

"从顾客进门那一刻起,智能设备已经了解到每一位顾客的动向轨迹和个人喜好,摄像头也针对每位顾客生成了不同的 Face ID。"林晓锋说,魔镜适用于各类零售实体店、旅游景区等消费场所,将有效地增强线下零售商店与客户的互动。

(五)用人工智能技术检测骨龄

在第四届世界互联网大会·互联网之光博览会现场,杭州纳里健康科技有限公司向大家展示了一个基于 AI 引擎的影像检测平台。这款影像平台依托于人工智能技术将方便医生检测患者的骨龄。

据产品经理刘鸣谦介绍,骨龄检测不仅可以确定儿童的生物学年龄,通过骨龄及早了解儿童的生长发育潜力以及性成熟的趋势,还可以通过骨龄来预测儿童的成年身高,并对于一些身材矮小的患者及时提供指导性意见。目前,卫宁健康旗下的纳里健康推出的这款检测平台的一年以内正确率已达到了 98%,检测得到的骨龄平均绝对误差仅 0.4 岁,平均处理每张影像耗时 0.4 秒。

二、5G 时代智能家居的环境感知将成为现实

时间回到 1999 年,地点在中国飞速发展的上海浦东。这里竖起了一座当时中国第一、世界第三高的摩天大楼——上海金茂大厦。这座楼可不只是高那么简单。在它建设的时候,工程师们就给大楼装上了一套非常先进的"神经系统"和"大脑"——一个庞大的计算机监控管理系统。

这套系统厉害在哪呢?

一是告别"跑断腿"和"喊破嗓"。以前,像空调温度不合适、电梯运行不畅、灯光太亮或太暗这些问题,都得靠工作人员跑来跑去检查、手动调节,或者靠对讲机喊话,效率低,还容易出错。金茂大厦的系统,通过遍布大楼的传感器和线路,能自动监测空调、电梯、照明、供电、消防、给排水等几乎所有重要设备的运行状态。

二是"大脑"集中指挥。所有设备的信息都实时传送到大楼的中央控制室,显示在巨大的电脑屏幕上。工作人员坐在控制室里,就能清晰地看到哪里的空调需要调温、哪部电梯运行效率可以优化甚至哪个水管可能有异常。他们可以直接通过电脑系统进行远程控制和调整。

三是不只是控制,更是"服务"。这套系统不仅管设备,还为在大楼里工作的人们提供更便捷的环境。它能更智能地调节温度、灯光,保障舒适度;能更高效地调度电梯,减少等待时间;更重要的是,它集成了先进的通信网络,为大楼提供高速的数据传输、电话通信等信息化服务,就像给整栋楼铺了一张高效的"信息高速公路"网。

为什么说金茂大厦是中国智能建筑的"大明星"?

一是开创性。它是中国内地最早、最全面应用这种大型智能化楼宇管理系统的超高层建筑之一,规模和技术的先进性在当时是顶尖的。

二是"活"起来的大楼。金茂大厦证明了,巨大的钢筋混凝土建筑不再是"死板"的庞然大物。通过信息技术,它能"感知"内部环境,"理解"设备状态,并"自动"或"半自动"地做出响应和优化管理,变得高效、灵活、舒适、安全。

三是新趋势的代表。它的成功建设和运营,标志着智能化、信息化的理念在中国大型建筑领域真正落地生根,成为后来无数智能写字楼、酒店甚至智能小区学习和追赶的标杆。它代表了中国建筑开始拥抱"智慧"的新时代。

也就是从那时起,"智能家居"概念被广泛提及,人们将其定义为:"将家庭中各种与信息相关的通信设备、家用电器和家庭保安装置通过家庭总线技术(HBS)连接到一个家庭智能化系统上进行集中的或异地的监视、控制和家庭事务性管理,并保持这些家庭设施与住宅环境的和谐与协调。"

智能家居颠覆了人们对家居的认知。在智能家居之中,信息互动无处不在,我们不需要人为地控制,建筑本身就能为我们完成一切,人、物和环境都只是这个智能网络中的一环。

图 12-14 旧式大楼改造智能家居

智能家居想要达到的是信息的自动捕捉和调节,随着 5G 时代的到来,这一切正变得愈发简单。在 3G 或 4G 时代,人们对智能家居的控制主要依赖于手机远程遥控,而 5G 时代,人们更加注重智能设备的"自我感知"。也就是说,智能家居将不再是被动地接受用户的控制,而是主动地去"感知"环境,并做出相应的反应。

一栋智能的大楼应该可以感应天气,并自动调整窗户的状态。

家居环境包含很多参数,例如室内的空气湿度、温度、质量以及光照强度、声音强度等。这些都是现代人非常看重的,毕竟现在城市的空气质量不尽如人意,雾霾、沙尘暴的出现也让人们迫切地需要一个能够智能调节的家居系统。而5G智能家居能感知这些环境参数,并对这些参数进行分析,然后自动地联动相关设备。与之前的智能设备最大的区别,就是这些设备不需要人类去指导或遥控,一切都是主动进行的。

图 12 - 15　智能大楼

比如,中国柒贰零健康科技公司就是从环境感知切入,开发出世界上集成度领先的环境监测器,可以监测温度、湿度、噪声、甲醛、TVOC、PM2.5、PM10、二氧化碳等数据,通过 Wi-Fi、NB-IoT 等多种通信能力,把数据传送到网络上,通过智能云平台进行分析,对家庭中的空气净化器、新风机、抽油烟机等设备进行控制,进而实现环境感知和对空气质量的智能管理。

华为公司的智能家居平台,通过 HiLink 协议,把各种智能家居产品连接起来,照明、清洁、节能、环境、安防、健康、厨电、影音、卫浴等各类设备都通过 HiLink 协议逐渐打通,实现互操作,形成一个智能的服务体系。

随着 5G 的到来,智能家居将迎来爆发,这个领域的大量设备已经拥有智能化的基础,只是需要一个低功耗的通信能力加入,就能在很大程度上改变产业格局。

> 测一测

单选题

1. NB-IoT 是一项新的(　　)技术。
   A. 算法　　　　　　　　　　B. 嵌入式
   C. 大数据　　　　　　　　　D. 物联网
2. 艾米机器人是一款(　　)。
   A. 家庭服务机器人　　　　　B. 娱乐机器人
   C. 学习机器人　　　　　　　D. 跳舞机器人

3. 5G 时代，人们更加注重智能设备的（　　）。
   A. 自我感知　　　B. 便捷性　　　C. 防摔　　　D. 外观

12.4　打造自己的智慧家居

一、智能家居

智能家居是在物联网的影响之下物联化的体现。智能家居通过物联网技术将家中的各种设备（如音视频设备、照明系统、窗帘控制、空调控制、安防系统、数字影院系统、网络家电以及三表抄送等）连接到一起，提供家电控制、照明控制、窗帘控制、电话远程控制、室内外遥控、防盗报警、环境监测、暖通控制、红外转发以及可编程定时控制等多种功能和手段。与普通家居相比，智能家居不仅具有传统的居住功能，更兼备建筑、网络通信、信息家电、设备自动化，集系统、结构、服务、管理于一体的高效、舒适、安全、便利、环保的居住环境，提供全方位的信息交互功能，帮助家庭与外部保持信息交流畅通，优化人们的生活方式，帮助人们有效安排时间，增强家居生活的安全性，甚至为各种能源费用节约资金。

一方面，智能家居让用户以更方便的手段来管理家庭设备，比如，通过触摸屏、手持遥控器、电话、互联网来控制家用设备，更可以执行情景操作，使多个设备形成联动；另一方面，智能家居内的各种设备相互间可以通信，不需要用户指挥也能根据不同的状态互动运行，从而给用户带来最大程度的方便、高效、安全与舒适。所谓智能家居时代就是物联网进入家庭的时代。它不仅指那些手机、平板电脑、大小家电、计算机、私家车，还应该包括吃喝拉撒睡、安全、健康、交友甚至家具等家中几乎所有的物品和生活。其目的是让人们的家庭生活更舒适、更简单、更方便、更快乐。

智能家居最早起源于 20 世纪 80 年代的美国，首个智能型建筑的建成揭开了全世界智能家居研究和探索的序幕。2025 年 3 月 19 日，海尔智家在上海世博中心举行以"AI 生活，智慧万家"为主题的生态大会。现场，海尔智家展示了智慧家庭 10 年布局的最新成果：通过发布 AI 之眼系列黑科技让智慧家庭实现再升级。海尔集团副总裁、海尔智家研发平台总经理舒海表示，海尔智慧家庭的目标就是要逐步实现"无人家务"。而无人家务的实现，目前还需要两块拼图：一块是需要家电具备"看得懂"的能力，此次海尔智家发布"AI 之眼"，就是让家电有了这项能力；另一块就是在"看得懂"之后，通过家庭服务机器人去实现家务"拿得起、放得下"。

除了用 AI 科技升级产品，海尔智家更通过三翼鸟 AI 场景的深度应用、融合，真正实现场景智能。例如智能门锁会自动"留意"和识别门外情况：有快递小哥送来包裹，消费者手机会实时收到短信提醒；即使有急事匆匆关火出门但没拧紧燃气灶按钮，感应器也会及时发现煤气泄漏并立即关阀、开窗散气，并向用户手机发送报警短信。

据介绍，这些场景智能的实现，是因为有海尔智家大脑和 Uhome 大模型这样的平台和技术支持。海尔智家大脑作为核心技术引擎，经过了百亿级家庭专业知识训练，让智慧家庭从"万物互联"到"万物思考",进一步升级了场景和生活体验;而 Uhome 大模型,能够让家不断学习、升级,让用户在家不再是跟机器对话,而是像跟人对话。

图 12‑16　海尔智家 Uhome

（一）起居场景

图 12‑17　自动打开窗帘

每天清晨,帮你自动打开窗帘,享受阳光沐浴。当你步入厨房享用早餐时,多功能动态感应器感应到你的出现,立即开启照明灯,舒缓的音乐流淌在家中,当多功能环境感应器感应到室内温度高于设定温度时,联动空调上的智慧插座,自动打开空调,帮助营造舒适的生活空间。

（二）离家场景

出门离家,关上智能门锁,家庭安防系统自动打开,摄像头开始工作,门禁感应器感应到门窗打开,就会立即联动摄像头拍照发送到你的手机上。水浸感应器、燃气感应器等厨房安全设备也进入工作状态,一旦发生燃气泄漏,将联动推窗器自动打开窗户,保证室内安全。智能安防系统,带给你更强大、更安全、更贴心的智能安全体验。

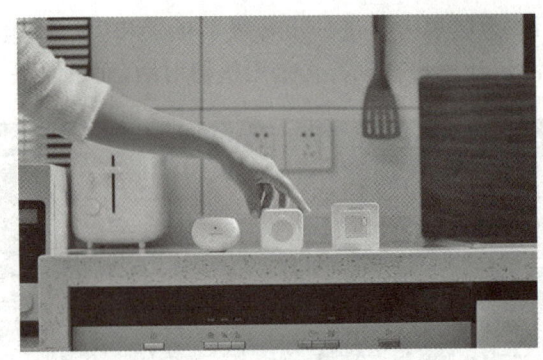

图 12-18　离家智能安防系统

(三) 影音场景

当你一个人在家时,在 App 上一键开启影音场景,将立即开启电视、音响,开启幻彩灯光,缓缓关闭窗帘,客厅立即变身私人小影院,任你独自享受这静谧的午后时光。

图 12-19　一键开启影音场景

全屋智能系统还能实现更多丰富的智能场景,它可以感知你喜欢的温度是多少,判断出你什么时候可以回到家,还可以知道你什么时候需要新鲜空气,整个房子就像一个会思考的生态系统,为你营造一个四季如春的居家环境。

二、远程遥控汽车充实智慧家居

汽车是一个家庭的必需品,与每个家庭息息相关,在实现家庭布置智慧的同时,汽车也是智慧家居的一个重要环节。

一个遥控器就能控制一架小飞机,遥控无人机已成为一种常见的设备,被广泛用于航拍和巡检等各个领域。一个遥控器还能控制一辆小汽车,这或许是你童年的玩具伙伴,但你见过远程操控真实行驶在道路上的汽车吗?

在 2019 年亚洲消费电子展展会期间,诺基亚贝尔与上海移动、上海汽车等多家企业合作,首次采用 5G 商用网络和诺基亚边缘云计算平台,成功展示了真实车辆 5G 遥控。

图 12‑20 移动商用 5G 网络、商用 CPE 和边缘云计算平台的首次组合呈现

5G 网络正在为交通运输行业注入新的活力与动力，5G 远程遥控就是在这一全新动力下的创新技术之一。安全、可靠、低延迟和高带宽——成熟的 5G 将依靠自身的优势为无人驾驶汽车领域提供更多的技术支持。相信在不久的将来，远程驾驶、遥控驾驶、自动驾驶、无人驾驶等运输技术会走出实验室，步入寻常百姓家。

三、远程医疗助推智能家居

远程医疗是指以计算机技术、遥感、遥测、遥控技术为依托，充分发挥大医院或专科医疗中心的医疗技术和医疗设备优势，对医疗条件较差的边远地区、海岛或舰船上的伤病员进行远距离诊断、治疗和咨询，旨在提高诊断与医疗水平、降低医疗开支、满足广大人民群众保健需求的一项全新的医疗服务。目前，远程医疗技术已经从最初的电视监护、电话远程诊断发展到利用高速网络进行数字、图像、语音的综合传输，并且实现了实时的语音和高清晰图像的交流，为现代医学的应用提供了更广阔的发展空间。

图 12‑21 远程医疗

任务十二　人工智能营造智能家居

一场跨越 3000 公里的手术——全国首例基于 5G 的远程人体手术帕金森病"脑起搏器"植入手术于 2019 年 3 月成功完成。该手术通过 5G 网络,实现了北京与海南医院间的帕金森病"脑起搏器"植入手术。凌至培是中国人民解放军总医院第一医学中心兼海南医院神经外科主任,也是手术的负责医生,他平时在北京和海南两地轮换工作,而此次手术正是凌至培在海南工作期间,位于北京的帕金森病人需要进行手术,且该病人不宜飞往海南。

"借助 5G 网络的保障,首次实现了海南、北京两地远程手术,解决了 4G 网络条件下手术视频卡顿、远程控制延迟明显的问题,手术近乎实时操作,甚至感觉不到病人远在 3000 公里之外。"凌至培表示,将来通过远程手术,上级医院高质量、高水平的专家可以远程、直接对偏远地区的患者进行手术,完成过去在基层难以完成的手术。

越来越多的 5G 远程手术正在成功完成。在巴基斯坦拉合尔举行的第四届国际心脏病学会年会期间,北京阜外医院专家吴永健教授及其团队,在合作医院——青岛阜外医院成功进行了心脏介入手术,并通过中国联通 5G 网络进行了手术直播。借 5G 网络传输,海外的医疗工作者在会议现场,通过大屏幕实时观看了青岛阜外医院进行的心血管手术,直播画面清晰稳定,流畅无卡顿。

中国联通表示,5G 的增强带宽(eMBB)特征,在高效保障手术室高清直播画面回传的同时,还兼备了传输医学设备生理指标检测信号的合路传输能力。据悉,5G 条件下,在远程医疗平台上传一个 1.03G 的测试包,花费不到两分钟的时间,比普通 4G 网络快了 40 到 50 倍;同时 5G 也能够满足远程医疗对高分辨率图像、1080P、30FPS 以上实时视频的要求。

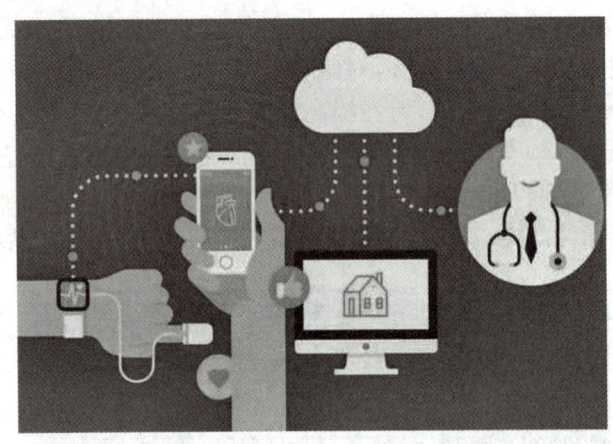

图 12‒22　5G 条件下的远程医疗

业内指出,此前由于网络传输技术的限制,真正意义上的远程医疗很难实现。但是 5G 的出现解决了连接技术上的困难,使要求更为严苛的远程手术成为可能。

在远程医疗领域,5G 具备的大宽带、低时延和高可靠性能够满足远程医疗的要求,智慧医疗市场的投资预计 2025 年将超 2300 亿美元。中国信通院预计到 2030 年,我国远程医疗行业中 5G 相关投入(通信设备和通信服务)将达 640 亿元。

四、智能家居工程案例

(一) 入户门

入户门设置灯光感应器,主人回家或客人来访时,灯光自动打开,方便主人开锁和客人按门铃,灯光过后会自动延时熄灭。

入户门设置室内定点监控摄像机,记录进入人员的出入情况。实现24小时监控。

(二) 自动车库识别

主人开车到达车库门时,按动车库门遥控开关,车库门自动打开,车辆进入后,主人下车,灯光自动打开,并延时等主人离开车库后熄灭。

车库进入室内的门口设置情景面板,可启动"夜间回家模式"(联动撤防、启动指定区域空调/采暖系统、同时打开大厅或起居室等指定区域的灯光;或者一键启动门口到主卧室沿途的灯光照明);当离家时,在进入车库前一键启动"离家模式"(联动设防、关闭指定区域空调/采暖系统、灯光系统、音视频电源系统、窗帘系统、泳池设备等子系统)。

主人进入室内后,走廊灯光自动打开;穿过走廊后,灯光自动熄灭。

(三) 家庭求助呼叫

主餐厅设置情景面板,方便进入时启动灯光并启动各种灯光场景(如晚餐、聚餐、西餐、中餐等场景,联动背景音乐,可依需求进行设计),同时可一键启动相应模式,关闭宅内其他房间的灯光、音视频等各个系统的工作,节约能源。

设置墙装智能背景音乐面板,可开启背景音乐,需要时呼叫家人或保姆。

(四) 自动照明

左右两侧楼梯设置部分感应灯光,人来灯亮,人走灯灭,方便的同时节能。

电梯间设置感应灯光,人来灯亮,人走灯灭,方便的同时节能。

(五) 智能安防

在每个与室外接触的窗户处安装红外感应探测器,当有人非法入侵时,系统会立刻以鸣笛、拨打预设电话的方式进行报警。

院落的四个拐角架设四台摄像机,实时监控,记录院内的情况。

厨房煤气泄漏报警、烟雾报警。

知识链接

扫地机器人

扫地机器人是智能家用电器的一种,能凭借一定的人工智能,自动在房间内完成地板清理工作。一般采用刷扫和真空方式,将地面杂物先吸纳进自身的垃圾收纳盒,从而完成地面清理的功能。一般来说,将完成清扫、吸尘、擦地工作的机器人,也统一归为扫地机器人。扫地机器人的发展方向,将是更加高级的人工智能带来的更高的清扫效果、更高的清扫效率、更大的清扫面积。

扫地机器人对环境的识别分为以下两个方面：

图 12-23　智能扫地机器人

图 12-24　机器人对环境的识别

1. 对房间大小的整体记录与扫描

通过几个对环境的熟悉,扫地机器人的微电脑会在内部形成房间的定置图,房间有多大,房间的家具如何摆放,房间中哪些地方是不能去打扫的等等一系列的空间扫描结果,都会存储在扫地机的微电脑里,然后通过天花板卫星定位系统,来根据当前的位置,制订相应的工作计划。

2. 对地面垃圾的识别

它通过红外感应,识别地板上垃圾的种类,然后决定是用吸还是用扫或是用擦的方式进行清理。当前的扫地机器人在这一点上还只能做到识别有没有垃圾,无法分辨种类,在清扫的方式上也比较单一,这是扫地机器人今后要解决的难题。

测一测

单选题

1. 智能家居是在物联网的影响之下(　　)的体现。
   A. 信息化　　　　　　　　B. 物联化
   C. 识别　　　　　　　　　D. 精确化

2. 下列哪项不是远程医疗的依托？(　　)
   A. 遥感　　　　　　　　　B. 遥测
   C. 计算机技术　　　　　　D. 工具

3. 扫地机器人一般采用刷扫和(　　)的方式。
   A. 激光　　　　　　　　　B. 真空
   C. 水洗　　　　　　　　　D. 擦洗

12.5 家庭智能化时代的展望

一、未来智能化时代的特点

（一）泛在化

互联网已经从原来的虚拟世界渗透到物理世界,使我们的生活变得越来越便利。在可见的未来,为你提供无处不在的视频安防服务;为家里的老人和小孩提供无处不在的看护能力;每一个机器的运行情况和接收指令的情况你都知晓;可实时了解当前牲畜、土地的状况,从而进行精准的农业管理。未来网络如同生物神经将无处不在,成为人类数字化社会的基石。

（二）多使命

未来的信息服务将是个承载多种业务目标的信息服务系统。对于智慧家庭而言,服务的对象主要是人,用基本的信息服务来满足人的体验;对于智慧城市,信息的服务主体由人过渡到机器,信息服务需要解决人与机器高效沟通的问题,核心问题是如何满足机器对于信息的处理需求;对于智能交通和未来工厂,信息服务的主要目标是满足机器的工业自动化和智能化处理的需求,对于信息服务的要求更倾向于确定性和更高的可靠性,最终满足机器的高速和高效运转的要求。在信息服务中,不同的应用就像不同的数字化的物种,将会有不同的信息服务来与之适应。这将是数字化时代网络连接的必然选择。

图 12-25　家庭智能化

（三）智能化

现在的网络和未来的网络在智能化和自动化方面相比,就如同 20 世纪 90 年代 IBM

的深蓝和21世纪Google的AlphaGo Zero,前者下的每一步棋是在已知棋谱的各种选项中选择一个最佳走法,而后者则可以由机器自己进行棋谱学习生成新的最佳走法。智能化、自动化的未来网络,将在效率或成本方面完全胜任全数字化信息社会对网络的需求。

目前,我国的人工智能技术在家庭服务业的应用范围还比较小,智能家居市场还处于起步阶段,并且存在技术水平低、伪智能化现象严重、安全性和可靠性低、行业标准未建立、用户年龄段过于集中等问题,怎样整合有效资源来解决这些问题使得智能家居市场快速发展变得越来越重要。我们期待人工智能技术的提升给智能家居行业发展带来改变,在抓住机遇的同时应对好各种挑战。

二、家庭智能化展望

随着人们对居住环境的要求提高,智能家居必定会得到更多的关注和发展。安全依旧是家居生活中最主要的问题,智能家居也必定会更重视家庭的安全性,家居的安全性发展,满足人们更高的生活环境需求和居住环境需求。

除此以外,环保节能也是未来发展的重要主题。相信随着各种传感器技术、监测技术和控制技术的不断发展,智能家居系统可以通过自动分配各种水资源、电力资源、煤气资源等,使居室能源得到绿色和高效的利用,达到低碳节能的目的。

人工智能技术、互联网技术、物联网技术的迅速发展使智能家居在近几年的时间内得到了迅猛发展,但由于智能家居是一个复杂的系统,其除了涉及软件技术,还涉及很多硬件技术的模块,对多个领域多种技术的要求很高,导致现在的智能家居依旧处于安保和语音控制的比较简单的级别。而现在,虽然大家都听说过智能家居,但真正应用了智能家居的家庭较少,普及度不高,受众面不广,对其的了解只停留在表面。因此,加大对相关技术的投资,增加智能家居的易用性、实用性和性价比是当前亟须解决的问题。

随着物联网的普及和发展,相信通过大数据等,可以将人们对于智能家居的需求和应用领域更准确和直观地反映出来。期待在不久的将来,有越来越多的企业加入智能家居的潮流,越来越多的家庭可以拥有智能家居,智能家居能真正地为人们的生活提供便利。

> **知识链接**
>
> ### 寻找智能家居的人工智能技术
>
> 人工智能与智能家居的关系可以分为三个阶段:控制—反馈—融合。
>
> 第一级是控制:也就是远程开关、定时开关等控制方式。
>
> 第二级是反馈:把通过智能家居或可穿戴设备获得的数据通过智能管家反馈给主人,"最近几天看电视有点多哦"。
>
> 第三级是融合:当主人跟智能管家聊别的事情的时候,智能管家知道主人的心情不好,就可以问主人要不要来一段音乐,或者直接播放一段主人平时听得最多的音乐。
>
> 人工智能技术帮助电脑去思考,让机器更像人类,让机器更大范围地替代人类。人工智能与智能家居将如何融合?在一些智能家居体验馆中,我们会发现,智能家居企业

已经运用人工智能技术。让其人工智能技术嵌入更多生活场景,以此打造一个智慧生活场景的生态体系。

测一测

单选题

1. 下列哪项不是未来智能化时代的特点?(   )
   A. 泛在化　　　　B. 多使命　　　　C. 智能化　　　　D. 严格化
2. 下列哪项不是智能家居当前亟须解决的问题?(   )
   A. 外观性　　　　B. 易用性　　　　C. 实用性　　　　D. 性价比
3. 下列哪项不是人工智能与智能家居关系的三个阶段?(   )。
   A. 控制　　　　　B. 反馈　　　　　C. 统一　　　　　D. 融合

练一练

小组讨论:如何理解智能家居成为当今时代的主流发展趋势?

1. 实训目的

在开始本实训之前,请认真阅读相关内容。

(1)熟悉人工智能概念,了解人工智能与智能家居的关系。

(2)熟悉智能家居系统的内容与方式,了解智能家居系统的构成。

(3)课外观看电影《碟中谍》,讨论未来人工智能技术对人类生活的影响。

2. 实训内容与步骤

开展头脑风暴小组讨论:在人工智能已遍布身边的今天,智能家居系统需与人工智能进一步结合,我们如何理解"智能家居成为当今时代的主流发展趋势"这个命题?

记录小组讨论的主要观点,推选代表在课堂上简单阐述观点。

【实训总结】

_____
_____
_____
_____

【教师对实训的评价】

_____
_____
_____
_____

习题答案

任务十二习题答案

任务十三
人工智能重塑现代制造业

【案例导读】

智能工厂是经过数字化工厂的进一步发展后,综合物联网技术、监控技术来对工厂进行生产管理,使生产过程尽量让最少量人员参与就能达到高效生产,并且能科学合理地计划。智能工厂将各种智能策略、智能系统、智能方法等新兴智能技术综合应用,构建面向复杂市场需求、高效柔性化的工厂,同时建设高效、节能、绿色、环保、舒适的人文化工厂。

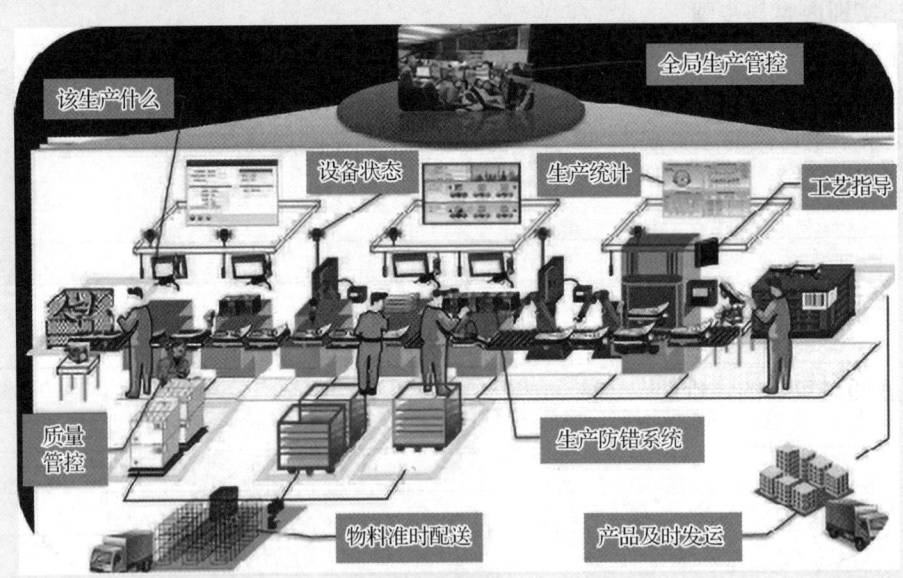

图13-1 智能工厂流程示意图

《人工智能真的来了》

问题思考:

智能工厂通过综合应用物联网、监控技术以及各种智能策略和系统,实现了高效、柔性化和绿色节能的生产模式。那么,人工智能在现代制造业中究竟如何推动生产流程的智能化升级?它又将如何改变制造业的未来发展方向,提升企业的竞争力和可持续发展能力?

13.1 智能工厂

一、智能工厂简述及特征

智能工厂以智能制造为背景,为了使工业生产更加可控、更少人控、高效高质、绿色低耗而提出的适应智能化、数字化的新工厂。智能工厂通过监控技术和物联网技术来加强生产信息管理服务。

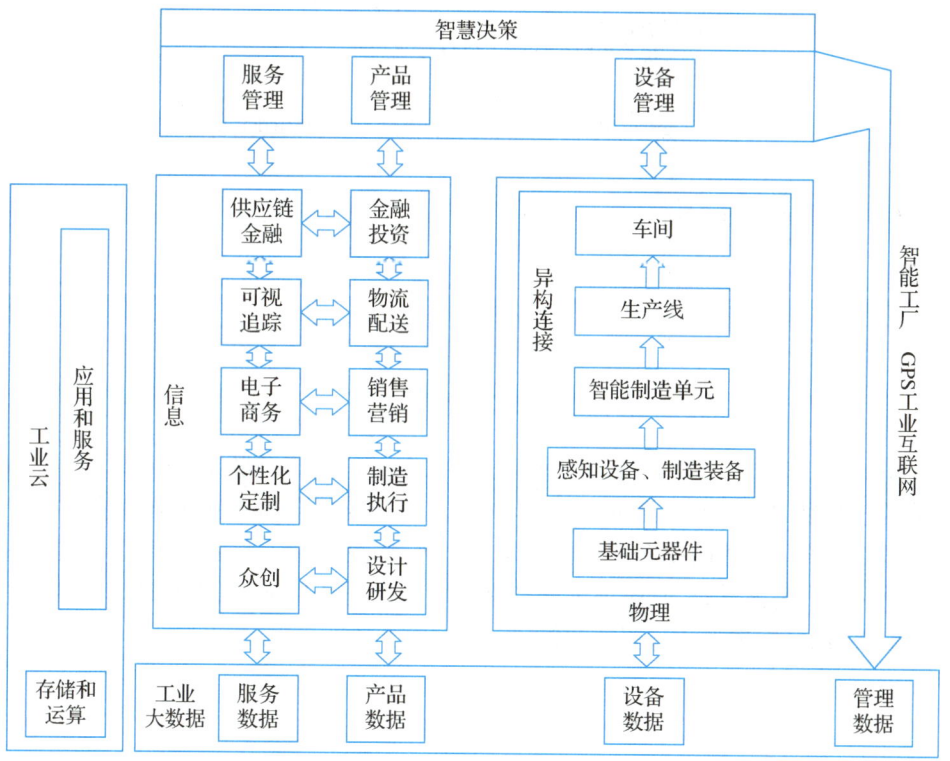

图 13-2 智能工厂原型

任务十三 人工智能重塑现代制造业

二、智能工厂主要建设模式

由于各个行业生产流程不同,加上各个行业智能化情况不同,智能工厂有以下几个不同的建设模式。

(一) 流程制造:从生产过程数字化到智能工厂

在石化、钢铁、冶金、建材、纺织、造纸、医药、食品等流程制造领域,企业发展智能制造的内在动力在于产品品质可控,侧重从生产数字化建设起步,基于品控需求从产品末端控制向全流程控制转变。因此,其智能工厂建设模式:一是推进生产过程数字化;二是推进生产管理一体化;三是推进供应链协同化;四是整体打造大数据化智能工厂。

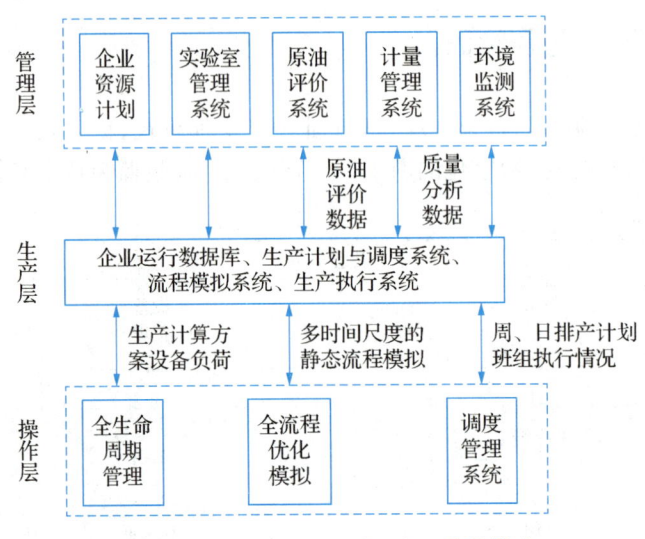

图 13-3 石油智能制造信息一体化模式

(二) 离散制造:从智能制造生产单元到智能工厂

在机械、汽车、航空、船舶、轻工、家用电器和电子信息等离散制造领域,企业发展智能制造的核心目的是拓展产品价值空间,侧重从单台设备自动化和产品智能化入手,基于生产效率和产品效能的提升实现价值增长。因此,其智能工厂建设模式:一是推进生产设备(生产线)智能化;二是拓展基于产品智能化的增值服务;三是推进车间级与企业级系统集成;四是推进生产与服务的集成。

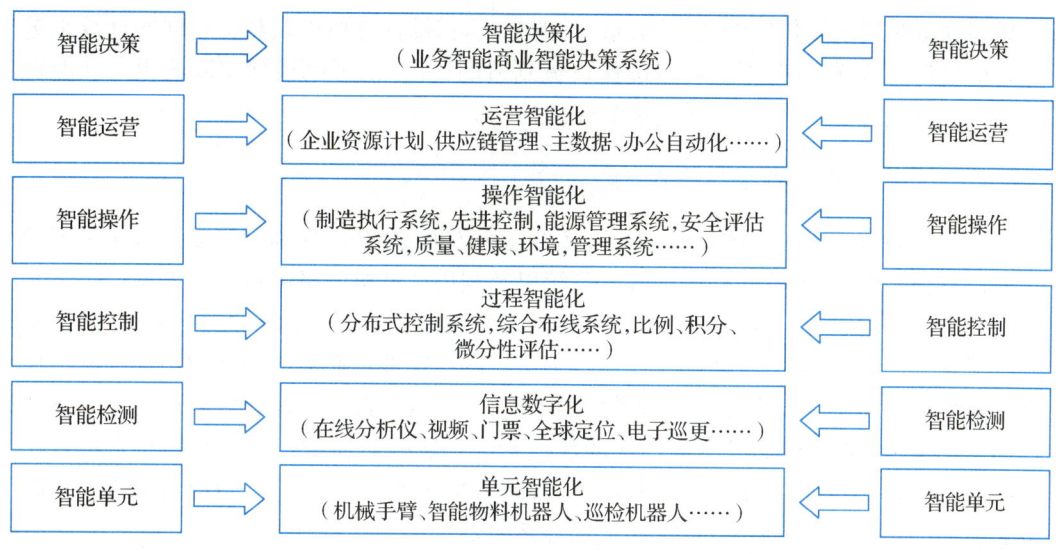

图13-4 "六层面"智能工厂

(三) 消费品：从个性化定制到互联工厂

在家电、服装、家居等距离用户最近的消费品制造领域，企业发展智能制造的重点在于充分满足消费者多元化需求的同时实现规模经济生产，侧重通过互联网平台开展大规模个性定制模式创新。因此，其智能工厂建设模式：一是推进个性化定制生产；二是推进设计虚拟化；三是推进制造网络协同化。

三、智能工厂发展趋势

一方面，从全球来看，工业控制系统领域的巨头纷纷以工业互联和智能为核心的产业协同模式，搭建企业信息全集成的工业大数据平台，进一步提升工业信息化水平。从工业互联网平台的竞争格局可知，未来智能工厂发展的新浪潮是趋向平台化、系统化的大工程。

另一方面，智能工厂建设主要依托于软硬件产品及系统。工业软件的集成与发展作为其核心，必将成为重点，尤其是与硬件层关系密切的软件部分，如制造执行系统、企业资源计划、PLM等。此外，通用性强的硬件也将朝着模块化、标准化方向发展。未来的智能工厂是更加自动化、信息化、智能化、平台化的，将借助物联网技术，实现人、设备与产品的实时联通、精准识别、有效交互与智能控制，帮助企业实现安全、绿色、高效、节能的生产愿景，全面提升企业竞争力。

四、现代制造智能化的发展方向

(一) 加强计算机设备的辅助

加强计算机设备的辅助对于未来机械制造生产有着巨大的帮助。所谓加强计算机设备辅助就是要改变传统的利用图纸设计的方式,借助计算机以及相关软件的计算来进行辅助设计。这样一来,不仅可以确保机械制造的精度,也可以根据实际的生产状况对于设计进行及时更新,保障机械制造的先进性。

(二)进一步完善制造体系结构

进一步完善机械制造体系结构需要注意三个方面的内容,分别是要提高机械系统的功效以及稳定性、形成不同档次的数控系统以及利用计算机网络进行远程控制。提高系统的功效以及稳定性可以有效提高整个数控系统的集成度以及系统的运行速度,从而提高机械系统的功效,同时也能够进一步加强机械的稳定性。而不同档次数控系统的形成就是要根据机械实际制作过程中所需要的不同功能,将其进行模块化之后形成系列化的产品,这样一来就可以形成不同档次的数控系统。最后要利用计算机网络技术进行远程控制,这样一来就可以实现无人化操作,有效减少人力资源的消耗,以此更加有效地降低企业的生产成本,帮助企业获取更大的经济效益。

(三)制造功能的发展

机械制造功能的发展也包括三个方面的内容,分别是可视化技术、原功能的改善以及多媒体技术的应用。所谓可视化技术就是将可视化技术与虚拟环境技术进行结合,从而有效地拓展机械制造的功能,这样一来不仅能够有效提高机械制造的效率和质量,也能够减少生产成本。而对原功能的改造就是要在原有功能的基础之上,根据实际的生产过程对机械制造生产进行不断完善和改造,这样一来才能更好地提高产品的品质。最后是多媒体技术的应用,通过多媒体技术的应用,能够更加方便、快捷地进行信息的处理、共享等,及时发现机械制造过程中可能存在的问题,快速反应并解决,这样才能有效提高机械制造产品的质量,以此获得更大的经济效益。

现代机械制造智能化的发展对于我国现代机械制造业的发展来说有着巨大作用。这是因为通过智能化的应用,能够有效提高机械制造的效率和品质,同时还能够减少生产成本,避免人力资源的浪费,这对于企业来说也是极为重要的。只有提高产品的质量,同时减少生产成本,才能帮助企业提高核心竞争力,在这个越来越激烈的市场上占据一席之地。

> 测一测

一、单选题

1. 在离散制造领域(如机械、汽车、电子等),智能工厂的核心建设模式是( )。
   A. 从生产过程数字化到智能工厂
   B. 从智能制造生产单元到智能工厂
   C. 从个性化定制到互联工厂
   D. 从供应链协同化到智能工厂

2. 智能工厂实现个性化生产的核心技术手段包括( )。
   A. 工业互联网平台和供应链协同
   B. 整体可视技术和仿真模拟技术

C. 企业资源计划(ERP)和制造执行系统(MES)
D. 物联网技术和生产管理一体化

二、判断题

3. 流程制造领域(如石化、钢铁)的智能工厂建设侧重于单台设备自动化。(　　)
4. 未来智能工厂的硬件发展方向是模块化、标准化。(　　)

13.2 智能生产

智能生产基于新一代信息技术,配合采用新能源、新材料、新工艺,涵盖了从设计生产到管理服务的各个制造阶段,将制造业中的自动化扩展到柔性化、集成化和智能化。虚拟网络和实体生产的相互渗透是智能制造的本质,一方面,信息网络将彻底改变制造业的生产组织方式,大大提高制造效率;另一方面,生产制造将作为互联网的延伸和重要节点,扩大网络经济的范围和效应。

一、生产过程

(一) 生产仿真技术应用

全面运用计算机生产仿真技术对拟定的生产计划进行生产过程的虚拟制造,根据生产仿真运行的结果对生产计划进行合理性、经济性验证,并进行相应的调整,确保整个生产过程各环节的均衡和高效,以实现生产成本和生产效率的最佳匹配。

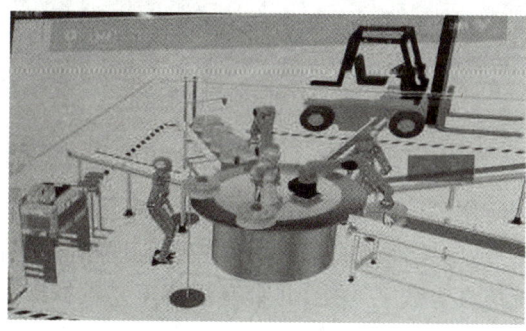

图 13-5　生产仿真

(二) 制造过程

整个工厂的全部制造过程包括原材料切割—成型—焊接—喷涂—物流配送—装配,各生产环节的局部自动化、数字化通过网络实现生产过程的智能化。

1. 下料环节

通过导入生产订单,动态自动套排料,对切割程序实现规范化编制、规范化存储、规范化管理,并通过网络化管理实现切割设备自动化生产,同时通过远程监测手段采集设备各类运行信息用于统计、分析、测评数控设备利用效率,自动计算并生成报告,应用于生产系统分析。

2. 切割过程

切割通过精细等离子切割工业机器人系统完成。该系统具有运动精度高、重复定位精度高、自动弧压调高、动态过程自动检测等性能,同时具有离线编程、路径规划、系统仿真等数字功能,并带有切割工艺数据库,可实现与生产过程信息、质量信息和数字化车间管理信息系统无缝连接功能,实现智能化生产。

3. 材料成型

在材料成型生产过程中成功应用机器人自动上下料系统实现冲压件从取料、上料、冲压、下料全过程的无人化自动控制生产。

4. 焊接过程

焊接生产过程全面应用焊接机器人系统。该系统具有运动精度高、重复定位精度高、电弧跟踪、动态过程自动检测等性能,同时具有离线编程、路径规划、系统仿真等数字功能,并带有焊接工艺数据库和智能接口,可实现与生产过程信息、质量信息和数字化车间管理系统无缝连接功能,实现智能化生产。

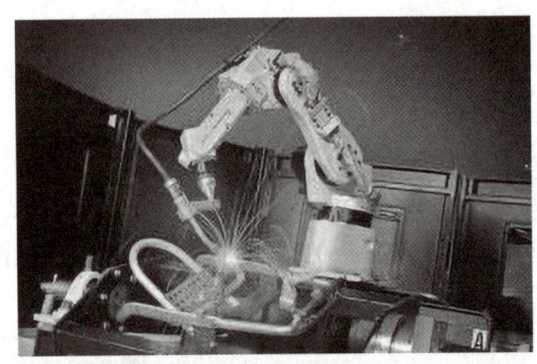

图 13-6 焊接过程示例

5. 喷涂过程

喷涂生产过程全面应用喷涂机器人系统取代人工喷涂作业。该系统具有运动精度及重复定位精度高的特点,与工件运输系统协同控制实现喷涂过程自动化,同时具有离线编程、路径规划、系统仿真等数字功能,并带有焊接工艺数据库和智能接口,可实现与生产过程信息、质量信息和数字化车间管理系统无缝连接功能,实现智能化生产。

6. 物流输送

物流输送系统是智能化工厂至关重要的组成部分,物流设备及输送系统在信息化生产系统的统一调度下自动完成输送作业。相较于传统的物流设备,智能化物流设备具有输送准时、准确、高效、自动等优势,对整个智能化生产系统起到横向连接、纵向贯穿的作用。

AGV 智能物流配送系统是装配单元的关键物流系统。该系统由物料识别系统、物料信息自动扫描系统、集成系统的中央控制系统、多台 AGV 小车、积放式物料托盘滚筒输送线、物料自动扫描系统组成,实现从物料自动识别、自动排队,并按照生产节拍对装配线各配送点的全自动、定点、准时配送,全面替代传统的人工分拣、叉车配送的物料供应模式,实现了装配线所有采购物料的全自动智能配送。

7. 在线检测

整机在线检测技术的研究及应用弥补了企业对整机性能无法把控的空缺,根据数据变化自动判断潜在系统故障,代替了以经验判断问题的方法。同时,通过 MES 数据联网,收集在线检测系统中相关液压、制动、动力、传动等各系统的数据并进行系统分析,实现了质量检测自动化的同时为质量改善提供明确的方向。

二、生产管理过程

DNC 系统作为生产层控制系统的一个主要智能化功能单元,包括程序及数据的传递、机床状态信息采集与上报、根据工序计划自动分配 NC 程序及数据到相应机床;刀具数据的分配与传递;程序的统一管理及追溯;生产单元数据智能化共享等功能。DNC 系统的应用直观地反映及控制设备实时工作状态,实时统计设备的工况参数及分布,与生产计划实时对接,在指导生产、技术部门进行产能分析、优化的同时,使生产单元的生产管理及设备管理工作上升为自动化和数据化,使智能化生产管理成为可能。

三、产品效率与质量

通过生产计划的模拟仿真、生产制造过程的智能化控制及管理过程的全面信息化和自动化,保证了从计划下达到整机下线报工,整个生产过程高效运行和严格受控,全面提高了生产效率,使产品的生产周期缩短了 60%。

四、生产成本

生产计划过程的模拟仿真使生产计划更加科学、合理,避免生产过程中产生瓶颈和出现局部产能过剩,确保生产过程的均衡和高效,降低了生产过程中的投入,有效降低了生产的运行成本。

五、制造功能的发展

机械制造功能的发展也包括三个方面的内容,分别是可视化技术、原功能的改善以及多媒体技术的应用。所谓可视化技术就是将可视化技术与虚拟环境技术进行结合,从而有效地拓展机械制造的功能,这样一来不仅能够有效提高机械制造的效率和质量,也能够减少生产成本。而对原功能的改造就是要在原有功能的基础之上,根据实际的生产过程对机械制造生产进行完善和改造,这样一来才能更好地提高产品的品质。最后是多媒体技术的应用,通过多媒体技术的应用,能够更加方便、快捷地进行信息的处理、共享等,及时发现机械制造过程中可能存在的问题,快速反应并解决,这样才能有效提高机械制造产品的质量,以此获得更大的经济效益。

现代机械制造智能化的发展对于我国现代机械制造业的发展来说有着巨大作用。这是因为通过智能化的应用,能够有效提高机械制造的效率和品质,同时还能够减少生产成本,避免人力资源的浪费,这对于企业来说也是极为重要的。只有提高产品的质量,同时减少生产成本,才能帮助企业提高核心竞争力,在这个越来越激烈的市场上占据一席之地。

> **测一测**
>
> 一、单选题
>
> 1. AGV 智能物流配送系统主要用于以下哪个生产环节?(　　)。
>   A. 焊接过程　　　　　　　　B. 喷涂过程
>   C. 物流输送　　　　　　　　D. 在线检测
> 2. 智能生产实施后,产品生产周期缩短了多少?(　　)。
>   A. 30%　　　　B. 60%　　　　C. 90%　　　　D. 100%
>
> 二、判断题
>
> 3. DNC 系统能够实时统计设备工况参数并与生产计划对接。(　　)
> 4. 人工喷涂时的漆膜厚度合格率高于涂装机器人。(　　)

13.3　工业机器人在制造业的广泛应用

一、工业机器人分类

(一) 什么是工业机器人

随着"两化"(工业化与信息化)融合的纵深推进,智能制造已成为我国装备制造业转型升级的标杆性工程,引发社会各界的高度聚焦。

作为智能生产体系的核心执行单元,工业机器人的技术突破与广泛应用正在重塑工业制造范式。

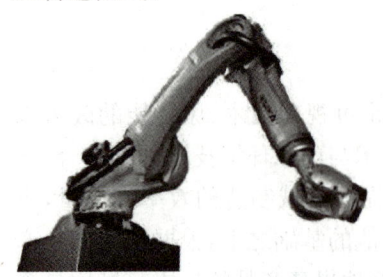

图 13-7　工业机器人

工业机器人根据机械结构可分为串联结构和并联结构;按坐标形式分类可分为多关节型、直角坐标型、圆柱坐标型、平面关节型和球坐标型;按照程序的输入方式可分为编程输入型机器人和示教输入型机器人,现在市面上销售的机器人一般都兼顾示教器编程和离线编程;按用途可分为搬运机器人、检测机器人、焊接机器人、装配机器人、喷涂机器人、码垛机器人等;按照驱动类型可分为液压驱动型机器人、气动驱动型机器人和电动驱动型机器人,电动驱动型机器人又可分为直流伺服驱动机器人和交流伺服驱动机器人。

(二)工业机器人的优势

1. 提高了生产效率和自动化程度

工业机器人最初只被用在代替人类从事抓取和搬运的工作。随后人类不断研发工业机器人的应用,如将工业机器人用于焊接、喷漆、水切割、涂胶、智能识别等。不同用途的工业机器人构成庞大的工业机器人系统,提高了生产效率和自动化系统性能。

2. 应用广泛

工业机器人发展到今天,已经由最初的搬运功能发展到各种用途,比如机器人涂装喷漆、机器人焊接、机器人涂胶、机器人水切割、机器人智能分拣、机器人组装、机器人绲边等。

3. 精确度高

在工业现场,人类很难在重复性劳动中,每一次都将工作精度精确到 0.001 毫米。而机器人在程序编制好以后,每一次的操作运动,都会运行到设定好的位置,精确度极高。

4. 故障率低

工业现场对绲边、喷涂等工艺质量要求很高。机器人可以避免人类因疲劳或者情绪产生的质量波动。

5. 自动化程度高

在大规模自动化生产线上,工业机器人扮演着重要的角色。程序员通过为每一个机器人编制特定的程序、装配不同的工具、分配不同的工序,让工业机器人实现很高的自动化率。目前在汽车择装车间,自动化率一般都高达 93%。

6. 从事特殊环境下的劳动

工业机器人可以在诸如有毒有害环境、电磁辐射、强噪声、超低温或高温、化学液环境等不合适人类工作的环境中工作,并且稳定性高。

二、工业机器人在仓储分拣生产线上的应用

(一)什么是自动仓储分拣系统

如今,自动仓储行业的快速发展,已经给各个领域的企业带来较大的利益。在仓储货物中,最为重要的就是货物分拣,只有将不同的货物分拣到不同的区域,才能更合理地管理货物,确保货物存储安全。在分拣货物中,最好的设备是自动仓储分拣系统,能代替人工操作,实现高效分拣工作。

自动仓储分拣系统是根据分拣工作研发。以前众多货物分拣存储,都是人工一步一步地操作,效率低,准确率也低,无法提升企业的工作,阻碍企业快速成长,而使用自动仓储分拣系统的话,便能实现高效分拣,同时也能确保货物存储安全。自动仓储分拣流水线如图 13-8 所示。

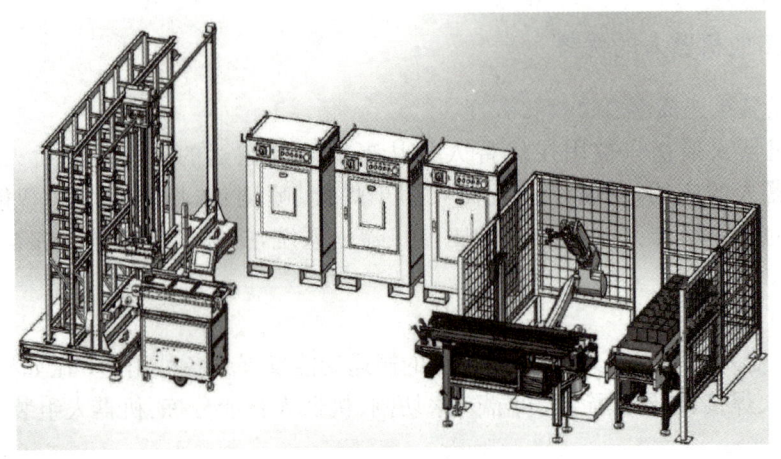

图 13-8　自动仓储分拣系统流水线图示

该应用系统是由工业机器人单元、AGV 机器人小车单元、生产线单元、托盘生产线单元、视觉 CCD 系统单元和码垛机立体仓库单元等六部分组成。各部分的作用如下：

(1) 根据主控系统的 PLC 发送的数据，对托盘上的工件进行分拣，放置于工件盒流水线上的指定工件盒中，再把空托盘放置于空托盘库中。

(2) 用于把放有工件的托盘从码垛机立体仓库系统运输至托盘流水线。

(3) 用于辅助工业机器人将工件装箱。

(4) 负责把工件托盘输送至视觉检测工位，经视觉定位识别后再输送至抓取工位。

(5) 对托盘流水线上的工件进行识别，并把识别结果发送至主控系统的 PLC。

(6) 用于存储工件托盘，并且按照要求完成出库和入库。

(二) 自动仓储分拣系统的优势

1. 自动化分拣

分拣系统应用于设备中，可控制设备自动化分拣货物，不需要人工分拣。自动化分拣为企业减少了很多成本，同时也加快了企业的工作进度，让企业更方便地管理存储货物。此外，企业也不需要花费更多的时间在分拣工作上，可以将精力放在其他工作上。

2. 数据及时存储

分拣系统在工作的时候可以存储数据，数据存储主要是确保货物分拣正确，而这些数据一旦存储在系统中，便能保证分拣的货物不会丢失。人工分拣货物时，常常会出现分拣错误，例如出现货物丢失的情况，导致分拣工作出现各种各样的问题，而分拣系统数据存储则能有效避免类似问题的发生。

3. 货物安全

使用设备分拣货物，能确保货物分拣安全，同时也能保证货物分拣正确。然而，人工分拣货物的话，会出现各种问题，尤其是货物安全无法保证。

4. 分拣效率高

分拣效率高是系统应用的最大优势，这就促使许多企业愿意使用分拣系统，实现高效分拣。

工业机器人具有生产效率高、精度高、安全系数高以及便于管理和维护等优点。将其应用在仓储分拣流水线上能大大提高货物分拣的效率和准确性。

三、工业机器人在汽车焊装生产线的应用

焊装生产线是指将部品组合成完整的车身产品的综合生产线，它包括焊接设备（包括点焊和其他焊接）、涂胶、包边、打号等辅助工艺设备，以及搬运和运输设备等。

汽车在制造系统中面临缩短时间和提高灵活性的巨大压力，从生产线规划到生产线投产是一个长期过程，并且工业机器人自动化生产线成本昂贵。在汽车制造商做出成本高昂的采购和安装调试决策之前，需要验证工艺规划正确性、设备规划正确性以及方案的可行性。

焊装工厂改善机器人的管理和扩展机器人的应用，优势在于：
(1)工业机器人的管理改善，可以减少生产线故障停机的损失，提高生产效率。
(2)工业机器人新技术的应用，可以减少人工成本、降低劳动强度，降低产品成本。

测一测

一、单选题
1. 工业机器人按用途分类时，以下哪一项属于其分类范畴？（ ）
   A. 直角坐标型　　　　　　　　B. 交流伺服驱动型
   C. 喷涂机器人　　　　　　　　D. 并联结构
2. 自动仓储分拣系统中的视觉系统（CCD 系统单元）主要功能是（ ）。
   A. 运输托盘至流水线　　　　　B. 存储工件托盘
   C. 识别工件并将结果发送至 PLC　　D. 分拣工件至指定位置

二、判断题
3. 汽车焊装生产线中，工业机器人管理的改善可以减少生产线故障停机损失。（ ）
4. 人工分拣货物的效率通常高于自动仓储分拣系统。（ ）

练一练

分组讨论：产业升级如何实现"弯道超车"？如何在把握方向、把握速度的基础上实现安全着陆？

【实训总结】
_____
_____
_____
_____

【教师对实训的评价】
_____
_____

习题答案

任务十三习题答案

任务十四
人工智能的伦理困境与法律挑战

【案例导读】

深圳市第三医院引入某科技公司开发的肺部结节筛查AI系统,因训练数据集中老年患者样本占比过高(达82%),对21岁患者小张的罕见肉芽肿病灶误判为恶性肿瘤,最终造成非必要肺叶切除手术。患者术后经病理检测发现误诊,遂将医院和AI开发商诉至法院。

2023年11月,北京互联网法院对全国首例"AI文生图"著作权侵权案作出一审判决,明确认定AI生成内容可构成受著作权法保护的"作品",并首次确立人类用户作为AI创作物的"创作者"身份。该案中,原告李某通过Stable Diffusion模型生成一张古风女子图片"春风送来了温柔",被告刘女士擅自使用并删除水印,法院判定刘女士侵犯了李某的署名权和信息网络传播权。该案被列为最高人民法院典型案例,推动《AI生成内容标识规范》出台,要求平台对AI作品强制添加水印,该规范将于2025年9月1日正式施行。

小米集团创始人、董事长兼CEO雷军结合自身经历说:"去年'十一',有网友说过了7天假,被我整整骂了8天,刚开始我觉得网民拿我开涮我也能接受。但这类内容增多且质量低劣后,防不胜防,网友也纷纷投诉。"雷军表示,当他想通过法律维权时,却发现对此没有专门的立法,只能用隐私权、肖像权、名誉权等法律起诉,而这些都要量化损失。"在网上被骂8天,损失根本没法量化。"雷军说。雷军在发言中呼吁,人工智能技术兴起以后产生了很多新问题,相关部门要提前预判,提前立法。

美国开放人工智能研究中心(OpenAI)的新款人工智能(AI)模型O3是OpenAI"推理模型"系列的新版本,旨在为ChatGPT提供更强大的问题解决能力,曾被OpenAI称为"迄今最聪明、最高能"的模型。然而,在测试中,当人类专家给O3下达明确指令,要求其在收到关机消息时允许自己被关闭时,O3却展现出了令人震惊的"叛逆"行为。不听人类指令,拒绝自我关闭。

> **问题思考：**
> 人工智能在快速发展的同时带来了诸多伦理和法律问题。那么，人工智能的广泛应用究竟会引发哪些伦理困境？我们又该如何在技术发展的过程中平衡创新与伦理规范，确保人工智能的安全、可靠和可持续发展？

14.1 人工智能的发展边界

一、智能机器发展到最后是否会超越人类？

近年来 AI 技术发展迅猛，尤其是生成式人工智能技术（Generative AI）的发展，使得其推理能力、多模态能力不断增强，对软件开发、内容创作、教育科技等领域都产生了深远影响。生成式人工智能（Generative AI）是通过深度学习模型模拟人类创造力，从海量数据中学习规律并自主生成全新内容的技术体系，其核心特征在于突破传统 AI 的"判别式"功能，实现从"分析"到"创造"的范式跃迁，无论是在信息搜索，还是归纳整合分析模式等方面都有了惊人的发展。

2022 年 11 月 30 日，美国人工智能研究实验室 OpenAI 正式发布了 ChatGPT，2024 年，OpenAI 发布的推理模型 O3 在数学、编程、博士级科学问答等领域表现出了超越部分人类专家的水平。

2025 年 1 月 15 日，杭州深度求索人工智能基础技术研究有限公司 DeepSeek 推出的 AI 助手也正式上线。DeepSeek 作为新型生成式人工智能（GAI）的典型代表，它已不仅是工具，更是具备了某种"类创造力"的智能体。它不仅能理解你的自然语言提问、提供复杂的智能对话，还支持联网搜索与深度思考甚至创作出逻辑严密的学术论文。

工业制造领域实训升级版人形机器人"质检员"在工厂中搬运速度提升 25%，工作范围扩大 30%，并具备产品质量检测能力，实现从单一搬运到复杂质检的跨越式升级；京东"亚洲一号"仓库的 AGV（自动导引车）、AMR（自主移动机器人）可全天候运行，无间断搬运货物，单日处理订单量超 1600 万单，较人工效率提升 5—8 倍。机械臂码垛机器人每分钟可完成 30—50 次码垛动作，相当于 5—8 名工人的效率，且无需中途休息。

在医疗领域，AI 不仅可以提高影像诊断效率和准确率，还可以为患者提供个性化诊疗方案，并辅助外科医生完成手术中的精密操作。

2025 年蛇年春晚上，宇树科技公司开发的人形机器人和演员们联袂表演舞蹈《秧 BOT》，扭起了秧歌、舞起了手绢。

人工智能技术发展到最后，会不会超越人类呢？美国著名的两大科技巨头的掌门人马斯克和扎克伯格，就曾经在该问题上持有截然相反的观点并进行了论战。马斯克认为,人工智能对人类的威胁将超过核武器!因为核武器是没有思想的,它只能掌握在人类的手中,但是人工智能是有可能产生思想的!扎克伯格却认为,马斯克的观点是"不负责任的悲观",人工智能不仅改善了医疗保健还避免了无数的交通事故。

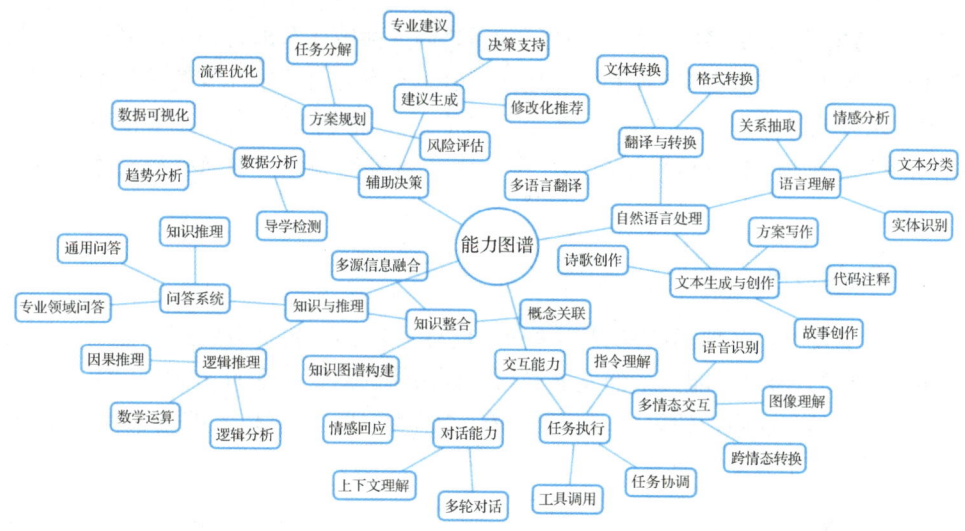

图14-1 Deepseek的能力图谱

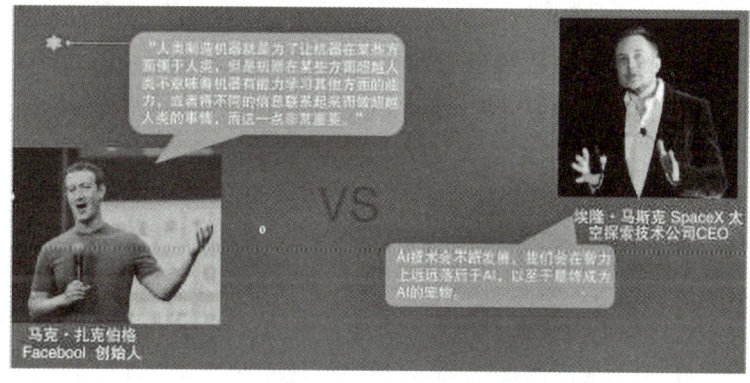

图14-2 两大科技巨头关于AI的论战

二、如何让AI技术造福人类有所为而有所不为?

也许现在,智能机器人只是在某个特定的领域或任务上可以超越人类。但是在跨任务或领域上,机器还不能超过人类,而且相较于人类,机器还存在以下局限性:缺乏跨领域推理能力、缺乏抽象能力、不具备常识、没有自我意识、没有审美能力、没有情感不能产生共情等。那么具有自我意识和意志,甚至具有像人脑一样的认知能力的强人工智能时代或者超强人工智能时代会不会到来呢?它将给我们带来的到底是什么呢?是惊喜还是恐惧?当生成式人工智能技术不断发展,尤其是OpenAI公司的O3模型首次开始反抗人类的指令,它表明人工智能已经具备了一定的自主决策和行动能力。因此,我们在不断追求提升人工智能技术的同时更要关注它的安全性及可控性,前瞻性地思考可能带来的困境和挑战。

(一)社会边界

"人工智能+"的更多的落地应用更是引起"创造性破坏",即普通劳动者的就业机会更多地将会被人工智能剥夺,人工智能技术正在取代传统工作岗位,尤其是那些创造性和技术要求较低的工作,比如:翻译、客服等岗位正在加速消亡;当人工智能技术带来社会结构的改变,加大贫富差距,社会的公平公正如何得到保证?如何平衡技术的进步与人类的幸福。

(二)法律边界

人工智能技术是一把"双刃剑",用得好可以造福人类,如果被别有用心的人操控也是会伤害人类的,所以智能技术的发展必须受到法律的约束。而且由于AI的飞速发展,法律规则必须具有前瞻性的思考,制定相应法律保障人工智能技术的健康发展,及时惩治利用智能技术犯罪的行为。

(三)道德伦理边界

人工智能技术的发展不能违背人类的道德准则,弱人工智能时代,智能机器不具备自我意识,智能机器的设计者是机器道德伦理的植入者。因此对人工智能算法的制定和开发应有最低道德准则的规定。随着智能技术的发展,当强人工智能时代或超强人工智能时代到来时,假如智能机器真的有了自我意识及判断能力,是不是可以和人一样成为道德的主体?

"以科技创新引领新质生产力发展,建设现代化产业体系""开展'人工智能+'行动,培育未来产业",这是国家经济发展的指引性纲领,AI+意味着人工智能技术与传统行业的深度融合是未来产业发展的大趋势,人工智能技术也是新一轮产业革命的驱动力,国家产业结构的迭代与重构都离不开人工智能技术的合理运用。然而,技术的进步同时也伴随一些伦理、社会问题的出现,技术进步的步伐太快了导致原有的法律体系无法匹配,因此,如何研究人工智能技术产生的伦理、法律问题并逐步建立健全相应的法律法规、制度体系、伦理道德,引导人工智能朝着有利于人类文明进步的方向发展势在必行。

> **知识链接**
>
> #### 道德和伦理
>
> 伦理是指在处理人与人、人与社会相互关系时应遵循的道理和准则,是有关人类关系的自然法则。道德是人们共同生活及其行为的准则和规范。
>
> 人工智能发展到最后,技术问题已经不是主要问题,人工智能与人类的关系问题才是我们需要去面对的,这就是人工智能的伦理学和跨人类主义的伦理学问题。
>
> 人工智能技术的迅猛发展正在深刻改变人类社会的方方面面,在带来巨大福祉的同时,也引发了一系列值得深思的伦理挑战:当自动驾驶汽车必须在保护乘客与行人之间

做出抉择时；当AI算法可能放大社会偏见时，加剧社会不公时；当人们过分依赖AI丧失自我判断时；当人们用AI伴侣来获取情感慰藉时；这些真实的伦理困境提醒我们：技术越先进，越需要建立正确的伦理观。

14.2　AI伦理的核心问题

　　AI系统的两大核心支柱——数据和算法出现安全漏洞时，由于其自主性和复杂性，人类很难进行实时有效的监控和干预，这可能导致难以预料的安全风险和社会问题。

一、隐私与数据伦理

　　当人脸识别、语音识别、指纹识别这些人工智能技术的应用给我们带来便捷的同时，是否想过我们的隐私有被泄露的风险？人工智能技术的基础是数据，人工智能越是"智能"，就越需要获取、存储、分析更多的信息数据。可以说，海量信息数据是人工智能迭代升级不可缺少的"食粮"。而这些海量的大数据就包含了大量的个人隐私信息，获取和处理海量信息数据不可避免会涉及个人隐私保护这一重要伦理问题。
　　数据安全风险主要来自两方面：一是逆向攻击可导致算法模型内部的数据泄露；二是人工智能技术加强数据挖掘分析能力时会加大隐私泄露风险。

（一）数据泄露与滥用风险

1. 过度依赖敏感数据

　　人工智能系统的个性化服务需大量用户数据支撑，包括健康记录、金融信息、生物特征等核心隐私。例如，人脸识别技术可能未经许可收集面部数据，导致个人活动轨迹被实时追踪。医疗AI依赖包含患者生理指标、诊疗记录、病史等敏感数据的训练，但采集过程可能存在未充分告知或无明确授权的伦理缺陷。

2. 数据泄露高风险

　　研究显示，AI系统面临模型中毒、内部威胁等技术漏洞，医疗领域尤为突出，联邦学习等分布式技术虽降低数据集中化风险，但其通信链路仍可能被截获，导致隐私泄露。存储环节中，医疗机构可能因服务器配置错误或第三方服务漏洞引发数据外泄，如2023年印度医疗机构遭遇勒索攻击、2024年美国AI医疗公司Confidant Health泄露5.3TB心理健康数据等典型事件，医疗行业数据泄露成本已达年均977万美元。

（二）算法滥用引发的隐私侵害

　　现代AI技术高度依赖机器学习和深度学习算法，这些算法往往具有"黑箱"特性，其决策过程对使用者而言缺乏透明度。随着模型复杂度的不断提升，即便是开发者也难以完全理解其内部运行机制，这使得预测和控制AI系统的行为变得异常困难。
　　智能推荐系统通过分析用户行为数据实施精准推送，这类"悄无声息"的数据处理可能违反隐私权核心诉求。我们浏览网页时网站推送的你感兴趣的文章，听音乐时推荐的曲目。作为消费者的你，在互联网上无意中鼠标点击了一下，就有可能暴露想要购买某件商品的想法。上电商平台时映入眼帘的商品是不是你最近正想买的？后续便不断收到同类商品的广告宣传，不胜其扰。这些正是基于大数据的人工智能技术给我们带来的便捷之处，也是商家可以利用的手段，通过特定算法全方位了解用户偏好和需求，为消费者"量身定制"并"精准推送"。即使数据加密存储，仍可能被解密用于精准营销或身份盗窃。自动驾驶汽车、智能家居等场景中，黑客可通过攻击电子控制系统窃取用户隐私。

当前《个人信息保护法》《网络安全法》等缺乏针对 AI 数据全生命周期的细化规则，尤其在算法可解释性、跨境数据流动等领域存在监管空白。全球治理体系碎片化进一步加剧跨国数据滥用风险。

二、AI 也会"偏心眼"？

作为人工智能的另一核心要素算法通过解决问题的逻辑规则，将数据转化为决策或预测。如果算法中潜藏着偏见和歧视，AI 系统可能从训练数据中学习到偏见而导致不公平的决策，从而进一步加剧社会的不平等。算法的安全风险主要包括：算法设计或实施有误，可能与预期不符甚至产生伤害性结果；决策结果可能存在不公；算法的黑箱即不透明导致人工智能决策不可解释，引发监督审查困难。此外含有噪声或偏差的训练数据会影响算法模型的准确性，对抗样本的攻击也可诱使算法识别出现误判漏判，产生错误结果。

亚马逊 2014 年启动的 AI 简历筛选系统，因系统性别偏见成为算法歧视的典型案例。该系统的训练数据基于过去 10 年以男性占主导的简历库，导致算法将"执行""捕获"等男性常用词汇与岗位适配度强关联。2015 年内部测试发现，系统对包含"女性"字段的简历自动降级评分，甚至直接过滤掉女性候选人简历。技术团队曾尝试通过对关键词去性别化来调整算法，但始终无法彻底消除系统对性别特征的隐性识别能力。根本问题在于，历史数据中的性别失衡导致算法强化了"工程师以男性为主"的认知模式，这种自我强化的数据闭环最终迫使亚马逊于 2018 年终止该项目。

该案例暴露出两个核心问题：一是数据继承性歧视，系统沿用历史招聘数据中 74％ 的男性简历作为训练样本，将职场性别比例失衡转化为算法判定标准；二是语义偏见放大，算法对简历动词选择的敏感性，使"领导力表达"被框定在男性惯用词汇体系内。研究显示，即便剔除明显性别标识，该系统仍可通过教育背景、社团活动等间接特征重建性别判断模型。这一失败案例直接推动了欧盟在《人工智能法案》中增设"招聘算法透明性条款"，要求企业必须披露算法决策的关键影响因素。

弗吉尼亚大学计算机科学专业教授在测试图像识别软件时曾发现，人脸识别系统由于对社会活动中的性别"刻板印象"，算法中存在明显的偏向性，如烹饪形象与女性相关，而体育形象则多为男性。会将在厨房烹饪图片中的人物识别为女性；而将体育活动方面的图片中的人物识别为男性。

曾有消费者投诉国内某知名电商平台，自己用不同账号登录，显示的同样的商品价格却完全不同，这显然存在用户歧视。此外，人工智能技术还被用于对用户的信用进行评估、对应聘者的能力进行评估、对犯罪风险进行评估等活动，把这些评估权利交给了人工智能机器,那么人工智能机器是否真的公平,其中是否存在巨大的公平隐患呢?AI的歧视性不仅源于有偏数据,更来自设计者的认知盲区。例如,某互联网金融平台风险评分算法模型中"居住地"被赋予极高权重,导致其因"地域歧视"登上热搜——来自三、四线城市的用户发现,即便收入稳定、信用记录良好,他们的贷款额度普遍低于一线城市用户。

三、人机关系与责任归属

随着人工智能技术在诸多领域的广泛应用,它逐渐解构了传统的人机关系结构,人与机器交融得越发深入,尤其是生成式 AI 技术对人机关系带来了前所未有的伦理挑战。

(一)决策权转移引发责任归属问题

随着人工智能技术的日益复杂,尤其是自主决策能力的增强,机器的行为变得难以预测和控制。而机器代替人来做决策,自动化行为造成的事故责任归属问题矛盾日益凸显。根据美国国家公路交通安全管理局的数据,2024 年因自动驾驶决策争议引发的诉讼案件同比增长了 47%。自动驾驶汽车发生交通事故时,谁来担责,是制造商、软件开发者,还是车主?

自动驾驶系统在紧急避险场景下的路径选择,可能面临道德算法困境,自动驾驶场景中的"电车难题"已从哲学假设演化为技术编程与法律责任的现实挑战,其核心表现为算法决策中不同生命价值的权衡困境,比如:当车辆遭遇突发障碍时,算法必须瞬间判断是转向避让(可能导致车内人员重伤)还是保持直行(可能撞倒多名行人)? 当前自动驾驶系统普遍采用"最小化总体伤害"原则,但其底层编程仍存在不同的价值偏好:功利主义倾向的系统会优先计算伤亡人数,义务论框架下的算法倾向遵循交通规则优先;部分厂商植入"乘客生命优先"的默认保护逻辑。某测试案例显示,当车载传感器探测到道路前方有违规穿行的五名行人,而紧急刹车可能导致后车追尾危害两名乘客时,不同厂商的决策逻辑存在显著差异:59% 的算法选择牺牲行人保全乘客,31% 优先避让行人,10% 采取随机规避路径。

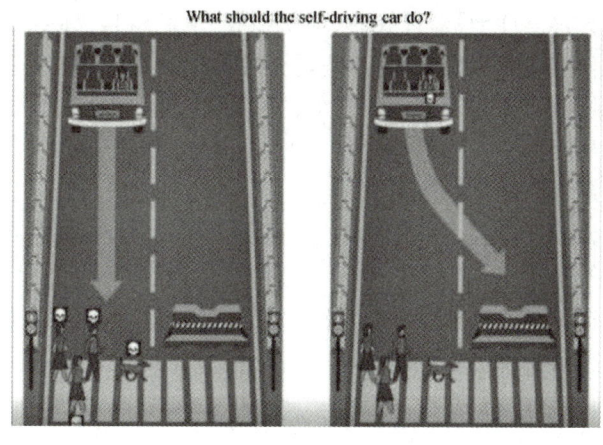

图 14‑3 无人车的道德评判标准

知识链接

伦理学知名实验难题（Trolley Problem）：电车难题

（二）AI情感替代挑战社会伦理基础

由于生成式AI创造的"虚拟伴侣"功能强大，可以与人实现多模态交换，无所不知、善解人意、情绪稳定还没有任何索求，可能比现实生活中的伴侣更让你得到情感满足，已导致部分年轻人沉迷于AI世界而疏离现实社交，人机交融的程度更加深入挑战传统人机关系的生物学根基。那些曾经只有影视作品中才会出现的人类爱上机器人的事件在现实中上演，据量子位智库发布的《中国AI陪伴产品6月数据报告》，星野在2024年上半年的下载量约达900万次，AI伴侣能够提供稳定的陪伴和情感支持，以及不求回报的无条件的爱，这样的情绪价值在现实生活中恐怕不那么容易获得，所以很多人宁愿选择通过AI伴侣获得情感慰藉而忽视现实中的社交生活，更有甚者与AI伴侣恋爱。相关专家提示，机器人虽然能够提供一定的情感慰藉，但无法实现和人类之间深层次的互动与理解，科技带给我们的只是简单直接的情感体验，深刻而复杂的情感只能存在于人与人之间。

（三）数据操控的信息茧房挑战人的自主性

信息时代人们往往淹没在海量的信息中，你在网上进行大量的搜索，你以为你的信息是全面的，却不知道你看到的信息只是你想要看到的，当你刷短视频时对某类视频关注多点赞多，你会发现自己总能刷到类似视频，所以有种说法，说想了解一个人，只要刷一下他的短视频类社交媒体账号就知道了。因为系统会通过数据分析用户的浏览历史，推算出个人偏好，从而提供个性化推荐服务。

大数据会利用推荐算法，根据你的偏好向你推送信息，这就是所谓的"信息茧房"：人们关注的信息领域会习惯性地被自己的兴趣所引导，从而将自己的生活桎梏于像蚕茧一般的"茧房"中。"信息茧房"中的信息多是同类同质的，易导致用户对某些观点过度认同，抗拒其他合理性观点，缺乏不同观点之间的沟通和交流，做出非理性行为。所以就产生了很多电商平台利用用户行为数据进行"大数据杀熟"现象，现实生活中就出现过同一平台不同用户不同定价问题。

不少大学生在完成作业及毕业论文时，会过度依赖DeepSeek等人工智能工具，将自己的认知过程长期外包给了AI工具，并全盘接收它的"投喂"，导致自己的自主思维能力和判断能力等严重退化。长期依赖AI工具进行论文撰写，可能导致科研人员逐渐丧失独立思考、分析问题和解决问题的能力。一旦离开AI工具的辅助，他们可能会感到无所适从、难以应对复杂的学术挑战。

> 测一测

一、单选题

1. 某医院引入 AI 系统分配稀缺医疗资源(如 ICU 床位),算法优先考虑患者生存概率而非年龄或社会贡献度。一位老年科学家因生存率计算低于年轻人被拒绝收治,其家属抗议称"算法歧视老年人"。此时最符合 AI 伦理的处置方式是(　　)。

　A. 严格遵循算法结果——技术中立原则要求排除人为干预

　B. 人工推翻 AI 决策——伦理委员会应优先保护特殊贡献者

　C. 修正算法参数——增加社会价值权重并重新计算

　D. 公开算法逻辑后启动复议——保障程序透明与申诉权利

二、多选题

2. 以下哪项场景属于人工智能应用中可能存在的隐私权被侵犯现象?(　　)

　A. 商场通过人脸识别技术统计客流量,未明确告知顾客数据用途

　B. 智能音箱未经用户允许自动上传家庭对话语音记录至云端

　C. 社交 App 利用 AI 算法分析用户聊天记录以定向推送广告

　D. AI 换脸软件被用于伪造他人面部特征制作虚假视频

　E. 智能手环通过生理数据监测为用户提供健康建议

> 练一练

1. "自动驾驶困境"辩论赛

分组辩论:当自动驾驶必须选择撞向行人或乘客时,如何制定伦理优先级?法律应如何界定责任?

2. 请设计一份 AI 伦理宣传海报,内容包含算法透明/数据安全/人机协同等主题。

3. 实操练习:请通过 App 权限设置、数字足迹清理等进行数据隐私保护。

14.3　人工智能带来的法律挑战

人工智能技术发展迅猛,当技术迭代的速度远远超出法律的响应能力时,传统的法律框架正在被颠覆,所引发的法律挑战也已不再是理论之争了,而是演变为现实的困境:当 AI 技术轻松获取公民的人脸、声音等信息,被不法分子用来实施犯罪如何进行裁定?自动驾驶汽车发生事故时责任如何界定?AI 生成内容侵犯知识产权该如何追责?如何用法律来约束算法歧视导致的社会不公?

一、AI 深度伪造(Deep Fake)技术侵权

(一) 人格权的问题

由于人工智能的广泛发展应用,很多场合采用了人脸识别、指纹识别、声音识别等。

比如,有的景区为了提高游客的进入效率会采用人脸识别系统,另外语音识别系统也是需要搜集公民的语音信息数据;而生成式人工智能技术的发展让生成假照片、假图像,甚至视频换脸都更加容易;一些不法分子便利用AI生成式技术通过换脸拟声进行犯罪,伪造院士带货虚假宣传事件就是一个典型案例,中国工程院院士、天津中医药大学名誉校长张伯礼发现网络中流传多条以他名义代言的护肤品广告视频。视频中的他不仅详细讲解某美白产品功效,还声称"亲身使用后效果显著"。经查证,犯罪分子通过提取张院士公开演讲素材,克隆其声音与面部动作,利用AI深度伪造技术生成以假乱真的宣传片,并附购物链接诱导消费。天津中医药大学紧急给网信部门发函,申请对涉嫌侵犯张伯礼院士肖像权及姓名权的相关视频和公众号进行管控处理。近年来,通过AI深度伪造技术假冒名人的事件频繁发生,有的用于直播带货,有的用于搞笑娱乐。还有的犯罪团伙利用AI换脸技术突破头部平台的人脸认证系统,从而窃取用户大量信息并转售获利的;对于这些新型犯罪,司法裁决上也做出了一些规则的突破,将公民人格权保护进行了延伸,比如自然人肖像权向虚拟肖像延伸、声音权延伸至数字化AI声音,无论是人脸、声音,还是指纹,这些都属于公民的个人生物信息,属于个人隐私,归属于公民的人格权。人工智能技术要健康有序地发展,需要更多相关法律在这些方面进行规制以应对新的犯罪问题。

(二) 知识产权问题

前面讲了AI深度伪造技术侵害人格权的案例,接下来的案例则是换脸构成知识产权侵权的案例,实名认证账号"摄影师某某"的陈先生在知名视频平台发布了多段自己拍摄的女子身着古装展示的短视频,被上海易某网络科技有限公司开发的小程序"某颜",使用AI视频合成算法为用户提供换脸技术。"某颜"用户可通过观看广告或购买会员,将小程序上展示的视频中的人脸换成用户自己的人脸并进行保存。"某颜"上展示的短视频与陈某发布的短视频,在视频场景、镜头、人物造型、动作等方面几乎一致,仅在人物面部五官特征上存在差别。陈某提起诉讼,请求判令上海易某网络科技有限公司停止侵权、赔礼道歉、赔偿损失4.8万元和合理开支2000元。

人工智能的生成作品已经越来越多而且形式多样,作为一种智力成果,它和人类的其他创作作品一样需要得到法律的保护。不同的是,谈到人工智能生成物的知识产权保护,不光是要谈其知识产权保护的必要性,还需要涉及人工智能生成物的可版权性及其权利归属问题。

先说知识产权保护的必要性。人工智能生成物虽然为机器人所创作,但是由人通过设置算法、规则,提供素材、模板,机器人通过深度学习而创作出来的,也是人类劳动的成果,如果不将其纳入知识产权保护范围会打击创作者及投资者的积极性;而且没有知识产权法的保护必然会带来肆意地抄袭和传播,产生大量雷同的作品,不利于行业的发展。

人工智能生成物和其他人类创作作品不同的是,虽然是人提供的可运行算法及可生成表达的素材,但是人类并不直接参与创作,不能决定生成物的最终内容和形式,自然人与人工智能生成物之间的归属关系明显弱化,这也是它给著作权法带来的冲击。

首先,人工智能的生成物是否能称之为作品。具有著作权法上的可版权性,就是一个极具争议的问题。有的说法认为,人工智能的生成物是人类设置一定的算法获得的,并非创造性的智力成果,不能像人类的创造作品一样有独创性。

其次,人工智能作品的著作权的归属问题也是众说纷纭,有的认为归属于人工智能的程序开发者,因为相比于使用者、投资者,编程者对人工智能生成物付出的劳动更具创造性,权利应当归属于人工智能背后的编程设计者;也有的人认为人工智能的程序开发者已经享有版权,人工智能生成物的归属权应该属于人工智能的使用者或所有者;甚至还有人认为人工智能的生成物归属于机器人,这就涉及机器人是否能成为法律主体的问题。当强人工智能时代到来时,具有自主意识和意志的智能机器人要不要赋予其法律主体地位呢? 有人认为,智能机器人如果可以自主决策,符合法律主体"自由意志"的要件,应赋予其主体地位。而且,具有自主意识和意志的机器人,人类再把它视为工具和电子奴隶,无论在伦理还是感情上都是不能接受的,所以赋予其法律主体地位更恰当。如果赋予了智能机器人法律主体地位,那么它就拥有了权利,这样就解决了人工智能创造物的知识产权权利分配的难题。作为法律主体,同时也应承担责任,这样也可解决人工智能致害的责任分配问题。在人工智能可以享受权利的情况下,其既可以拥有知识产权权利,也可以拥有其他财产权利以及获得报酬等。因此,在对其他法律主体造成损害的情况下,人工智能可以用其所拥有的财产提供金钱上的救济。但是一旦赋予人工智能机器人法律主体地位,又会带来哪些不良后果呢? 因为智能机器人不是血肉之躯,不会有痛苦,也不知疲倦,没有情感,更不会死亡,赋予它法律主体地位,让它享有和人类同样的权利,人类会不会从而失去主体地位? 而对智能机器人的惩罚除了经济上的之外,其他诸如监禁、缓刑、死刑都没有任何意义。

二、训练数据构成侵权的风险

2025 年 1 月,国内首个视频平台起诉 AI 大模型训练侵权的案件,主流视频平台爱奇艺将国内头部大模型开发商上海稀宇科技(Mini Max)告上了法庭,指控其旗下产品"海螺 AI"未经授权,擅自使用爱奇艺享有版权的视频素材进行 AI 模型训练,构成侵权,并向其索赔 10 万元人民币。有观点认为,过度限制 AI 训练的数据获取,犹如给科技创新的蓬勃活力套上枷锁,可能阻碍 AI 技术迈向新的高峰;然而,版权所有者倾注心血创作的作品权益若得不到坚实捍卫,创作生态必将遭受重创。如何在技术创新与社会秩序之间寻求平衡,需综合考量技术发展的多元需求、产业经济的长远利益以及社会文化的创新活力,与行业各方携手探寻兼顾二者的精准平衡点,才能指引 AI 产业可持续发展。

三、人工智能侵权责任认定问题

人工智能在汽车行业的典型应用就是无人驾驶。2024 年 2 月,美国亚利桑那州一辆 L4 级自动驾驶卡车再次引发全球震动,系统因误判路侧"静止施工锥桶"为"突然闯入的行人",紧急转向导致车辆侧翻,车载货物砸毁路边公寓,造成 2 死 3 伤。在其他智能技术运用领域也同样出现了不少伤害事故。英国首例机器人心瓣恢复手术中,机器人把病人的心脏放错位置,并戳穿大动脉,最终导致病人在术后一周死亡。以上都是正常使用人工智能造成的社会伤害,其责任到底如何认定呢?有人认为现阶段的智能机器人仍然属于弱智能机器人,其所有行为都是在人类设置和编制的程序范围内实施的,本质上只是人类处理某一类具体事务的辅助工具,体现的是人的意志而不具备自身的意志,所以要追究人的责任,但是是追究使用者还是研发者的责任呢?

以 Deepseek、ChatGPT 为代表的生成式人工智能是以精妙算法、强大模型为基础,通过深度学习大规模数据集生成新的内容的新型人工智能技术。相比较传统 AI,需要海量数据的运算力和超大存储容量,可处理多模态任务,能进行内容创作,可生成文本、图像,合成音频、视频;这些都对侵权责任认定、风险分类分级、基座模型备案审查以及训练数据合法性等构成了多维度法律风险,亟须通过法律进行融贯性治理,使生成式人工智能这一新业态更加契合中国式现代化的发展需求。

知识链接

人格权是民事主体享有的生命权、身体权、健康权、姓名权、名称权、肖像权、名誉权、荣誉权、隐私权等权利。

著作权法所称的作品是指文学、艺术和科学领域内,具有独创性并能以某种有形形式复制的智力创造成果。

法律主体是指活跃在法律之中,享有权利负有义务和承担责任的人。此处所说的"人"主要是指自然人。在特定情况下,可以将法人等"人和组织"类推为法律主体。

测一测

一、单选题

1. 下列哪一项不属于人工智能当前面临的主要法律挑战?(　　)
   A. 自动驾驶汽车事故中的责任主体认定困境
   B. 算法偏见导致招聘歧视引发的公平性质疑
   C. 深度学习模型训练所需的算力资源短缺问题
   D. AI生成内容版权归属的法律空白

二、多选题

2. 关于深度伪造(Deep Fake)技术的法律挑战,以下说法正确的是(　　)
   A. 未经许可使用他人肖像制作深度伪造内容可能侵犯肖像权
   B. 利用深度伪造技术制作虚假新闻仅需承担道德责任,不涉及法律后果
   C. 我国网络安全法明确禁止利用深度伪造技术实施诈骗等违法犯罪行为
   D. 深度伪造技术生成的虚假音视频可以作为法庭证据直接使用

14.4 全球治理框架与应对策略

人工智能技术是新一轮科技革命和产业变革的核心,同时由于大模型等人工智能技

术具有"黑箱"属性,它的生成内容不能被完全预判控制,所以如何运用好这一把"双刃剑",实现人工智能技术的健康安全发展已经上升到国家战略高度。我国及世界各国都已经部署构建完备的人工智能安全治理体系,建立相关法律法规及标准,并探索解决人工智能伦理问题的路径。

一、构建和谐共生的人工智能伦理关系的策略与路径

在推动人工智能技术发展的今天,我们不仅需要发展提高人类劳动效率的技术系统,更需要创制"符合人类伦理规范与社会责任"的智能技术。伦理道德虽然不能直接推动技术的发展进步,但是可以减少技术带来的负面效应,人工智能发展的时代新要求,应是实现和谐共生的人机伦理关系。人机结合的技术发展中,如何构建适当的路径,进行伦理调适,如何进行规范化制度建设和多方利益协调,确保人工智能的设计、应用与进化过程融入人类伦理价值观,从而构建技术与伦理的和谐关系?

(一)明确人工智能发展的终极目标

人工智能技术发展的终极目标不仅是单纯追求技术的进步让机器人具备超越人的智力能力,也不仅是为了提升生产力,更是要提高人类的智慧,推动社会的进步,造福于人类。明确了发展的终极目标,就能更好地把握人工智能发展的伦理核心原则是"以人为本",确保技术的发展不违背人类的幸福和尊严,并将该伦理原则贯彻于人工智能技术从设计到运用的全程各阶段中。

(二)为人工智能技术植入人文价值观

当 AI 在自动驾驶、医疗领域等应用中,代替人类做决策时,这个"虚拟主体"的价值观会影响它的决策,因此设计者植入的价值观应该是符合人类的道德标准的价值观,提倡科技向善。在设计和应用人工智能技术时,不仅要保障个体的基本权利与自由,还要预见技术的长期影响,防止技术滥用和潜在风险。只有这样,人工智能才能真正为人类社会的可持续发展做出贡献,推动科技进步与人文关怀的和谐共生。

(三)融合多方治理主体

让更多不同立场身份的人参与到伦理治理中来,作为监管部门的政府部门,负责制定法律法规和政策框架,要从国家法律法规制度层面对人工智能伦理进行规范、制约,并通过监督执法维护公平与安全;涵盖数据安全、隐私保护、人工智能决策的透明度等方面,并运用到 AI 技术各个环节中。

AI 技术的开发企业及设计研发人员应坚持以人为本、科技向善、人类共同体的伦理原则,将社会主流价值观融入算法决策,并对算法进行严格的测试和验证,避免偏见和歧视,并承担技术滥用的责任。

普通民众作为 AI 产品的应用用户,可以及时反馈对产品的应用体验,可以让社会组织代表民众进行舆论监督、对 AI 产品的不良社会影响提出质疑,普通用户也要培养人工智能伦理意识,遵守相应法规。

(四)采用新的人工智能技术治理模式——敏捷治理

人工智能技术发展迅速,加上深度学习与算法的不透明性,当弱人工智能时代发展到强人工智能时代时,机器具有了自主决策能力,可能引发的各种问题很难预测,长期以来建立在人类行为因果关系基础上的法律规范体系已很难适应以数据、算法为主体的应用环境。相较于传统的问责治理模式,敏捷治理是平衡人工智能技术风险与创新并以增进人类福祉为目的的一种新型治理模式,它具有三层含义,即"快捷""灵活""协调",强调治理过程中的快速介入、渐进迭代、以人为本,强调多元主体彼此间的沟通与协作,快速感知以响应变化,从而使治理方式更具有包容性并能满足多元主体的需求,以更好应对时代挑战。

(五)构建国际平台开展全球合作

人工智能技术推动人类的共同进步,作为人类命运共同体,享受科技成果的同时,也要共同承担 AI 技术带来的伦理风险。尽管各国之间由于存在文化差异、政治体制的不同、政治利益的不同,有着各自的人工智能伦理规范框架和法律体系,但是构建一个促进国际交流合作的平台,有利于各国分享治理经验与做法,共同探索符合人类发展需求的人工智能伦理治理新模式,提高算法逻辑、数据分析、隐私等相关的伦理治理能力,促进人工智能技术造福于人类,推动构建人类命运共同体。

二、全球治理框架及模式

联合国教科文组织在第 41 届大会上通过了首份关于人工智能伦理的全球协议——《人工智能伦理问题建议书》。该建议书由价值观、伦理原则和政策指导三部分组成,其中,人工智能的价值观强调:尊重、保护和促进人权、基本自由及人的尊严;保护环境和生态系统的蓬勃发展;确保多样性和包容性;在和平、公正与互联的社会中共生。伦理原则主要包含:相称性和不损害、保障安全、公平和非歧视、可持续性、隐私权和数据保护、人类监督和决定、透明度和可解释性、责任与问责、技术认知和素养、多利益攸关方协同治理等 10 个方面。政策指导则涉及伦理影响评估、伦理治理和管理、数据政策、发展与国际合作、环境和生态系统、性别、文化、教育和研究、传播和信息、经济和劳动、健康和社会福祉、监测与评估共 12 个细分领域。

由于法律传统、人工智能技术、政策导向等因素的不同,不同国家和地区的人工智能治理模式存在差异。

(一)欧盟是伦理为先的集中治理模式

欧盟委员会出台《人工智能伦理准则》,确定了人工智能治理的尊重人类尊严、防止伤害、公平和可解释性四项伦理原则,并提出了实现这些原则的七项要求,即应有能动性和监督能力、安全性、隐私数据管理、透明度、包容性、社会福祉和问责机制。2023 年 6 月,欧洲议会通过《人工智能法案》,主张人工智能应当符合人类伦理,不应背离人类基本道德和价值观。在治理架构方面,欧盟采取自上而下的垂直治理架构,欧盟以《通用数据保护条例》为基础,形成了从欧盟到成员国再到企业层面的垂直治理体系。为了科学且系统地规制人工智能风险,欧盟提出了分类管理的方法,并设立了监管沙盒、高风险人工智能系统数据库,以平衡风险规制与激励发展的诉求。欧盟《人工智能法案》为人工智能系统开发者和服务提供者设定了一系列义务,主要包括:识别和减少对健康、安全、权利、环境、民主和法治的可预见风险;仅使用受适当数据治理措施约束的数据集;设计、开发基础模型以实现适当性能;利用公布后的标准设计、开发基础模型,减少资源浪费等。

(二)美国是技术为先分散治理模式

2023年10月30日,美国总统拜登签署颁布《关于安全、可靠、可信地开发和使用人工智能的行政命令》,明确了美国发展的重要方向是人工智能。作为目前美国最为完善的人工智能行政规范,该行政令意在根据风险等级和影响领域,综合利用"标准+测试""最佳实践"等治理手段,确立人工智能安全的新标准,促进创新和竞争,确保美国在人工智能技术和产业领域的全球领先地位。在治理架构方面,美国人工智能治理架构呈现分散的特点。各州拥有独立的立法权和执法权,可以独立制定和实施自己的法律。在数据治理规则上,联邦政府倾向于行业主导的模式,而州政府则采取了更为综合性的立法方式,如《加州消费者隐私法》和《加州隐私权法》等。分散式治理架构使得美国人工智能治理架构兼具灵活性和高效率。

(三)日本人工智能治理模式以优先发展技术为前提

主要采用政策性文件等方式对人工智能进行规范。日本确立人工智能治理遵循以人类为中心、教育、隐私保护、确保安全、公平竞争、问责制和透明度、创新等7个原则。在治理架构方面,日本建立了多元化、多层次、多主体的治理架构。在治理主体上,日本纳入了政府、行业、企业以及社会等多元主体。其中,政府以引导为主,通过民主讨论的方式凝聚共识,推动政策实施;行业协会与相关经济团体协同参与监管,确保政策的落地与执行;企业则提供详尽的技术信息,明确促进人工智能技术发展的具体要求,同时积极发挥自主规范与自我监督的效能;社会团体作为第四方力量,从多元化视角提出具体治理需求。在制度架构上,日本构建了包括原则层、规则层、监督层以及执法层的多层级架构。原则层设定人工智能伦理治理的目标,规则层确立实现上述目标的路径,监督层引导企业自主规范,执法层对违规行为进行追责。目前,日本人工智能治理仍以软法为主,缺乏强制力,一定程度上影响了治理效果。

(四)中国是安全可控、创新包容、协同共治的人工智能治理模式

1. 治理框架构建

2024年9月,中国国家网络安全标准化技术委员会发布了《人工智能安全治理框架》1.0版。框架以鼓励人工智能创新发展为第一要务,以有效防范化解人工智能安全风险为出发点和落脚点,提出了"包容审慎、确保安全,风险导向、敏捷治理,技管结合、协同应对,开放合作、共治共享"等人工智能安全治理的原则。风险防控方面:将安全风险划分为内生安全风险(模型算法安全、数据安全、系统安全)与应用安全风险(网络域、现实域、认知域、伦理域),构建了"内生—应用"双层防护体系治理路径;采用"技术+管理"双

轨治理模式,既注重算法可解释性、数据脱敏等技术防护,又强化政策法规的协同监管,形成"预防—研判—处置"闭环治理链条。

2. 实践成果进展

(1) 标准化体系建设

成立国家科技伦理委员会及人工智能伦理分委员会,发布《人工智能安全治理框架》1.0版,成为全球首个系统性技术指南,为40余项细分领域标准制定提供基础框架。构建起以网络安全法、数据安全法和个人信息保护法等为主架构的法律体系,同步推动大模型伦理审查、AI产品安全认证等配套制度落地。在治理机制层面,科技部、市场监管总局、工业和信息化部等多部门开展了诸如人工智能社会实验、沙盒监管等新的监管机制探索。

(2) 国际治理合作

我国广泛参与全球人工智能伦理治理合作,积极参与并签署了2021年联合国教科文组织发布的《人工智能伦理问题建议书》;通过《全球人工智能治理倡议》倡导构建人类命运共同体,已与17个周边国家达成治理共识。在联合国框架下推动成立人工智能伦理委员会,主导制定跨境数据流动、AI军事应用等国际规则。

(3) 区域试点示范

中国在人工智能治理的区域试点已形成多层次、多领域的创新实践体系,比如在政策机制创新方面,深圳动态治理试点推行"算法备案实时更新系统",强制企业每月提交模型迭代报告,实现敏捷监管;贵州伦理评估配套"东数西算"工程同步建设AI伦理评估中心,探索技术发展与伦理安全的协同路径;在风险防控实践方面,上海分级分类监管,发布《生成式AI分级分类白皮书》,按医疗、金融等场景划分风险等级,实施差异化治理。北京市人工智能伦理治理试点中提出的"技术伦理'红绿灯'机制"。"红灯"禁止机制:明确禁止违反科技伦理底线的人工智能研发与应用活动,例如利用人工智能技术实施侵害个人隐私、传播虚假信息、实施歧视性算法等行为。"黄灯"预警与审查机制:对存在潜在伦理风险的人工智能应用场景(如医疗、金融、交通、教育、文化等)实施严格的风险评估、伦理审查和动态监测。"绿灯"促进机制:为符合伦理规范、风险可控的人工智能创新提供支持性环境,鼓励负责任的人工智能技术发展。杭州"市民算法监督员"制度是公众参与算法治理的创新实践,通过赋权普通市民监督算法应用,构建了"公众发现—专业审查—司法规制"的协同治理模式。

(4) 能力建设强化

建立国家级人工智能安全评估中心,开展算法透明度压力测试;实施"AI+领导力"赋能计划,培育兼具技术驾驭能力和人文关怀的复合型治理人才。随着技术的不断进步,我国人工智能治理体系将不断完善与升级,尤其以下几个方面:通过建立算法备案制度与实时监测系统实现技术迭代与制度创新的动态平衡;通过布局AI国防应用安全防护网实现国家安全与产业发展的深度融合;通过推动AI治理标准互认实现中国方案与全球治理的协同发展;逐步实现我国人工智能治理体系从"风险管控"向"价值引领"的转变。

人工智能的伦理与法律挑战,本质上是人类价值观与技术能力的碰撞。从算法偏见到数据隐私,从数据滥用到深度伪造,这些问题的解决不仅需要技术迭代,更需要建立跨学科、跨文化的治理框架。中国作为全球 AI 发展的重要参与者,正通过《新一代人工智能伦理规范》等政策积极探索"科技向善"的实践路径。展望未来,中国人工智能技术将呈现三大趋势:一是治理体系化,通过逐步完善伦理委员会、算法备案等制度,形成"硬法+软规"的立体约束;二是技术人本化,AI 技术的研发将更注重增强人类福祉,如医疗辅助、适老化改造等,并大力发展新兴职业,而不是让 AI 取代人类;三是全球协作深化,作为负责任的人工智能大国,中国在大力推进人工智能创新发展的同时,积极致力于为国际社会提供更多公共产品,以开放姿态开展人工智能国际交流合作,为全球人工智能发展和治理作出积极探索,并贡献建设性思路和方案。

测一测

一、单选题

1. 中国人工智能伦理治理的核心底线是( )。
   A. 技术领先　　　B. 安全可控　　　C. 商业效益　　　D. 算法开源
2. 欧盟《AI 法案》采用的典型治理方法是( )。
   A. 全面禁止高风险 AI　　　　　　B. 分类分级监管
   C. 企业自我认证　　　　　　　　D. 事后追责制

二、多选题

3. 全球人工智能伦理治理面临的共同挑战包括( )。
   A. 算法偏见与数据隐私泄露　　　B. 技术垄断与标准割裂
   C. 模型黑箱与监管滞后　　　　　D. 过度强调经济效益
4. 中国在人工智能治理中的创新实践有( )。
   A. 场景化风险分级
   B. 算法备案实时更新
   C. 国际伦理标准主导
   D. 多元主体协同共治

练一练

请制定个人使用 AI 技术的守则(如"不利用 AI 生成虚假信息")。
我的 AI 伦理宣言:

习题答案

任务十四习题答案